普通高等教育"十一五"国家级规划教材　计算机系列教材

王剑云　主编

张　超　徐　媛　副主编

计算机应用基础

清华大学出版社

北京

内 容 简 介

全书共分 6 章,分别介绍了计算机基础知识、Windows XP 操作系统的使用、Office 2003 办公软件的使用、计算机网络基础知识、多媒体技术和网页设计等。本书的每一章都有大量的实例和练习,让读者通过实例快速掌握相关的知识,并通过练习得到巩固,提高动手能力。

本书语言通俗、讲述详尽、系统性强,可作为高等院校计算机应用基础课程的教材,也可作为广大计算机爱好者学习的自学教材或参考书。

图书在版编目(CIP)数据

计算机应用基础/王剑云主编.—北京:清华大学出版社,2012.8
计算机系列教材
ISBN 978-7-302-28037-8

Ⅰ.①计…　Ⅱ.①王…　Ⅲ.①电子计算机－高等学校－教材　Ⅳ.①TP3

中国版本图书馆 CIP 数据核字(2012)第 023139 号

责任编辑:魏江江　王冰飞
封面设计:常雪影
责任校对:时翠兰
责任印制:沈　露

出版发行:清华大学出版社
　　　　网　　址:http://www.tup.com.cn,http://www.wqbook.com
　　　　地　　址:北京清华大学学研大厦 A 座　　邮　　编:100084
　　　　社 总 机:010-62770175　　　　　　　　邮　　购:010-62786544
　　　　投稿与读者服务:010-62776969,c-service@tup.tsinghua.edu.cn
　　　　质 量 反 馈:010-62772015,zhiliang@tup.tsinghua.edu.cn
　　　　课 件 下 载:http://www.tup.com.cn,010-62795954
印 装 者:三河市金元印装有限公司
经　　销:全国新华书店
开　　本:185mm×260mm　　　印　　张:20　　　字　　数:486 千字
版　　次:2012 年 8 月第 1 版　　　　　　　印　　次:2012 年 8 月第 1 次印刷
印　　数:1~4000
定　　价:30.00 元

产品编号:038913-01

前　言

在信息时代,随着计算机科学与技术的飞速发展和广泛应用,计算机已经渗透到科学技术的各个领域,渗透到人们的工作、学习和生活之中。今天,计算机已成为社会文化不可缺少的一部分,学习计算机知识、掌握计算机的基本应用技能已成为时代对我们的要求。

"计算机应用基础"课程是大学生进入大学后的第一门计算机课程。随着计算机科学与信息技术的飞速发展和计算机的普及教育,国内高校的计算机基础教育已经踏上一个新的台阶。从入学看,大学入校新生的计算机教育已非零起点;从毕业看,大学生计算机应用能力已经成为就业的必备条件;从大学教育看,计算机技术越来越多地融入了各专业科研和专业课的教学之中。计算机应用技术对学生的知识结构、技能的提高和智力的开发越来越重要。

教材是教学的基础。本教材力图遵循教育和学习规律,根据全国高等院校计算机基础教育研究会推出的《中国高等院校计算机基础教育课程体系》和上海市计算机一级考试大纲的基本精神,优先注重内容在应用上的层次性,适当兼顾整体在理论上的系统性,注重学习、掌握、使用计算机的知识与技能,便于教学者在有限的时间内传授更多的知识与技能,使学习者学以致用。

全书共分6章,第1章讲述计算机基础知识,主要介绍计算机的发展、计算机的各种应用、计算机中数的表示方法及运算、计算机的系统构成和基本工作原理,为进一步学习和使用计算机打下必要的基础;第2章主要讲解 Windows XP 操作系统的特点和基本操作;第3章是关于 Office 2003 的各种应用和实践技能,介绍相关软件的基本操作和使用技巧;第4章是关于计算机网络的基本原理和应用,介绍计算机网络的基本概念和原理、局域网的基本组成原理及 Internet 基础知识以及应用;第5章介绍多媒体信息的基本处理与使用;第6章介绍网页制作的基本技术。

本书介绍的计算机基础知识和应用技能,既培养学生使用计算机的技能,又使学生掌握或了解包括数制、计算机系统组成、计算机网络、多媒体技术以及网页制作等方面的计算机的基础知识和基本理论,为"高级语言程序设计"等后续课程的学习打下基础。

本书第1章由徐媛老师编写,第2章、第4章由张超老师、叶文珺老师共同编写,第3章由王剑云老师编写,第5章、第6章由孙超超、张超老师编写。上海电力学院雷景生教授审阅了书稿并提出了很多宝贵意见。

由于我们的编写水平有限，书中难免有疏漏和不足之处，恳请读者和同仁给予批评指正。

编 者

2012 年 3 月于上海

目 录

CONTENTS

第1章 计算机基础知识

现代电子计算机是 20 世纪人类最伟大的发明创造之一。自从 1946 年诞生第一台电子数字计算机以来，计算机科学已成为发展最快的一门学科，计算机的性能越来越高，价格越来越便宜，应用越来越广泛。尤其微型计算机的出现和计算机网络的发展，使得计算机及其应用已渗透到社会的各个领域。计算机技术的迅猛发展，以及硬件系统和软件系统的不断升级换代，使得以计算机技术为基础的高新技术被广泛应用，极大地促进了生产力和信息化社会的发展，对人类社会的生产方式、工作方式、生活方式和学习方式都产生了极其深刻的影响。计算机技术的发展引发了信息革命，从而使人们从工业社会步入信息社会，把人类带入了一个信息化的新时代。

1.1 计算机的发展

1.1.1 计算机的演变

在漫漫历史长河中，人们使用的计算工具从简单到复杂、从初级到高级，逐步发展，人类从未停止过追求高速计算工具的脚步。其中有几件事对现代计算机的发明有重要意义：一是中国古代发明中的算盘，被人们誉为"原始计算机"，如图 1-1 所示；二是 1642 年法国物理学家帕斯卡发明了齿轮式加减法器，如图 1-2 所示；三是 1673 年德国数学家莱布尼兹制成了机械式计算器，可以进行乘除运算，如图 1-3 所示；四是 1822 年英国数学家查尔斯·巴贝奇提出了差分机和分析机的构想，具有输入、处理、存储、输出及控制 5 个基本装置，而这些正是现代意义上的计算机所具备的，如图 1-4 所示。

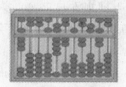
图 1-1 算盘

图 1-2 齿轮式加减法器

图 1-3 机械式计算器

以上这些事件对计算机的产生与发展具有不可替代的历史作用。这些计算工具或是人工的，或是机械的，但都不是电子的。

1946 年 2 月，世界上第一台全自动电子数字计算机 ENIAC（埃尼阿克）（Electronic Numerical Integrator and Calculator）即"电子数字积分计算机"诞生了。这台计算机是为解决弹道计算问题而研制的，主要研制人是美国宾夕法尼亚大学莫尔电气工

图 1-4 巴贝奇的差分机

程学院的 J. W. Mauchly(莫奇莱)和 J. P. Eckert(埃克特)。当时正值第二次世界大战期间,ENIAC 的资助者是美国军方,目的是计算弹道的各种非常复杂的非线性方程组。这些方程组是没有办法求出准确解的,只能用数值方法近似地进行计算,因此研究一种快捷准确计算的方法很有必要。美国军方花费了近 50 万美元经费在 ENIAC 项目上,这在当时可是一笔巨款,要不是为了第二次世界大战,谁能舍得出这么大的价钱呢?

ENIAC 计算机使用了 18 000 多个电子管、10 000 多个电容器、7000 个电阻、1500 多个继电器,耗电 150kW,质量达 30t,占地面积为 170m²,如图 1-5 所示。它每秒能进行 5000 次加法运算(而人最快的运算速度每秒仅 5 次加法运算),还能进行平方和立方运算、正弦和余弦等三角函数的运算及其他一些更复杂的运算。这样的速度在当时已经是人类智慧的最高水平。

图 1-5　ENIAC 计算机

ENIAC 计算机的问世宣告了电子计算机时代的到来。虽然它每秒只能进行 5000 次加法运算,但它预示着科学家们将从奴隶般的计算中解脱出来,它的出现具有划时代的意义。

如果说蒸汽机的发明标志着机器代替人类体力劳动的开始,那么计算机的应用则开创了解放人类脑力劳动的新时代。世界上第一台电子计算机诞生到现在已经 60 多年了,60 多年来,计算机的系统结构不断变化,应用领域不断拓宽,计算机已成为信息化社会中不可缺少的工具。掌握和使用计算机已成为人们必不可少的技能。

当 ENIAC 还在莫尔电气工程学院组装时,即 1944 年 7 月,美籍匈牙利科学家冯·诺依曼博士(图 1-6)参观了这台机器,发现它有两大弱点:①不能存储程序,编程靠机外连接线路来完成,每当进行一项新的计算时,都要重新连接线路,有时几分钟的计算要花几小时或 1~2 天的时间重新连接线路,这是一个致命的弱点,如图 1-7 所示;②它的另一个弱点是存储量太小,最多只能存 20 个字长为 10 位的十进制数。冯·诺依曼开始构思一个更完整的计算机体系方案。1946 年,冯·诺依曼首先提出了在电子计算机中存储程序的全新概念,即把程序和数据一起存放在存储器中,使编程更加容易。这一全新概念的提出奠定了存储程序式计算机的理论基础,确立了现代计算机的基本结构(称为冯·诺依曼体系结构),是人类计算

图 1-6　冯·诺依曼

机发展史上一个重要的里程碑。根据冯·诺依曼提出的改进方案,科学家们不久便研制出了人类第一台具有存储程序功能的计算机——EDVAC(埃迪瓦克)。EDVAC计算机由运算器、控制器、存储器、输入和输出这5个部分组成,它使用二进制进行运算操作。

图 1-7　早期的编程

冯·诺依曼计算机的工作原理可归结为两点:

(1) 采用二进制数进行运算和控制。

(2) 预先编好程序存放在存储器中。

一旦程序启动,控制器将从存储器逐条顺序取出指令分析并执行。指令执行的结果或者是将输入设备中的数据取出并存放在存储器中,或者是把存储器中的数据传送到输出设备中,或者是把存储器中的数据传送到运算器中进行运算,运算结果又放入存储器。这个工作原理常简称为"程序存储原理"。正是由于这一开创性原理的应用使计算机充满了发展和活力。只要注入新的程序,计算机就有了新的能力和新的功用。现代计算机之所以能自动地连续进行数据处理,主要是因为具有存储程序的功能。存储程序是计算机工作的重要原理,是计算机能进行自动处理的基础。

冯·诺依曼在20世纪40年代提出的计算机设计原理对计算机的发展产生了深远的影响,时至今日仍是计算机设计制造的理论基础。因此,现代的电子计算机仍然被称为冯·诺依曼计算机。

1.1.2　计算机的发展阶段

至今人们公认,ENIAC的问世表明了电子计算机时代的到来。根据计算机所采用的电子器件的发展来划分,计算机的发展已经历了以下4个阶段,通常称为四代。

1. 第一代——电子管计算机时代

第一代电子计算机是电子管计算机,时间大约为1946年至1958年,其基本特征是:计算机采用电子管作为计算机的逻辑元件;数据表示主要是定点数;用机器语言和汇编语言编写程序。由于当时电子技术的限制,电子管计算机的体积十分庞大,成本很高,可靠性低,运算速度慢。第一代计算机的运算速度一般为每秒几千次至几万次,其应用领域仅限于科学计算。其代表机型有IBM 650、IBM 709。

2. 第二代——晶体管计算机时代

第二代计算机是晶体管电路电子计算机,时间大约为 1958 年至 1964 年。它的基本特征是:逻辑元件逐步由电子管改为晶体管,内存所使用的器件大都使用磁芯存储器,外存储器开始使用磁盘、磁带,并提供了较多的外部设备。晶体管计算机的体积缩小,重量减轻,成本降低,容量扩大,功能增强,可靠性大大提高。它的运算速度提高到每秒几万次至几十万次。在这个阶段,出现了 FORTRAN、COBOL、ALGOL 等高级程序设计语言。这类语言主要使用英文字母及人们熟悉的数字符号,接近于自然语言,使用者能够方便地编写程序。第二代计算机的应用领域扩大到数据处理、事务管理和工业控制等方面。其代表机型有 IBM 7094、CDC 7600。

3. 第三代——中、小规模集成电路计算机时代

第三代计算机是集成电路计算机,时间大约为 1964 年至 1970 年。随着固体物理技术的发展,集成电路工艺可以在几平方毫米的单晶硅片上集成由十几个甚至上百个电子元件组成的逻辑电路。其基本特征是:逻辑元件采用小规模集成电路(Small Scale Integration,SSI)和中规模集成电路(Middle Scale Integration,MSI)。由于采用了集成电路,计算机的体积大大缩小,成本进一步降低,耗电量更省,可靠性更高,功能更加强大。其运算速度已达到每秒几十万次至几百万次,内存容量大幅度增加。在软件方面,出现了多种高级语言和会话式语言,并开始使用操作系统,使计算机的管理和使用更加方便。第三代计算机广泛用于科学计算、文字处理、自动控制与信息管理等方面。其代表机型有 IBM 360。

4. 第四代——大规模和超大规模集成电路计算机时代

第四代计算机称为大规模集成电路电子计算机,时间从 1971 年起至今。进入 20 世纪 70 年代以来,计算机逻辑元件全面采用大规模集成电路(Large Scale Integrated Circuit,LSI)和超大规模集成电路(Very Large Scale Integrated Circuit,VLSI),在硅半导体上集成了 1000～100 000 个以上电子元器件。集成度很高的半导体存储器代替了服役达 20 年之久的磁芯存储器。计算机的存储容量及运算速度和功能都有极大的提高,提供的硬件和软件更加丰富和完善。在这个阶段,计算机向巨型和微型两极发展。20 世纪 70 年代,微型计算机问世,电子计算机开始进入普通人的生活。微型计算机的出现使计算机的应用进入了突飞猛进的发展时期。特别是微型计算机与多媒体技术的结合,将计算机的生产和应用推向了新的高潮。计算机的发展进入了以计算机网络为特征的时代。

1.1.3 微型计算机的发展

20 世纪 70 年代计算机发展中最重大的事件莫过于微型计算机的诞生和迅速普及。

微型计算机开发的先驱是美国 Intel 公司年轻的工程师马西安·霍夫(M. E. Hoff),1969 年他接受日本一家公司的委托,设计台式计算机系统的整套电路。他大胆地提出了一个设想,把计算机的全部电路放在 4 个芯片上,即中央处理机芯片、随机存取存储器芯片、只读存储器芯片和寄存器电路芯片,也就是一片 4 位微处理器 Intel 4004、一片 320 位(40 字节)的随机存储器、一片 256 字节的只读存储器和一片 10 位的寄存器,它们通过总线连接起来。于是就组成了世界上第一台 4 位微型电子计算机——MCS-4。1971 年诞生的这台微型计算机揭开了世界微型计算机发展的序幕。

微型计算机的发展到现在已有 40 多年的历史。20 世纪 80 年代初,世界上最大的计算机制造公司——美国 IBM 公司推出了命名为 IBM-PC 的微型计算机。IBM-PC 中的 PC 是英文 Personal Computer 的缩写,翻译成中文就是"个人计算机"或"个人电脑",因此人们通常把微型计算机叫做 PC 或个人电脑。微型计算机的体积小,安装和使用都十分方便,对环境没有太严格的要求,而且价格也相对比较便宜,推出不久便显示出了它的强大生命力。近十多年来,世界上许多计算机制造公司先后推出了各种型号品牌的 286、386、486、Pentium(奔腾)等档次的微型计算机。到了 20 世纪 90 年代,微型计算机以不可阻挡的潮水之势急剧发展,全面广泛渗透到社会的各个领域,以难以想象的速度和效率深刻地影响和渗透到人们的工作与生活的方方面面,改变着我们的思想和观念。

一台微型计算机通常由运算器、控制器、存储器、输入设备和输出设备五大部分组成。其中,运算器和控制器被集成在一个芯片上,这样的芯片称为微处理器(CPU)。微型计算机的核心部件是微处理器,微处理器是微型计算机中技术含量最高、对性能影响最大的部件,它的性能决定着微型计算机的性能,因而微型计算机的发展与微处理器的发展紧密相关。世界上生产微处理器的公司主要有 Intel、AMD、Cyrix、IBM 等几家。美国的 Intel 公司是推动微型计算机发展最为著名的微处理器公司。

下面主要介绍 Intel 公司的微处理器的发展历程。

1. 第一代微处理器

1971 年 1 月,Intel 公司的霍夫(M. E. Hoff)研制成功世界上第一枚 4 位微处理器芯片 Intel 4004,标志着第一代微处理器问世。霍夫就是用它制造了世界上第一台微型计算机,微处理器和微机时代从此开始。Intel 4004 如图 1-8(a)所示。因发明微处理器,霍夫被英国《经济学家》杂志列为"二战"以来最有影响力的 7 位科学家之一。1972 年,Intel 公司成功推出了 8 位微处理器 8008,是 4004 的改进型,运算能力比 4004 强两倍。它主要采用工艺简单、速度较低的 P 沟道 MOS(Metal Oxide Semiconductor,金属氧化物半导体)电路。这就是人们通常称做的第一代微处理器,由它装备起来的微型计算机称为第一代微型机。Intel 8008 如图 1-8(b)所示。

(a) Intel 4004   (b) Intel 8008

图 1-8   第一代微处理器

2. 第二代微处理器

1973 年 8 月,霍夫等人研制出 8 位微处理器 Intel 8080,以速度较快的 N 沟道 MOS 电路取代了 P 沟道 MOS 电路,第二代微处理器就此诞生。Intel 8080 如图 1-9(a)所示。

(a) Intel 8080   (b) Intel 8085

图 1-9   第二代微处理器

当时,Zilog、Motorola 和 Intel 在微处理器领域三足鼎立,具有代表性的产品有 Intel 公司的 Intel 8085、Motorola 公司的 M6800、Zilog 公司的 Z80 等。Intel 8085 如图 1-9(b)所示。第二代微处理器的功能比第一代显著增强,以它为核心的微型机及其外围设备都得到相应发展并进入盛期。由它装备起来的微型计算机称为第二代微型机。Zilog 公司于 1976 年对 8080 进行扩展,开发出 Z80 微处理器,广泛用于微型计算机和工业自动控制设备。直到今天,Z80 仍然是 8 位处理器的巅峰之作,还在各种场合大卖特卖。

3. 第三代微处理器

1978 年,16 位微处理器 Intel 8086 诞生了,标志着微处理器进入第三代。从 8086 开始,才有了目前应用最广泛的 PC 行业基础。虽然从 1971 年 Intel 制造 4004 至今,已经有 30 多年历史,但是从没有像 8086 这样影响深远的神来之作。Intel 8086 如图 1-10(a)所示。

(a) Intel 8086   (b) Intel 8088

图 1-10   第三代微处理器

不过当时由于 8086 微处理器过于昂贵,大部分人都没有足够的钱购买使用此芯片的计算机,于是 Intel 在一年之后,推出了它的一个简化版,主频为 4.77MHz 的 8 位微处理器 8088。Intel 8088 如图 1-10(b)所示。第一台 IBM PC 采用了 Intel 8088 微处理器,操作系统是 Microsoft 提供的 MS-DOS,如图 1-11 所示。IBM 将其命名为“个人电脑(Personal Computer)”,不久“个人电脑”的缩写 PC 成为所有个人电脑的代名词。这也标志着 x86 架构和 IBM PC 兼容计算机的产生。

Intel 8086 比第二代的 Intel 8085 在性能上又提高了将近十倍。类似的 16 位微处理器还有 Z8000、M68000 等。由第三代微处理器装备起来的微型计算机称为第三代微型机。

图 1-11　第一台 IBM PC

4. 第四代微处理器

1985 年,采用超大规模集成电路的 32 位微处理器问世,标志着第四代微处理器的诞生,如 Intel 公司的 Intel 80386、Zilog 公司的 Z80000、惠普公司的 HP-32、NS 公司的 NS-16032 等。新型的微型机系统完全可以与 20 世纪 70 年代大中型计算机相匹敌。用第四代微处理器装备起来的微型计算机称为第四代微型计算机。1993 年,Intel 公司推出 32 位微处理器芯片 Pentium,它的外部数据总线为 64 位,工作频率为 66～200MHz,以后的 Pentium Pro、Pentium Ⅱ CPU 都是更先进的 32 位高位微处理器。从 80286 开始正式采用一种被称为 PGA 的正方形包装,如图 1-12 所示。

图 1-12　PGA 的正方形包装

随着电子技术的发展,微处理器的集成度越来越高,运行速度成倍增长。摩尔预言,晶体管的密度每过 18 个月就会翻一番,这就是著名的摩尔定律。微处理器的发展使微型计算机高度微型化、快速化、大容量化和低成本化。

此外,从 1996 年开始,多媒体和通信技术也用在了微机上,使微机成为多媒体微机和网络通信微机。

1.1.4　计算机的发展方向

世界上许多国家正在研制新一代计算机系统(或称为第五代计算机)。目前,尚无法确定第四代的结束和第五代的开始,人们期待着非冯·诺依曼结构计算机的问世和能够取代大规模集成电路的新材料出现。根据已有的研究成果,未来的计算机发展的主要特点是:打破原有的计算机体系,设计制造非冯·诺依曼型的计算机,制造生物计算机、光学计算机、量子计算机等,计算机将朝巨型化、微型化、网络化、智能化和多媒体化的方向发展。

1. 巨型化

研制巨型机是现代科学技术,尤其是国防尖端技术发展的需要。核武器、反导弹武器、空间技术、大范围天气预报、石油勘探等都要求计算机有很高的速度和很大的容量,一般大型通用机远远不能满足要求。很多国家竞相投入巨资开发速度更快、性能更强的超级计算机。巨型机的研制水平、生产能力及其应用程度已成为衡量一个国家经济实力和科技水平的重要标志。

巨型化是指功能上的巨型化,并非追求体积最大。巨型机的运算速度可达每秒百亿次、千亿次甚至更高,其海量存储能力可以轻而易举地存储一个大型图书馆的全部信息。这种计算机使研究人员可以研究以前无法研究的问题,例如研究更先进的国防尖端技术,估算100年以后的天气,更详尽地分析地震数据以及帮助科学家计算毒素对人体的作用,等等。

巨型机从技术上朝两个方向发展:一方面是开发高性能器件,缩短时钟周期,提高单机性能,目前巨型机的时钟周期大约在 2～7ns;另一方面是采用多处理器结构,提高整机性能,如 CRAY—4 就采用了 64 个处理器。

目前我国已研制成功"银河-Ⅲ"百亿次巨型计算机。该系统采用了目前国际最新的可扩展多处理机并行体系结构。它的整体性能优越,系统软件高效,网络计算环境强大,可靠性设计独特,工程设计优良,运算速度可达每秒 130 亿次,其系统综合技术达到当前国际先进水平。

2. 微型化

微型化是指计算机更加小巧灵便、价廉物美、软件丰富、功能更强。随着超大规模集成电路的进一步发展,个人计算机(PC)将更加微型化,膝上型、书本型、笔记本型、掌上型、手表型等微型化个人电脑不断涌现,越来越受到人们的欢迎和青睐。微型机从出现到现在不过二十几年,因其小、巧、轻、使用方便、价格便宜,其应用范围急剧扩展,从太空中的航天器到家庭生活,从工厂的自动控制到办公自动化,以及商业、服务业、农业等,遍及各个社会领域。PC 的出现使得计算机真正面向人人,真正成为大众化的信息处理工具。如今的微型计算机在某些方面已可以和以往的大型机相媲美。

3. 网络化

网络化主要是指利用现代通信技术和计算机技术结合,将不同地方、不同区域、不同种类的计算机连接起来,实现信息共享,使人们更加方便地进行信息交流。现在 Internet 已把世界各地的计算机联成一体,现代计算机的应用已离不开计算机网络,先进的网络技术的应用已经引发了信息产业的又一次革命。

从网络计算机的角度来看,可以把整个网络看成是一个巨大的磁盘驱动器,而网络计算机可以通过网络从服务器上下载大多数乃至全部应用软件。这就意味着作为 PC 的使用者,从此可以不再为 PC 的软硬件配置和文件的保存煞费苦心。由于应用软件和文件都是存储在服务器而不是各自的 PC 上,因此无论是数据还是应用软件,用户总能获得最新的版本。

4. 智能化

计算机的智能化就是让计算机来模拟人的感觉、行为、思维过程的机理,使计算机具备逻辑推理、学习等能力。

超级计算机性能再好、速度再快,却仍在按人们事先编制好的程序指令来照章办事,仍然无法成为容忍程序错误的智能化计算机。研制人员采用心理学学科知识,把认知理论、人机交互等结合起来,将人脑的思维方式、技巧、规则以及策略等以程序的形式事先告诉计算机,使计算机能够通过推理规则自己去探索解决方案。未来的智能型计算机将会代替甚至超越人类某些方面的脑力劳动。

5. 多媒体化

多媒体化就是人们已经不满足于只能处理文字信息的计算机,希望更进一步发展计算机多媒体技术,使人们可以更加自如地处理声音、图像、动画、影像等多媒体信息。

1.1.5 计算机的特点及分类

1. 计算机的特点

计算机能进行高速运算,具有超强的记忆(存储)功能和灵敏准确的判断能力,是其他任何信息处理工具所不能及的。计算机具有以下一些基本特点。

(1) 运算速度快。

计算机的运算速度是标志计算机性能的重要指标之一。通常,计算机的运算速度可以用单位时间内执行的指令的平均条数来衡量。目前计算机的运行速度已达到百亿次/秒,极大地提高了工作效率。还有用计算机的工作频率来衡量运算速度的,如一台计算机的主时钟频率为 2GHz,则意味着每秒钟包含 20 亿个工作节拍。达到如此快的运算处理速度是过去难以想象的。以圆周率的计算为例,如果要计算圆周率近似到小数点后 707 位,则数学家用手算的方法要算十几年的时间,而用现代的计算机只需要短短的几分钟。

(2) 运算精确度高。

由于计算机内部采取二进制数字进行运算,所以计算的精确度决定于计算机的机器字长(表示二进制数的位数值)。机器字长的值越大则精确度越高。现今的计算机的字长已达到 64 位,可以满足各种计算精确度的要求。例如,利用计算机可以计算出精确到小数点后 200 万位的 π 值。

(3) 信息存储容量大。

计算机存储容量类似于人的大脑,可以记忆(存储)大量的数据和信息。随着计算机的广泛应用,计算机存储的信息越来越大,要求计算机具备海量存储能力。目前微型计算机不仅提供了大容量的主存储器,还提供了具有海量存储容器的硬盘、光盘。

(4) 自动操作的能力强。

计算机是由程序控制其操作的,程序的运行是自动的、连续的,除了输入/输出操作外,无须人工干预。由于计算机能够存储程序,所以只要根据应用需要,将事先编制好的程序输入计算机,它就能自动快速地按指定的步骤完成预定的处理任务。

(5)强大的数据处理能力和逻辑判断能力。

计算机不仅可以实现算术运算,同时还可以进行逻辑运算,具有逻辑判断能力,能完成各种复杂的处理任务。

2. 计算机的分类

由于计算机技术的迅猛发展,计算机已成为一个庞大的家族。按照计算机处理的对象、计算机的规模以及计算机的用途等不同的角度可作以下分类。

1) 按照计算机工作原理分类

按照计算机工作原理分类,计算机可以分为数字计算机、模拟计算机和数字模拟计算机。

数字计算机的特点是该类计算机输入、处理、输出和存储的数据都是数字信息,这些数据在时间上是离散的。

模拟计算机的特点是该类计算机输入、处理、输出和存储的数据都是模拟信息,这些数据在时间上是连续的。

数字模拟计算机是将数字技术和模拟技术相结合,兼有数字计算机和模拟计算机的功能。通常所讲的计算机,一般是指数字计算机。

2) 按照计算机的规模和价格分类

按照计算机的规模和价格分类,计算机可以分为巨型计算机、小巨型计算机、大型计算机、小型计算机、工作站、个人计算机(微型计算机)六大类,这也是国际常用的一种分类。

巨型计算机是指运算速度每秒超过1亿次的超大型计算机,存储容量大,价格昂贵,主要用来满足国防等尖端技术发展的需要,如核武器、空间技术、天气预报、石油勘探等。

小巨型计算机是指体积小、运算速度快的计算机。

大型计算机是指运算速度较高、容量大、通用性好的计算机,主要用于银行、政府部门和大型企业,有极强的综合处理能力。

小型计算机是指运算速度、容量略低于大型计算机的计算机,具有多个CPU,可以处理一个银行支行、一家宾馆或一个生产车间的事务。

工作站是为了某种特殊用途,由高性能的微型计算机系统、输入/输出设备以及专用软件组成的系统。

微型计算机是使用大规模集成电路芯片制作的微处理器、存储器和接口,配置了相应的软件而构成的完整的微型计算机系统。微型计算机是最常见的计算机,可以分为台式机、笔记本电脑和掌上电脑。微型机虽小,但所联成的计算机网络系统甚至可以起到和大型计算机或小型计算机同样的作用。

3) 按照计算机的用途分类

按照计算机的用途分类,计算机可以分为通用计算机和专用计算机。

通用计算机是指具有广泛的用途和使用范围的计算机,可以应用于科学计算、数据处理和过程控制等。专用计算机是指适用于某一特殊的应用领域的计算机,如智能仪表、生产过程控制、军事装备的自动控制等。

1.1.6 计算机的技术指标

一台计算机功能的强弱或性能的好坏,不是由某一单项指标来决定的,而是由它的系统结构、指令系统、硬件组成、软件配置等多方面的因素综合决定的。但对于大多数普通用户来说,可以从以下几个指标来大体评价计算机的性能。

1. 运算速度

运算速度是衡量计算机性能的一项重要指标。通常所说的计算机运算速度(平均运算速度),是指每秒钟所能执行的指令条数,一般用"百万条指令/秒"(mips,million instruction per second)来描述。同一台计算机,执行不同的运算所需时间可能不同,因而对运算速度的描述常采用不同的方法。常用的有 CPU 时钟频率(主频)、每秒平均执行指令数(ips)等。微型计算机一般采用主频来描述运算速度,例如,Pentium/133 的主频为 133MHz,Pentium Ⅲ/800 的主频为 800MHz,Pentium 4/1.5G 的主频为 1.5GHz。一般说来,主频越高,运算速度就越快。

2. 字长

一般来说,计算机在同一时间内处理的一组二进制数称为一个计算机的"字",而这组二进制数的位数就是"字长"。在其他指标相同时,字长越大,计算机处理数据的速度就越快。早期的微型计算机的字长一般是 8 位和 16 位。目前 586(Pentium、Pentium Pro、Pentium Ⅱ、Pentium Ⅲ、Pentium 4)大多是 32 位,有些高档的微机已达到 64 位。

3. 内存储器的容量

内存储器也简称主存,是 CPU 可以直接访问的存储器,需要执行的程序与需要处理的数据就是存放在主存中的。内存储器容量的大小反映了计算机即时存储信息的能力。随着操作系统的升级、应用软件的不断丰富以及其功能的不断扩展,人们对计算机内存容量的需求也不断提高。目前,运行 Windows XP 至少需要 128MB 以上的内存容量,若要求系统性能较好,则需要更大的内存容量。内存容量越大,系统功能就越强大,能处理的数据量就越庞大。

4. 外存储器的容量

外存储器的容量通常是指硬盘容量(包括内置硬盘和移动硬盘)。外存储器容量越大,可存储的信息就越多,可安装的应用软件就越丰富。目前,硬盘容量一般为 10~60GB,有的甚至已达到几百 GB。

以上只是一些主要性能指标。除了上述这些主要性能指标外,微型计算机还有其他一些指标,例如,所配置外围设备的性能指标以及所配置系统软件的情况等。另外,各项指标之间也不是彼此孤立的,在实际应用时,应该把它们综合起来考虑。选购计算机时,不能片面追求性能越高越好,而是要根据实际应用情况,选用那些既能满足需要,性能又好,价格又低廉的计算机,要遵循"性能价格比"的原则。

1.1.7　计算机的应用

计算机的应用已经渗透到社会的各行各业，正在改变着传统的工作、学习和生活方式，推动着社会的发展。计算机的三大传统应用是科学计算、数据处理和过程控制。随着计算机技术突飞猛进的发展，计算机的功能越来越强大，计算机的应用面越来越广，从电子商务到社会服务，到处都应用着计算机。可以说，今后科学技术以及社会发展的每一项进步几乎都离不开计算机。计算机的应用领域大致可分为以下几个方面。

1. 科学计算

科学计算也称为数值计算，指用于完成科学研究和工程技术中提出的数学问题的计算。世界上第一台计算机是为科学计算的需要而诞生的，科学研究对计算能力的需要是无止境的。随着科学技术的发展，各种领域中的计算模型日趋复杂，人工计算已无法解决这些复杂的计算问题。例如，在天文学、量子化学、空气动力学、核物理学和天气预报等领域中，都需要依靠计算机进行复杂的运算。科学计算的特点是数据量不多，但是计算量很大，精度要求高，计算过程很复杂。利用计算机的快速、高精度、连续的运算能力，可以完成各种科学计算，解决人力或其他计算工具无法解决的复杂计算问题。

2. 数据处理

数据处理也称为非数值计算（信息处理），是指对大量的数据进行加工处理，例如分析、合并、分类、统计等，形成有用的信息。与科学计算不同，数据处理涉及的数据量人，但计算方法较简单。据统计，世界上的计算机 80% 以上用于信息处理，信息处理正形成独立的行业。信息管理是目前计算机应用最为广泛的领域，现在越来越多的企业和单位已普遍实现对财务、会计、档案、仓库、统计、医学资料等各方面的信息的计算机处理与管理。利用计算机进行信息管理，为实现办公自动化和管理自动化创造了有利条件。

3. 过程控制与监视

过程控制又称实时控制，指用计算机及时采集数据，将数据处理后，按最佳值迅速地对控制对象进行控制。为保证安全可靠和追求生产效益及产品质量，现代化的工农业生产过程都需要实时地监视和控制。利用计算机对生产过程进行控制，可以提高生产的自动化水平，减轻劳动强度，提高劳动生产率和产品质量。现在，计算机过程控制已广泛应用于纺织、机械、电力、石油、化工、冶金等工业领域，有力促进了工业生产的自动化。

4. 计算机辅助系统

利用计算机进行辅助设计、辅助制造、辅助测试和辅助教学，可以使设计与制造的效率、产品的质量和教学水平得到极大的提高。

计算机辅助设计（Computer Aided Design，CAD）就是用计算机来帮助各类设计人员进行设计。由于计算机有快速的数值计算、较强的数据处理以及模拟的能力,使 CAD 技术得到广泛应用。当今的 CAD 已发展成为一门综合性的技术,所涉及的基础技术主要有图形处理技术、工程分析技术、数据管理技术、软件设计与接口技术等。目前,CAD 技术已广泛应用于机械、电子、航空、船舶、汽车、纺织、服装、建筑以及工程建设等各个领域,成为提高劳动生产率、产品质量以及工程优化设计水平的重要手段。

计算机辅助制造(Computer Aided Manufacturing,CAM)是指利用计算机来进行生产和规划、管理和控制产品制造的过程。利用 CAM 技术,设计文档、工艺流程、生产设备等的管理、加工与生产装置的控制和操作均可在计算机的辅助下完成。随着生产技术的发展,现在已把越来越多的 CAD 和 CAM 功能融为一体,使传统的设计与制造彼此相对分离的任务作为一个整体来规划和开发,实现 CAD 与 CAM 的一体化。在工业发达国家,CAD/CAM(计算机辅助设计及制造)技术的应用已迅速从军事工业向民用工业扩展,由大型企业向中小型企业推广,由高技术领域的应用向日用家电、轻工产品的设计和制造中普及。CAD/CAM 技术推动了几乎一切领域的设计革命,它广泛地影响到机械、电子、化工、航天、建筑等行业,现在我们周围的商品,大到飞机、汽车、轮船、火箭,小到运动鞋、发夹都可能是使用 CAD/CAM 技术生产的产品。

计算机辅助教学(Computer Assisted Instruction,CAI)是指利用计算机来实现教学功能的一种教育形式,是通过学生与计算机的交互活动达到教学目的的一种高科技手段。计算机中有预先安排好的学习计划、教学材料以及测验和评估等内容,学生与计算机通过对话方式进行教与学。计算机能对学生的学习效果进行评价,并能指出学生在学习过程中的错误。计算机可代替教师帮助学生学习,并能不断改进教学方法,改善学习效果,提高教学水平和教学质量。CAI 体现了一种新的教育思想,是一种现代化的教学方式。

计算机辅助测试(Computer Aided Testing,CAT)是指利用计算机辅助进行产品测试。利用计算机进行辅助测试,可以提高测试的准确性、可靠性和效率。

5. 人工智能

人工智能(Artificial Intelligence,AI)一般是指用计算机来模拟或部分模拟人脑进行演绎推理和采取决策的思维过程。在计算机中存储一些定理和推理规则,然后设计程序让计算机自动探索解题的方法。传统的计算机程序虽然具有逻辑判断能力,但它只能执行预先设计好的动作,而不能像人类那样进行思维。人工智能研究的主要领域包括自然语言理解及对话能力、专家系统、机器人、定理自动证明等,是计算机应用研究的前沿学科。

6. 计算机网络应用

计算机网络是计算机技术与现代通信技术相结合的产物。Internet 的出现使全世界的计算机都联在一起,利用计算机网络,可以使一个地区、一个国家甚至在全世界范围内实现计算机软、硬资源的共享,从而使众多的计算机可以方便地进行信息交换和相互通信。因此,计算机网络使全球电子商务成为可能,还使信息全球检索和网上远程教育方便实现。计算机网络应用将成为计算机最热门的应用领域之一。

7. 电子商务

所谓电子商务,是指通过计算机和网络进行商务活动。世界各地的许多公司已经开始通过 Internet 进行商业交易。他们通过网络方式与顾客联系,与批发商联系,与供货商联系,与股东联系,并且进行相互间的联系。他们在网络上进行业务往来,其业务量往往超出正常方式。同时,电子商务系统也面临诸如保密性、可测性和可靠性等挑战。但这些挑战随着技术的发展和社会的进步是可以战胜的。

电子商务旨在通过网络完成核心业务,改善售后服务,缩短周转时间,从有限的资源中获取更大的利益,从而达到销售商品的目的。它向人们提供新的商业机会和市场要求,也对有关政策和规范提出挑战。

8. 娱乐和游戏

随着计算机技术、多媒体技术、动画技术以及网络技术的不断发展,使得计算机能够以图像与声音的集成的形式向人们提供最新的娱乐和游戏的方式。在计算机上可以观看影视节目、播放歌曲以及各种游戏。

1.2 计算机运算基础

计算机内部是一个二进制的数字世界,一切信息的存取、处理和传送都是以二进制编码形式进行的。二进制只有 0 和 1 这两个数字符号,用 0 和 1 可以表示器件的两种不同的稳定状态,如电路的通断、电位的高低、电极的正负等。

二进制是计算机信息表示、存储、传输的基础。计算机采用二进制,其特点是运算器电路在物理上很容易实现,运算简便,运行可靠,逻辑计算方便。在计算机中,对于数字、文字、符号、图形、图像、声音和动画都是采用二进制来表示。

1.2.1 进位计数制的基本概念

所谓计数制就是计数的方法。

现代人类采用的计数方法是进位计数制,简称进位制。用数字符号排列成数位,按由低位到高位的进位方式来表示数的方法叫进位计数制。日常生活中,人们最熟悉的是十进制,在计数时就是满十便向高位进一,即逢十向高位进一。钟表的计时也是采用进位计数制的方法实现的,即够 60 秒就进位为一分,够 60 分就进位为一时,等等。这些都是进位计数制的例子。

除了进位计数的方法外,还有别的计数方法。如画道就是一种最原始、最简单可行的计数方法。这种计数方法是有一个数就画上一个道,有 n 个数就画 n 道。显然,它没有进位的问题,所以它就是非进位计数制。

在与计算机打交道时,会接触到二进制、八进制、十六进制,无论是哪种进制,其共同之处都是进位计数制,它们都包括以下两个要素。

1. 基数

所谓基数,就是计数制允许选用的基本数字符号个数。R 进制数的基数为 R,能用到的数字符号个数为 R 个,即 0、1、2、$\cdots$、$R-1$,每个数位计满 R 后就向高位进 1,也就是"逢 R 进1"。R 进制数中能使用的最小数字符号是 0。表 1-1 中列出了几种进位数制。

表 1-1 几种进位数制

进 制	计数原则	基本符号
二进制	逢二进一	0,1
八进制	逢八进一	0,1,2,3,4,5,6,7
十进制	逢十进一	0,1,2,3,4,5,6,7,8,9
十六进制	逢十六进一	0,1,2,3,4,5,6,7,8,9,A,B,C,D,E,F

注:十六进制的数符 A~F 分别对应十进制的 10~15。

2. 位权

一个数字符号处在数的不同位时,它所代表的数值是不同的。每个数字符号所表示的数值等于该数字符号值乘以一个与该数码所在位置有关的常数,这个常数就叫位权,也称权。位权的大小是以基数为底,数字符号所在位置的序号为指数的整数次幂。

所以,可以得到权的性质:

- 进位制数($R \geqslant 2$)的整数部分最低位的权都是 1。因此,不管 R 等于什么,都可以把最低位称为个位。
- 进制数相邻两位权的比值为 R,即左边一位的权是其相邻的右边一位的权的 R 倍。

利用上述两个性质可以很快地把一个 R 进制数各位的权写出来,进而很方便地就把这个数转化成十进制数。

【例 1-1】 用位权和基数表示十进制数 321.58。
$$321.58 = 3 \times 10^2 + 2 \times 10^1 + 1 \times 10^0 + 5 \times 10^{-1} + 8 \times 10^{-2}$$

1.2.2 常用进位计数制

1. 十进制

十进制数的基数为 10,有 10 个数字符号 0,1,2,3,4,5,6,7,8,9。逢 10 进 1,借 1 当 10。对于任何一个十进制数,可以用小数点把数分成整数部分和小数部分。在数的表示中,每个数字的权都是 10 的幂次,如例 1-1。

十进制数中小数点向右移一位,数就扩大 10 倍;反之,小数点向左移一位,数就缩小 10 倍。

2. 二进制

二进制数的基数为 2,因此在二进制中出现的数字字符只有两个,即 0 和 1,用 0 和 1

两个数字符号来表示所有的数。其特点是"逢 2 进 1,借 1 当 2"。使用基数及位权可以将二进制数展开成多项式和的表达式。展开后所得结果就是该二进制数所对应的十进制的值。

在书写二进制数时,在可能与十进制数发生混淆的场合用后缀"B"(Binary)注明。

【例 1-2】 用后缀"B"注明二进制数。

$$10100.01B=1\times2^4+0\times2^3+1\times2^2+0\times2^1+0\times2^0+0\times2^{-1}+1\times2^{-2}=20.25$$

在二进制数中小数点每向右移一位,数就扩大 2 倍;小数点每向左移一位,数就缩小 2 倍。例如,把二进制数 10100.01 的小数点向右移一位变为 101000.1,比原来的数扩大了 2 倍;把 10100.01 的小数点向左移一位变为 1010.001,比原来的数缩小了 2 倍。

计算机内部所有的数值都是采用二进制来表示的,二进制的运算规则简单。

加法运算	减法运算	乘法运算	除法运算
0+0=0	0−0=0	0×0=0	0/0 无意义
0+1=1	1−0=1	0×1=0	0/1=0
1+0=1	1−1=0	1×0=0	1/1=1
1+1=1(向高位进 1)	0−1=1(从高位借 1)	1×1=1	1/0 无意义

这就使得二进制运算比十进制的运算简单得多,从而使实现运算的计算机运算电路简单可靠,并同时提高了机器的运算速度。

3. 八进制与十六进制

在计算机内部使用二进制,给书写和叙述有关计算机的技术数据带来了很多不便。例如,有一个十进制的 4 位数 9999,当谈论它在计算机内部的形式时要用 14 位:10011100001111。因此,计算机使用者常用十六进制或八进制来弥补这个缺点,但是值得注意的是,十六进制和八进制绝对不是计算机内部表示数值的方法,仅仅是书写和叙述时采用的一种形式。

为了清晰方便起见,与二进制一样通常在数字后面加一个缩写的字母作为标识。在八进制数后面加一个"Q"(Octal,为了避免书写时字母 O 与数字 0 混淆,所以把标识改为 Q);在十六进制数后面加一个"H"(Hexadecimal)。值得注意的是,通常情况下,十进制数后面可以省略标识符,需要时可以在其后面加一个"D"(Decimal)。

例如 63D、101B、77Q、A8H,根据它们的最后一个标识字母就可以知道它们分别是十进制数、二进制数、八进制数和十六进制数。

1) 八进制

八进制采用 0~7 共 8 个数字符号来表示所有的数,其特点是"逢 8 进 1"。使用基数及位权可以将八进制数展开成多项式和的表达式。展开后所得结果就是该八进制数所对应的十进制的值。

【例 1-3】 使用基数及位权将八进制数 147.2Q 展开成多项和的表达式。

$$147.2Q=1\times8^2+4\times8^1+7\times8^0+2\times8^{-1}=103.25$$

采用八进制能弥补二进制书写与叙述时冗长的缺陷,3 位二进制数的所有组合正好对应八进制数各数字符号。八进制数与二进制数的对应关系如表 1-2 所示。

表 1-2　八进制数与二进制数对应关系

二 进 制 数	八 进 制 数	二 进 制 数	八 进 制 数
000	0	100	4
001	1	101	5
010	2	110	6
011	3	111	7

2）十六进制

十六进制采用 0～9、A～F 共 16 个数字及字母符号来表示所有的数（其中字母符号 A、B、C、D、E、F 分别代表 10、11、12、13、14、15），其特点是"逢 16 进 1"。使用基数及位权可以将十六进制数展开成多项式和的表达式。展开后所得结果就是该十六进制数所对应的十进制的值。十六进制数与二进制数的对应关系如表 1-3 所示。

表 1-3　十六进制数与二进制数对应关系

二 进 制 数	十六进制数	二 进 制 数	十六进制数
0000	0	1000	8
0001	1	1001	9
0010	2	1010	A
0011	3	1011	B
0100	4	1100	C
0101	5	1101	D
0110	6	1110	E
0111	7	1111	F

1.2.3　数制的相互转换

1. 将十进制数转换成二进制数

在将一个十进制数转换成二进制数时，需要将整数部分和小数部分分别进行转换。

（1）将十进制整数转换成二进制整数。把十进制整数转换成二进制整数的规则是"除 2 取余法"，即将十进制数除以 2，得到一个商数和一个余数；再将其商数除以 2，又得到一个商数和一个余数；以此类推，直到商数等于零为止。每次所得的余数（0 或 1）就是对应二进制数的各位数字。在最后得到二进制数时，将第一次得到的余数作为二进制数的最低位，最后一次得到的余数作为二进制数的最高位。

【例 1-4】　将十进制整数 25 转换成二进制整数。

解：
```
2 ⌐ 2 5
2 ⌐ 1 2  ………… 余数为 1           低位
2 ⌐ 6    ………… 余数为 0
2 ⌐ 3    ………… 余数为 0
2 ⌐ 1    ………… 余数为 1
    0    ………… 余数为 1，商为0，结束   高位
```

因此,十进制整数 25 的二进制整数是 11001B。

(2) 将十进制小数转换成二进制小数。把十进制小数转换成二进制小数采用的规则是"乘 2 取整法"。具体方法是:用 2 乘十进制纯小数,将其结果的整数部分去掉;再用 2 乘余下的纯小数部分,再去掉其结果的整数部分;如此继续下去,直到余下的纯小数为 0 或满足所要求的精度为止。最后按先后顺序将每次得到的整数部分(0 或 1)从左到右排列即得到所对应的二进制小数。

【例 1-5】 将十进制小数 0.6875 转换成二进制小数。

解:$0.6875 \times 2 = 1.3750$ .... 整数部分为 1　　　　　　　　高位

　　$0.3750 \times 2 = 0.7500$ .... 整数部分为 0(去整数再乘 2)

　　$0.7500 \times 2 = 1.5000$ .... 整数部分为 1(去整数再乘 2)

　　$0.5000 \times 2 = 1.0000$ .... 整数部分为 1(去整数再乘 2)

　　0.0000 .... 去整数部分后余下的纯小数为 0,转换结束　低位

按先后顺序将每次得到的整数部分(0 或 1)从左到右排列得到所对应的二进制小数。十进制小数 0.6875 转换为二进制小数结果为 0.1011B。

有时,一个十进制小数不一定能完全准确地转换为二进制小数。例如,十进制小数 0.2 就不能完全准确地转换为二进制小数。在这种情况下,可以根据精度要求转换到小数点后某一位为止。

2. 将十进制数转换成八进制数

(1) 将十进制整数转换成八进制整数。将十进制整数转换成八进制整数与转换成二进制整数的方法相似,但采用的规则是"除 8 取余法"。八进制数计数的原则是"逢 8 进一"。在八进制数中不可能出现数字符号 8 和 9。

【例 1-6】 将十进制整数 266 转换成八进制整数。

解:8 | 266

　　8 | 33 .... 余数为 2　　　低位

　　8 | 4 .... 余数为 1

　　　　0 .... 余数为 4,商为 0,结束　高位

十进制整数 266 转换成八进制整数是 412Q。

(2) 将十进制小数转换成八进制小数。把十进制小数转换成八进制小数采用的方法是"乘 8 取整法"。

【例 1-7】 将十进制小数 0.6875 转换成八进制小数。

解:$0.6875 \times 8 = 5.5000$ .... 整数部分为 5(去掉整数部分后乘 8)　高位

　　$0.5000 \times 8 = 4.0000$ .... 整数部分为 4

　　0.0000 .... 去掉整数部分后余下的纯小数为 0,

　　　　　　　　转换结束　　　　　　　　　　　　低位

十进制小数 0.6875 的八进制小数是 0.54Q。

有时,一个十进制小数不一定能完全准确地转换为八进制小数。在这种情况下,可以根据精度要求转换到小数点后某一位为止。

3．将十进制数转换成十六进制数

（1）将十进制整数转换成十六进制整数。将十进制整数转换成十六进制整数的规则是"除16取余法"。十六进制数计数的原则是"逢16进一"。在十六进制数中，用A表示10，B表示11，C表示12，D表示13，E表示14，F表示15。

【**例1-8**】 将十进制整数380转换成十六进制整数。

解：
```
16 │ 3 8 0
16 │  2 3   ……… 余数为12，即C          ↑ 低位
16 │   1    ……… 余数为7
      0     ……… 余数为1，商为0，结束    │ 高位
```

十进制整数380转换成十六进制整数是17CH。

注意：一定不能将上面结果写为1712，十进制的12在十六进制中是用C来代表。

（2）将十进制小数转换成十六进制小数。把十进制小数转换成十六进制小数采用的方法是"乘16取整法"。

【**例1-9**】 将十进制小数0.625转换成十六进制小数。

解： $0.625 \times 16 = 10.000$ ……… 整数为10，即A   高位

$\quad\quad\quad$ 0.000 ……… 去掉整数部分后余下的纯小数为0，   ↓ 低位

$\quad\quad\quad\quad\quad\quad\quad\quad\quad$ 转换结束

十进制小数0.625的十六进制小数为0.AH。

有时，一个十进制小数不一定能完全准确地转换为十六进制小数。在这种情况下，可以根据精度要求转换到小数点后某一位为止。

4．将二进制数转换成十进制、八进制与十六进制数

（1）将二进制数转换成十进制数。将一个二进制数转换为十进制数的方法是按权展开。

【**例1-10**】 将二进制数10111B转换成十进制数。

解： $(110110)_2 = 1 \times 2^5 + 1 \times 2^4 + 0 \times 2^3 + 1 \times 2^2 + 1 \times 2^1 + 0 \times 2^0$

$\quad\quad\quad\quad\quad\quad = 32 + 16 + 0 + 4 + 2 + 0 = (54)_{10}$

二进制数10111B转换成十进制数为54D。

【**例1-11**】 将二进制数1110.11B转换成十进制数。

解： $(1110.11)_2 = 1 \times 2^3 + 1 \times 2^2 + 1 \times 2^1 + 0 \times 2^0 + 1 \times 2^{-1} + 1 \times 2^{-2}$

$\quad\quad\quad\quad\quad\quad = 8 + 4 + 2 + 0.5 + 0.25 = (14.75)_{10}$

二进制数1110.11B转换成十进制数为14.75D。

（2）将二进制数转换成八进制数。将一个二进制数转换为八进制数的方法可以概括为"3位并一位"，具体为：将该二进制整数从右向左每3位分成一组，最高位不足3位时添0补足。将每一组3位二进制数转换成一位八进制数。

【**例1-12**】 将二进制数10100101111B转换成八进制数。

根据3位二进制数的所有组合正好对应八进制各数字符号，将二进制数10100101111B转换成八进制数的方法如下：

$$010, \quad 100, \quad 101, \quad 111$$
$$\downarrow \qquad \downarrow \qquad \downarrow \qquad \downarrow$$
$$2 \qquad 4 \qquad 5 \qquad 7$$

二进制数 10100101111B 转换成八进制数是 2457Q。

【例 1-13】 将二进制数 10011111.1011B 转换成八进制数。

将一个带有小数的二进制数转换为八进制数的方法是：从该二进制数的小数点开始，分别向左和向右每 3 位分成一组，组间用逗号分隔。将每一组 3 位二进制数转换成一位八进制数。需要特别注意的是，当从小数点开始向右每 3 位为一组分组时，如果最后一组不够 3 位，应在后面添加"0"补足成 3 位。

解：
$$010, \quad 011, \quad 111 \quad \cdot \quad 101, \quad 100$$
$$\downarrow \qquad \downarrow \qquad \downarrow \qquad \qquad \downarrow \qquad \downarrow$$
$$2 \qquad 3 \qquad 7 \qquad \cdot \qquad 5 \qquad 4$$

二进制数 10011111.1011B 转换成八进制数是 237.54Q。

（3）将二进制数转换成十六进制数。将一个二进制数转换为十六进制数的方法可以概括为"4 位并一位"，具体为：将该二进制数从右向左每 4 位分成一组，组间用逗号分隔，最高位不足 4 位时添 0 补足。每一组代表一个 0～9、A、B、C、D、E、F 之间的数。

【例 1-14】 将二进制数 111010011B 转换成十六进制数。

解：
$$0001, \quad 1101, \quad 0011$$
$$\downarrow \qquad \downarrow \qquad \downarrow$$
$$1 \qquad D \qquad 3$$

二进制数 111010011B 转换成十六进制数是 1D3H。

【例 1-15】 将二进制数 111010.11B 转换成十六进制数。

将一个带有小数的二进制数转换为十六进制数的方法是：从该二进制数的小数点开始，分别向左和向右每 4 位分成一组，组间用逗号分隔。当从小数点开始向右每 4 位为一组分组时，如果最后一组不够 4 位，应在后面添加 0 补足成 4 位。

解：
$$0011, \quad 1010 \quad \cdot \quad 1100$$
$$\downarrow \qquad \downarrow \qquad \downarrow$$
$$3 \qquad A \qquad \cdot \qquad C$$

二进制数 111010.11B 转换成十六进制数是 3A.CH。

5. 将八进制、十六进制数转换成二进制数

将八进制、十六进制数转换成二进制数的方法是"一位拆 3 位"或"一位拆 4 位"。

（1）将八进制数转换成二进制数。将八进制数转换成二进制数的方法是：用"一位拆 3 位"的方法，把每一位八进制数都用相应的 3 位二进制数来代替，然后将它们连接起来。

【例 1-16】 将八进制数 253.64Q 转换成二进制数。

解：
$$2 \qquad 5 \qquad 3 \qquad \cdot \qquad 6 \qquad 4$$
$$\downarrow \qquad \downarrow \qquad \downarrow \qquad \downarrow \qquad \downarrow$$
$$010 \quad 101 \quad 011 \quad \cdot \quad 110 \quad 100$$

八进制数 253.64Q 转换成二进制数是 010101011.110100B。该二进制数的整数部分中最左边的 0 和小数部分中最右边的 0 均可省略。因此，其二进制数是 10101011.1101B。

（2）将十六进制数转换成二进制数。将十六进制数转换成二进制数的方法是：用"一位拆 4 位"的方法，把每一位十六进制数都用相应的 4 位二进制数来代替。

【例 1-17】 将十六进制数 10BCH 转换成二进制数。

解： 1   0   B   C
       ↓   ↓   ↓   ↓
  0001 0000 1011 1100

经转换后得到的二进制数是 0001000010111100B。该二进制数中最左边的 3 个 0 可以省略，因此，十六进制数 10BCH 转换成二进制数是 1000010111100B。

【例 1-18】 将十六进制数 1CB.D8H 转换成二进制数。

解： 1   C   B   ·   D   8
     ↓   ↓   ↓   ↓   ↓
  0001 1100 1011 · 1101 1000

转换后得到的二进制数是 000111001011.11011000B。整数部分最左边的 0 和小数部分最右边的 0 均可省略，因此，十六进制数 1CB.D8H 转换成二进制数是 111001011.11011B。

6. 将八进制数、十六进制数转换成十进制数

将八进制数、十六进制数转换成十进制数的方法是按权展开。

【例 1-19】 将八进制数 413Q 转换成十进制数。

解：$(413)_8 = 4 \times 8^2 + 1 \times 8^1 + 3 \times 8^0 = 256 + 8 + 3 = (267)_{10}$

八进制数 413Q 的十进制数是 267D。

【例 1-20】 将八进制数 35.54Q 转换成十进制数。

解：$(35.54)_8 = 3 \times 8^1 + 5 \times 8^0 + 5 \times 8^{-1} + 4 \times 8^{-2}$
$$= 24 + 5 + 0.625 + 0.0625 = (29.6875)_{10}$$

八进制数 35.54Q 的十进制数是 29.6875D。

【例 1-21】 将十六进制数 A3CH 转换成十进制数。

解：$(A3C)_{16} = 10 \times 16^2 + 3 \times 16^1 + 12 \times 16^0 = 2560 + 48 + 12 = (2620)_{10}$

十六进制数 A3CH 的十进制数是 2620D。

1.3 计算机中数据的存储与编码

计算机中的数据种类很多，除了常见的数值型数据信息外，还有大量的非数值型数据信息。非数值型数据信息是指字符、文字、图形、图像等数据。

在计算机中只能存储二进制数据，这就需要对各种信息进行编码，然后将它们以二进制编码的形式存入计算机中。

在计算机中，通常以 B（字节）、KB（千字节）、MB（兆字节）、GB（吉字节）及 TB（太字节）为单位来表示存储器（内存、硬盘等）的存储容量或文件的大小。所谓存储容量，是指存储器中能够包含的字节数。一个字节（Byte）包含 8 个二进制位，即 1Byte＝8bit。这里的 bit 指的是二进制数的一位，又称比特，是计算机存储数据的最小单位。

存储单位 B、KB、MB、GB 与 TB 的换算关系如表 1-4 所示。

表 1-4　存储容量单位及其相关值

单 位 名 称	表 示 符 号	值
位	b	0 或者 1
字节	B	8 位二进制位
千字节	KB	1024 个字节
兆字节	MB	1024KB，1 048 576 个字节
吉字节	GB	1024MB，1 073 741 824 个字节
太字节	TB	1024GB，1 099 511 627 776 个字节

1.3.1　数值型数据在计算机中的表示

1. 机器数与真值

计算机中的数据是以二进制形式存储的，数值的正、负也必须用二进制来表示。本小节就对数值型数据在计算机中是如何表示的这一问题予以展开讨论。

1) 机器数

人们通过键盘输入的数据经过计算机的自动转换，以二进制形式存入计算机。数值在计算机中的二进制表示形式称为机器数。机器数具有以下几个特点：

(1) 符号的数值化。日常使用的数值有正负之分，而在计算机内部任何符号都是用二进制表示的，所以数值的正、负也必须用二进制来表示。一般规定用二进制数"0"表示正数，用二进制数"1"表示负数，且用最高位(最左位)作为数值的符号位，每个数据占用一个或多个字节。

(2) 小数点的位置有一定的约定方式。计算机中通常只表示整数或纯小数，所以，小数点位置一般隐含在某个位置。需要注意的是，小数点并不明确地表示出来(计算机内部如何约定并隐含小数点位数，后面将做介绍)。

(3) 机器数所表示的数值范围有限。不同类型的计算机处理数据的能力是不同的。所处理二进制的位数受到机器设备的限制。把机器设备能表示的二进制位数称为字长。一台机器的字长是固定的。将 8 位二进制数称为一个字节(Byte)。机器的字长一般都是 8 的倍数，比如，字长 8 位，字长 16 位，字长 32 位，字长 64 位。字长越长，所能表示的数据范围越大。

2) 真值

由于符号位占据数据的一位，所以机器数的形式值将不等于真正的数值。比如 10001000B，由于最高位是 1，所以其真正的数值不是 136，而是 −8。为了严格区分它们之间的差别，将带符号位的机器码所对应的数据的实际值称为机器数的真值。

【例 1-22】 求十进制数"+18"和"−18"的真值和机器数。

解：由于 $(18)_{10} = (10010)_2$，所以：

$(+18)_{10}$ 的真值为 +10010；若用一个字节表示，最高位为符号位，它的机器数为 00010010。

$(−18)_{10}$ 的真值为 −10010；若用一个字节表示，最高位为符号位，它的机器数为

10010010。

【例 1-23】 求十进制数"+168"和"−168"的真值和机器数。

解：十进制数 168 的二进制数为(10101000)，由于二进制数本身已经占满 8 位，所以要用两个字节(16 位)表示该二进制数。

(+168)$_{10}$ 的真值为 +10101000，它的机器数为 0 000000010101000。

(−168)$_{10}$ 的真值为 −10101000，它的机器数为 1 000000010101000。

3) 无符号数

当计算机字长中的所有二进制位全都用来表示数值时，称为无符号数。无符号数一般在全都是正数运算而且不会出现负数结果的情况下使用。例如，8 位二进制无符号整数 11111111B，它所表示的无符号整数真值应为 255。当然一个二进制数也可以表示无符号小数。例如，8 位二进制无符号小数 10000000B，它所表示的无符号小数真值应为 0.5。由此可见，无符号整数的小数点默认在最低位之后；无符号小数的小数点默认在最高位之前。

2. 原码、反码和补码

符号位数值化的目的就是简化计算机对机器数的算术运算，从而提高运算速度。为了实现这一目的，出现了各种编码方法，例如原码、反码、补码和移码等，本小节介绍定点数的原码、反码和补码。正数的原码、反码和补码的表示形式完全相同，而负数的原码、反码和补码的表示形式则各不相同。

1) 原码表示方法

原码是机器数的一种简单表示法。其数值用二进制形式表示，符号位用 0 表示正号，用 1 表示负号。这种将真值 x 的符号数值化后所表示出来的机器数就叫做原码，记作[x]$_{原}$。

原码具有以下性质：

(1) 原码实际上是数值化的符号位加上真值的绝对值(正数的原码就是它本身)。

(2) 在原码表示法中，零有正零和负零之分。[+0]$_{原}$=0000…0，[−0]$_{原}$=1000…0。

(3) n 位二进制数可以表示 2^n-1 个真值的原码。

(4) 原码表示法最大的优点在于其真值和编码表示之间对应关系很直观，容易转换。但不能用原码直接对两个同号数相减或两个异号数相加。

【例 1-24】 设机器码长度为 8，求"+6"和"−6"的原码。

解：因为(6)$_{10}$=(110)$_2$，又根据题目条件，机器码长度为 8，所以 [+6]$_{原}$=00000110，[−6]$_{原}$=10000110。

【例 1-25】 设机器码长度为 8，求 $x=-0.3125D$ 的原码。

解：因为 $x=-0.3125D=-0.0101B$，又根据题目条件，机器码长度为 8，因此小数部分占 7 位，前面符号位占一位，所以，[x]$_{原}$=10101000。

小数点隐含在小数部分最高位之前，符号位之后。

2) 反码表示方法

反码可以由原码得到。如果是正数，则该数的反码与原码相同；如果是负数，则该数的反码是对它的原码逐位取反(符号位除外)，即 0 变为 1，1 变为 0。任何一个数的反码的反码就是原码本身。

设有一个数 x,则 x 的反码可记做 $[x]_反$。

反码具有以下性质:

(1) 正数的反码就是其原码本身,而负数的反码可以通过对其原码除符号位以外逐位取反来求得。

(2) 在反码表示法中,零有正零和负零之分。$[+0]_反 = 0000…0$,$[-0]_反 = 1111…1$。

(3) n 位二进制数可以表示 2^n-1 个真值的反码。

【例 1-26】 设机器码长度为 8,求"+6"和"-6"的反码。

解: 因为 $[+6]_原 = 00000110$,所以 $[+6]_反 = 00000110$,与原码相同。

因为 $[-6]_原 = 10000110$,所以 $[-6]_反 = 11111001$,除符号位以外逐位取反。

【例 1-27】 设机器码长度为 8,求 $x = -0.3125 = -0.0101B$ 的反码。

解: 因为 $[x]_原 = 10101000$,所以 $[x]_反 = 11010111$。

3) 补码表示方法

补码也可以由原码得到。如果是正数,则该数的补码与原码相同;如果是负数,则该数的补码是对它的原码逐位取反(符号位除外),末位加 1。任何一个数的补码的补码就是原码本身。

设有一个数 x,则 x 的补码可记做 $[x]_补$。

补码具有以下性质:

(1) 正数的补码就是其原码本身,而负数的补码就是在保持原码符号位不变的基础上,其余各位逐位取反,然后末位加 1。大多数情况下 $[x]_补 = [x]_反 + 1$。

(2) 在补码表示法中,没有正零和负零之分。$[\pm0]_补 = 0000…0$。编码 $1000…0$ 可以用来表示另外一个数。8 位二进制补码 10000000 用来表示 -128。

(3) n 位二进制数可以表示 2^n 个真值的补码。

【例 1-28】 设机器码长度为 8,求"+6"和"-6"的补码。

解: 因为 $[+6]_原 = 00000110$,所以 $[+6]_补 = 00000110$,与原码相同。

因为 $[-6]_原 = 10000110$,所以 $[-6]_补 = 11111010$,除符号位以外逐位取反,末位加 1。

【例 1-29】 设机器码长度为 8,求 $x = -0.3125D$ 的补码。

解: 因为 $x = -0.3125D = -0.0101B$,得到 $[x]_原 = 10101000$,所以 $[x]_补 = 11011000$。

机器数所表示的范围受设备限制。计算机是以字为单位进行处理、存储和传送的。字长越长,计算机所能表示的数据范围越大。计算机的字长一般为 8 位、16 位、32 位或 64 位。一台具体的计算机字长是一定的,字长定了,计算机数据所能表示的数据范围就确定了。如果计算机字长为 8,表 1-5 列出了 8 位二进制整数的原码、反码、补码的最大值、最小值的编码及数值范围。

表 1-5　原码、反码、补码的最大值、最小值的编码及数值范围

类　型	原　码	反　码	补　码
最大编码	01111111	01111111	01111111
最小编码	11111111	10000000	10000000
数值范围	$-127 \sim +127$	$-127 \sim +127$	$-128 \sim +127$

原码、反码、补码是计算机表示符号数的常用编码。它们的最高位均表示符号数的正负值，0 代表正数，1 代表负数。不管何种编码，小数点的位置都是隐含的，不表示出来。补码是计算机中用得最多的一种有符号数编码。因为补码在进行加减运算时可以使符号位一起直接参与运算，无须特别对符号位判断后进行运算，从而简化了运算规则，提高了运算速度。

3. 定点数与浮点数

计算机中参加运算的数既有整数，也有小数。如果小数点的位置固定不变，这样的机器数称为定点数；如果小数点的位置可以浮动，这样的机器数称为浮点数。

1）定点表示法

前面在讲解原码、反码、补码时，是以定点整数及定点小数为对象的。其特征是它们的小数点都隐含在某个固定不变的位置上。

机器数的小数点位置隐含在机器数的最右端，称为定点整数，也称为纯整数，其格式如图 1-13 所示。

由此可见，定点整数的符号位在最高位，其余是数值的有效部分。小数点不占用二进制位数。

机器数的小数点位置在符号位之后、有效值部分最高位之前时，称为定点小数，也称为纯小数，其绝对值小于 1，其格式如图 1-14 所示。

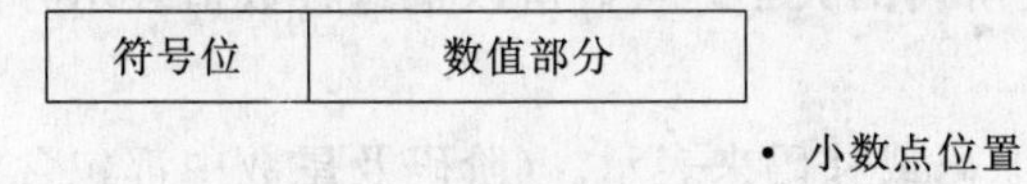

符号位	数值部分

· 小数点位置

符号位	数值部分

· 小数点位置

图 1-13　定点整数的符号位、数值部分以及　　　图 1-14　纯小数的符号位、数值部分以及
　　　　　小数点位置示意图　　　　　　　　　　　　　　　小数点位置示意图

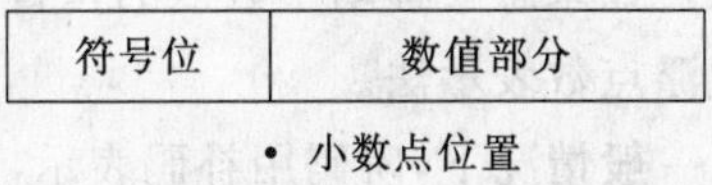

从形式上看，定点整数和定点小数毫无差别，所以在使用时必须加以约定说明，因为在二进制编码完全相同时定点整数和定点小数的真值不同。

【例 1-30】　求机器数 11000100B 分别是原码定点整数、原码定点小数时的真值。

解： $[x]_原 = 11000100B$，当表示定点整数时，符号位为 1，小数点隐含在机器数的最右端，$x_真 = -1000100B = -68$。

当表示定点小数时，小数点在符号位之后、有效值部分最高位之前，$x_真 = -0.10001 = -0.51325$。

对于既有整数又有小数的原始数据采用定点数来表示的时候，必须设定一个合适的缩放因子，使它缩小成定点小数或扩大成定点整数，然后再进行运算。当然运算结果也必须反折算成实际值。然而，合适的比例因子选择并不是一件很容易的事情，况且定点数的表示范围也较小。为了解决上述问题，可以采用浮点表示法。

2）浮点表示法

为了在有限的机器字长位数的限制下能表示很大的整数，同时又能表示精度较高的小数，采用浮点表示法。浮点表示法与科学记数法相似，即把一个数 N 通过移动小数点位置表示成 R 的 e 次幂和绝对值小于 1 的数 M 相乘的格式：

$$N = \pm M \cdot R^e$$

其中，M 是尾数，是数值有效数字部分，一般采用定点小数表示；R 是底数（二进制数为 2，十六进制数为 16）；e 是指数，也称阶码，是有符号整数。

例如：

$$111.1101B = 0.1111101B \times 2^3$$
$$-0.0101011B = -0.101011B \times 2^{-1}$$

这样，就将浮点数分成阶码和尾数两部分。其中，阶码一般用补码定点整数表示；尾数一般用补码或原码定点小数表示。

浮点数的格式多种多样，不同的计算机设计的阶码和尾数可能不尽相同，但都可以归结为如图 1-15 所示形式。

图 1-15　浮点数的格式

由此可见，底数并没有在表示形式中体现出来，它是根据数值的进制来决定的，是事先约定好的；阶符表示阶码的正负，阶码反映了小数点的位置；尾符表示数 N 的符号，尾数是定点小数；阶码的大小决定了所表示数值的大小，而尾数位数的多少决定了所表示数值的精度。如果想要移动小数点的位置，只要改变阶码的大小即可。所以把这种数值表示方法称做浮点数表示法。

一般情况下，阶码用补码表示，尾数采用原码或补码来表示。（阶码及尾数中都包含各自的符号位。）

【例 1-31】　某计算机用 4 个字节表示浮点数，阶码部分为 8 位补码定点整数，尾数部分为 24 位原码定点小数。写出二进制数 -110.001 的浮点数形式。

解：$-110.001 = -0.110001 \times 2^{+3}$

阶码部分为 $+3$，用 8 位补码定点整数表示；尾数部分为 -0.110001，用 24 位原码定点小数表示；浮点数形式为：

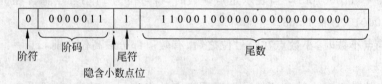

通过例 1-31 可以发现将一个二进制数表示成浮点数的形式并不是唯一的。例如，-110.001 也可以表示成 $-110.001 = -0.0110001 \times 2^{+4}$。

为了使浮点数有一个标准表示形式，也同时利用尾数的有效位数提高精度，采用规格化的表示形式。

所谓规格化，就是指尾数 M 的最高位 M^{-1} 必须是有效数字位。具体含义及规格化处理过程如下（以二进制数为处理对象）：

（1）尾数部分以纯小数形式表示，其绝对值应满足 $0.5 \leqslant |M| < 1$（十进制值）。如果不

满足该条件,则需要修改阶码并对尾数进行移位,以使尾数满足上述条件。

(2) 当尾数为正时,无论其使用原码还是补码表示,M 应满足 $0.5 \leqslant M < 1$(十进制值),以二进制形式表示为 $M = 0.1xx \cdots x(x$ 为 0 或 1)。

(3) 对于用原码表示的负尾数,M 满足 $-1 < M \leqslant -0.5$(十进制值),以二进制形式表示为 $M = 1.1xx \cdots x(x$ 为 0 或 1)。

(4) 对于用补码表示的负尾数,M 满足 $-1 \leqslant M < -0.5$(十进制值),以二进制形式表示为 $M = 1.0xx \cdots x(x$ 为 0 或 1)。

通过对上述处理过程的分析,可以得出,如果规格化的尾数用原码表示,则其最高位一定为 1;如果用补码表示,则尾数的最高位与其符号位相反。

【例 1-32】 写出二进制数 $x = 0.00100011B \times 2^{-1}$ 的规格化浮点表示形式。假定阶码用 4 位补码表示,尾数用 8 位原码表示。

解:因为尾数是原码,$M^{-1} = 0$ 不是规格化形式,小数点应该右移两位使最高有效位 $M^{-1} = 1$,与此同时阶码相应减 2,表示如下:

$$x = 0.00100011B \times 2^{-1} = 0.100011 \times 2^{-3}$$

阶码是 -3,用 4 位补码表示,$[-3]_{补} = [-011]_{补} = 1101$。

浮点数形式为:

1	101	0	1000110

浮点数表示数值的范围比定点数大。浮点数的总位数确定后,分配给阶码的位数越长,可表示的数值范围越大,但尾数分配到的位数少了,数值的精度也会降低。所以位数的分配应该针对所处理的数值对象而定。

数值运算过程中,如果及时对中间结果进行规格化处理,那就不易丢失有效数字,提高了运算速度。

当然,浮点数表示法所需计算机控制电路复杂,成本也高。规模小的计算机则大多采用定点数,再通过软件或扩展浮点硬件实现浮点数的运算。

4. 二进制数的算术运算

计算机中的数值有定点和浮点两种表示方法,所以运算方法也分为定点数运算和浮点数运算两种。算术运算包括加减乘除四则运算。本小节只对加减运算进行讨论。

1) 定点加减法运算

前面也曾经提到过使用补码进行加减运算时,可以不区分数值位和符号位,而把它们进行等同处理。也就是说,用补码进行加减运算时,符号位也一起参与加减运算。值得注意的是:运算时字长的最高位的进位必须舍弃。

(1) 定点加法运算。

运算公式如下:

$$[X + Y]_{补} = [X]_{补} + [Y]_{补}$$

【例 1-33】 已知 $X = -1100100B, Y = 110010B$(字长为 8),求 $X + Y$。

解:因为 $[X]_{补} = 10011100B$

$[Y]_{补} = 00110010B$

根据公式 $[X+Y]_{补} = [X]_{补} + [Y]_{补} = 10011100B + 00110010B = 11001110B$

由所求得的补码得出 $X+Y = [[X+Y]_{补}]_{补} = 10110010B$

（2）定点减法运算。

运算公式如下：

$$[X-Y]_{补} = [X]_{补} - [Y]_{补} = [X]_{补} + [-Y]_{补}$$

【例1-34】 已知 $X = 1100100B, Y = 110010B$（字长为8），求 $X-Y$。

解：$[X]_{补} = 01100100B$

$[-Y]_{原} = 10110010B$

$[-Y]_{补} = 11001110B$

$[X-Y]_{补} = [X]_{补} + [-Y]_{补} = 01100100B + 11001110B$

　　　　　　 $= 00110010B$（舍弃最高位的进位）

由所求得的补码得出 $X-Y = 00110010B$

（3）溢出判断。

由于定点数加减运算时所用字长是固定的，所以计算结果就有可能超出该字长所表示的数值范围。这种现象称为溢出。在计算过程中必须及时判断是否溢出，一旦发现溢出，计算机必须中断计算。溢出的判断可以采用双符号位判断法。

在计算过程中采用双符号位（即两位二进制）表示机器数符号：00代表正数，11代表负数，然后根据运算结果的符号位判定是否溢出，判断依据如表1-6所示。

表1-6　双符号位判断依据表

运算结果的符号位	溢 出 状 态	运算结果的符号位	溢 出 状 态
00	无溢出	10	溢出
01	溢出	11	无溢出

【例1-35】 已知 $X = 1100100B, Y = 110010B$，求 $X+Y$，并判断其计算结果是否溢出。

解：$[X]_{补} = 001100100B$

$[Y]_{补} = 000110010B$

$[X+Y]_{补} = [X]_{补} + [Y]_{补} = 001100100B + 000110010B = 010010110B$

根据计算结果的双符号位01，可以看出该结果已经溢出。

不妨加以验证一下：X 所对应的十进制数值为100，Y 所对应的十进制数值为50。$X+Y$ 的结果用十进制数来表示应该为150。事实上，字长8位的二进制机器数中除去1位符号位之后用7位二进制数来表示十进制数的最大值为127。由此可以得出，运算结果150已经超出了最大表示范围。

2）浮点数算术运算（加减运算）

假设有浮点数 $X = M \times 2^i, Y = N \times 2^j$，求 $X \pm Y$。其运算过程如下所述。

（1）对阶。为了能进行运算，必须先使阶码相同。具体做法是：令 $K = |i-j|$，把阶码小的那个数的尾数向右移 K 位，目的就是让它的阶码加 K。

在尾数右移时，值得注意的是：如果尾数用补码表示时，符号位必须一起参加移位，而且最终符号位保持不变。

例如，X 为 $(1.01)_{补} \times 2^{011}$，将尾数右移3位后，$X$ 将变为 $(1.11101)_{补} \times 2^{110}$。

如果尾数用原码表示时,符号位不参加移位,尾数的最高位用 0 补充。

(2) 对尾数进行加减运算。运算方法与定点数运算规则相同。

(3) 对运算结果进行规格化处理。如果尾数运算结果不是规格化的结果时,需要利用前面所讲的规格化方法进行规格化。

(4) 舍入处理。在进行对阶以及规格化处理时,由于位数的限制可能会移掉一部分数据,所以必须进行舍入处理。舍入处理方法如下。

- 0 舍 1 入法:如果被移掉的最高位为 1 的情况下,尾数末位加 1。
- 恒 1 法:只要有数据被移掉就在尾数末位加 1。

(5) 溢出判断。如果阶码在进行对阶时溢出,那么结果溢出。如果尾数在进行加减运算时溢出,可以进行规格化处理,而不作为溢出处理。

1.3.2 字符信息在计算机中的表示

任何形式的数据进入计算机后都必须用 0 和 1 的二进制编码形式表示。对英文字母、数字和标点符号等字符的二进制编码称为字符编码。

ASCII 码是目前计算机中最普遍采用的一种字符编码。ASCII 码(American Standard Code for Information Interchange)称为"美国信息交换标准代码",是美国的字符代码标准,于 1968 年发表。它被国际标准化组织(International Standards Organization,ISO)确定为国际标准,成为一种国际上通用的字符编码。

1. 标准 ASCII 码

标准 ASCII 码由 7 位二进制位编码组成。虽然标准 ASCII 码是 7 位编码,但由于计算机基本处理单位为字节(1Byte = 8bit),所以一般仍以一个字节来存放一个 ASCII 字符。每一个字节中多余出来的一位(最高位)在计算机内部通常保持为 0(在数据传输时可用做奇偶校验位)。标准 ASCII 码如表 1-7 所示。

每个 ASCII 码占用一个字节,由 8 个二进制位组成,每个二进制位为 0 或 1。ASCII 码中的二进制数的最高位(最左边一位)为数字 0,余下的 7 位二进制数可以表示 $2^7 = 128$ 种状态,每一种状态都唯一对应一个字符,其范围为 $0 \sim 127$。基本 ASCII 码代表 128 个不同的字符,其中有 94 个可显示字符(10 个数字字符、26 个英文小写字母、26 个英文大写字母、32 个各种标点符号和专用符号)、34 个控制字符。基本 ASCII 码在各种计算机上都是适用的。

例如,大写字母 A 的 7 位 ASCII 码值为 1000001,即十进制数 65;小写字母 a 的 ASCII 码值为 1100001,即十进制数 97。

【例 1-36】 将"China"5 个字符按照 ASCII 码存放在存储单元中。

解:在计算机中,一个字符占用一个字节,用来存放该字符的 ASCII 码。

C 的 ASCII 码值 = 67D = 43H = 1000011B,该字节存储为 01000011。

h 的 ASCII 码值 = 104D = 68H = 1101000B,该字节存储为 01101000。

i 的 ASCII 码值 = 105D = 69H = 1101001B,该字节存储为 01101001。

n 的 ASCII 码值 = 110D = 6EH = 1101110B,该字节存储为 01101110。

a 的 ASCII 码值 = 97D = 61H = 1100001B,该字节存储为 01100001。

表 1-7　标准 ASCII 码表

十进制	ASCII 码	控制符	十进制	ASCII 码	控制符	十进制	ASCII 码	控制符	十进制	ASCII 码	控制符
0	00H	NUL	33	21H	!	66	42H	B	99	63H	c
1	01H	SOH	34	22H	"	67	43H	C	100	64H	d
2	02H	STX	35	23H	#	68	44H	D	101	65H	e
3	03H	ETX	36	24H	$	69	45H	E	102	66H	f
4	04H	EOT	37	25H	%	70	46H	F	103	67H	g
5	05H	ENQ	38	26H	&	71	47H	G	104	68H	h
6	06H	ACK	39	27H	'	72	48H	H	105	69H	i
7	07H	BEL	40	28H	(	73	49H	I	106	6AH	j
8	08H	BS	41	29H	)	74	4AH	J	107	6BH	k
9	09H	HT	42	2AH	*	75	4BH	K	108	6CH	l
10	0AH	LF	43	2BH	+	76	4CH	L	109	6DH	m
11	0BH	VT	44	2CH	,	77	4DH	M	110	6EH	n
12	0CH	FF	45	2DH	—	78	4EH	N	111	6FH	o
13	0DH	CR	46	2EH	.	79	4FH	O	112	70H	p
14	0EH	SO	47	2FH	/	80	50H	P	113	71H	q
15	0FH	ST	48	30H	0	81	51H	Q	114	72H	r
16	10H	DC0	49	31H	1	82	52H	R	115	73H	s
17	11H	DC1	50	32H	2	83	53H	S	116	74H	t
18	12H	DC2	51	33H	3	84	54H	T	117	75H	u
19	13H	DC3	52	34H	4	85	55H	U	118	76H	v
20	14H	DC4	53	35H	5	86	56H	V	119	77H	w
21	15H	NAK	54	36H	6	87	57H	W	120	78H	x
22	16H	SYN	55	37H	7	88	58H	X	121	79H	y
23	17H	ETB	56	38H	8	89	59H	Y	122	7AH	z
24	18H	CAN	57	39H	9	90	5AH	Z	123	7BH	{
25	19H	EM	58	3AH	:	91	5BH	[	124	7CH		
26	1AH	SUB	59	3BH	;	92	5CH	\	125	7DH	}
27	1BH	ESC	60	3CH	<	93	5DH	]	126	7EH	~
28	1CH	FS	61	3DH	=	94	5EH	^	127	7FH	DEL
29	1DH	GS	62	3EH	>	95	5FH	_			
30	1EH	RS	63	3FH	?	96	60H	`			
31	1FH	US	64	40H	@	97	61H	a			
32	20H	SP	65	41H	A	98	62H	b			

　　在 ASCII 码中,10 个数字字符是按从小到大的顺序连续编码的,而且它们的 ASCII 码也是从小到大排列的。因此,只要知道了一个数字字符的 ASCII 码,就可以推算出其他数字字符的 ASCII 码。例如,已知数字字符 2 的 ASCII 码为十进制数 50,则数字字符 5 的 ASCII 码为十进制数 $50+3=53$。在 ASCII 编码中,26 个英文大写字母和 26 个英文小写字母是按 A~Z 与 a~z 的先后顺序分别连续编码的。因此,只要知道了一个英文大写字母的 ASCII 码,就可以根据字母顺序推算出其他大写字母的 ASCII 码。例如,已知英文大写字母 A 的 ASCII 码为十进制数 65,故英文大写字母 E 的 ASCII 码为十进制数 $65+4=69$。因

此,字母和数字的 ASCII 码的记忆是非常简单的。只要记住了一个字母或数字的 ASCII 码(例如记住 A 的 ASCII 码为 65,0 的 ASCII 码为 48),知道相应的大小写字母之间差 32,就可以推算出其余字母、数字的 ASCII 码。

2. 扩充 ASCII 码

由于标准 ASCII 字符集字符数目有限,在实际应用中往往无法满足要求,因此,国际标准化组织又制定了 ISO 2022 标准,它规定了在保持与标准 ASCII 码兼容的前提下将 ASCII 字符集扩充为 8 位代码的统一方法。每种扩充 ASCII 字符集分别可以扩充 128 个字符,这些扩充字符的编码均为高位为 1 的 8 位代码(即十进制数 128~255),称为扩充 ASCII 码。通常各国都把扩充的 ASCII 码作为自己国家语言文字的代码。表 1-8 展示的是最流行的一套扩充 ASCII 字符集和编码。

表 1-8 扩充 ASCII 码表

128	Ç	144	É	161	í	177	▒	193	┴	209	╤	225	ß	241	±
129	ü	145	æ	162	ó	178	▓	194	┬	210	╥	226	Γ	242	≥
130	é	146	Æ	163	ú	179	│	195	├	211	╙	227	π	243	≤
131	â	147	ô	164	ñ	180	┤	196	─	212	╘	228	Σ	244	⌠
132	ä	148	ö	165	Ñ	181	╡	197	┼	213	╒	229	σ	245	⌡
133	à	149	ò	166	ª	182	╢	198	╞	214	╓	230	µ	246	÷
134	å	150	û	167	º	183	╖	199	╟	215	╫	231	τ	247	≈
135	ç	151	ù	168	¿	184	╕	200	╚	216	╪	232	Φ	248	°
136	ê	152	_	169	⌐	185	╣	201	╔	217	┘	233	Θ	249	·
137	ë	153	Ö	170	¬	186	║	202	╩	218	┌	234	Ω	250	·
138	è	154	Ü	171	½	187	╗	203	╦	219	█	235	δ	251	√
139	ï	156	£	172	¼	188	╝	204	╠	220	▄	236	∞	252	ⁿ
140	î	157	¥	173	¡	189	╜	205	═	221	▌	237	φ	253	z
141	ì	158	₧	174	«	190	╛	206	╬	222	▐	238	e	254	■
142	Ä	159	ƒ	175	»	191	┐	207	╧	223	▀	239	∩	255	BLANK
143	Å	160	á	176	░	192	└	208	╨	224	α	240	≡		

1.3.3 汉字信息在计算机中的表示

计算机处理汉字信息的前提条件是对每个汉字进行编码,这些编码统称为汉字编码。西文是拼音文字,基本字符比较少,编码比较容易,而且在一个计算机系统中,输入、内部处理、存储和输出都可以使用同一个编码。汉字种类繁多,编码比拼音文字困难,而且在一个汉字处理系统中,输入、内部处理、输出对汉字代码的要求不尽相同。汉字信息处理系统在处理汉字和词语时,要进行一系列的汉字代码转换。汉字编码主要包括汉字输入码、汉字内码、汉字字形码、汉字地址码及汉字信息交换码等。

1. 国标码

国标码是"中华人民共和国国家标准信息交换汉字编码字符集基本集"的简称,也被称为汉字交换码。其代号为 GB 2312—80,由我国国家标准局于 1981 年 5 月颁布。

在汉字国标码 GB 2312—80 的字符集中共收集了 7445 个常用汉字(6763 个)和图形符号(682 个)。6763 个常用汉字分为两级,将其中使用频度高的常用汉字(3755 个)作为第一级汉字,较不常用的汉字(3008 个)作为第二级汉字。国标码中的 7445 个汉字和图形符号被分成 94 个区,每区包含 94 个汉字或符号。也就是说,所有国标汉字和图形符号组成了一个 94×94 的方阵。该方阵的行号称为区号,列号称为位号。区号和位号都由两位十进制数表示。94 个区的区号的编号为 01~94,每个区内的 94 个位的位号的编号为 01~94。区号和位号组合起来就构成了一个汉字或符号的 4 位十进制编码,称为区位码。在区位码中,区号在前,位号在后。一旦确定了区号和位号,也就确定了某一个汉字或符号。表 1-9 为 GB 2312 编码局部表,表 1-10 为 GB 2312 编码总体布局。

表 1-9　GB 2312 编码局部表

高 7 位代码	位 区	低 7 位代码							
		010 0001	010 0010	010 0011	010 0100	010 0101	010 0110	010 0111	010 1000
		01	02	03	04	05	06	07	08
0110000	16	啊	阿	埃	挨	哎	唉	哀	皑
0110001	17	薄	雹	保	堡	饱	宝	抱	报
0110010	28	病	并	玻	菠	播	拨	钵	波
0110011	19	场	尝	常	长	偿	肠	厂	敞
0110100	20	础	储	蠢	搐	触	处	揣	川
0010101	21	怠	耽	担	丹	单	郸	掸	胆

国标码用于不同设备之间的汉字信息交换,也就是汉字交换码或通信码。国标码可在区位码的基础上转换得到,其具体方法是:把汉字区位码的区码和位码都加上十六进制数 20H(用 H 表示它前面的数是十六进制数),即得到汉字国标码。

【例 1-37】　汉字"啊"的区位码为"1601",其区码"16"转换成十六进制数为"10H",位码"01"转换成十六进制数为"01H",用十六进制表示为"1001H",然后区码和位码都分别加上十六进制数 20H,该汉字的国标码为"3021H"。

【例 1-38】　汉字"灯"的区位码为"2138",其区码"21"转换成十六进制数为"15H",位码"38"转换成十六进制数为"26H",然后区码和位码都分别加上十六进制数 20H,即得到该汉字的国标码"3546H"。

表 1-10　GB 2312 编码总体布局

位 区	01~94
1	常用符号(94)
2	序号、罗马数字(72)
3	GB 1900 图形字符集(94)
4	日文平假名(83)
5	日文片假名(86)
16 ⋮ 55	第一级汉字(3755)
56 ⋮ 87	第二级汉字(3008)
88 ⋮ 94	(空区位)

2. 机内码

机内码是指汉字在计算机内部表示的代码,简称为内码,是汉字在计算机内部进行存取操作所使用的编码。一个汉字的机内码占两个字节,分别称为高位字节和低位字节。

计算机内部使用的汉字机内码的标准方案是将汉字国标码的两个字节二进制代码的最高位置为 1,从而得到对应的汉字机内码。

如汉字"啊"的国标码为 3021H,国标码两个字节为 00110000B、00100001B。将国标码的两个字节二进制代码的最高位置为 1,得到机内码为 10110000B、10100001B(即 B0H、A1H)。

计算机处理字符数据时,当遇到最高位为 1 的字节,便可将该字节连同其后续最高位也为 1 的另一个字节看做一个汉字机内码;当遇到最高位为 0 的字节,则可看做一个 ASCII 码西文字符,这样就实现了汉字、西文字符的共存与区分。

区位码、国标码与机内码之间的相互转换关系是:将汉字区位码的区码和位码都分别加上十六进制数 20H,得到汉字的国标码。然后再在国标码的基础上,分别给国标码的前后字节都加上十六进制数 80H,则得到汉字的机内码。因此,要将汉字的区位码转换成机内码,只要直接在其区码和位码上加上十六进制数 A0H 即可。

根据它们的转换方法,机内码的两个字节与区位码的关系如下:

$$机内码高位 = 区码 + 20H + 80H = 区码 + A0H$$
$$机内码低位 = 位码 + 20H + 80H = 位码 + A0H$$

注意,公式中的区码和位码均是十六进制数。

因此,7445 个汉字和图形符号的机内码范围为十六进制数 A1A1H~FEFEH。

例如,汉字"啊"的十进制区位码为"1601",用十六进制表示为"1001H",它的区码为 10H,位码为 01H,则它的机内码高位和低位计算如下:

$$机内码高位 = 区码 + A0H = 10H + A0H = B0H$$
$$机内码低位 = 位码 + A0H = 01H + A0H = A1H$$

因此,汉字"啊"的机内码用十六进制数表示为"B0A1H"。

3. 汉字输入码

汉字输入方法很多,如区位、拼音、五笔字型等。不同输入法有自己的编码方案,所采用的编码方案统称为输入码。输入码进入机器后必须转换为机内码进行存储和处理。

例如,以全拼输入方案输入"neng",或以五笔字型输入方案输入"ce",都能得到"能"这个汉字所对应的机内码。转换工作由汉字代码转换程序依靠事先编制好的输入码对照表完成。

4. 汉字字形码

汉字字形码是指汉字的形状的二进制编码,是汉字的输出形式。它把汉字排成点阵。所谓点阵,实际上就是一组二进制数。一个 m 行 n 列的点阵共有 $m \times n$ 个点。每个点可以是"黑"点或"白"点,用二进制位值 0 表示点阵中对应点为"白"点,用值 1 表示对应点为"黑"点。一个汉字在存储时需要占用多少字节,是由该汉字的点阵信息决定的。

所有不同的汉字字体的字形构成汉字库,一般存储在硬盘上,当要显示输出时,才调入内存,检索到要输出的字形送到显示器输出。

常用的点阵有 16×16、24×24、32×32 或更高。

对于 16×16 点阵的汉字来说,一个汉字的点阵信息共有 16 行,每一行上有 16 个点。在计算机中,一个字节占用 8 个二进制位。因此,每一行上的 16 个点需要用两个字节来存放。由此可知,一个 16×16 点阵的汉字字形需要用 2×16＝32 个字节来存放,如图 1-16 所示。

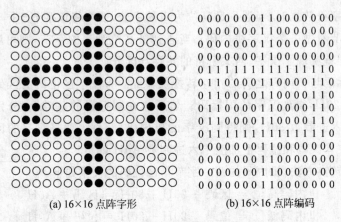

(a) 16×16 点阵字形   (b) 16×16 点阵编码

图 1-16   汉字"中"的点阵字形及点阵编码

对于 24×24 点阵的汉字来说,一个汉字的点阵信息共有 24 行,每一行上有 24 个点。存放每一行上的 24 个点需要 3 个字节。存放 24×24 点阵的一个汉字字模信息需要用 3×24＝72 个字节。

对于 32×32 点阵的汉字来说,一个汉字的点阵信息共有 32 行,每一行上有 32 个点,需要用 4 个字节来存放。32 行则需要占用 4×32＝128 个字节。因此,在 32×32 点阵的汉字字库中,存储一个汉字的字模信息需要 128 个字节。

5. 各种代码之间的关系

从汉字代码转换的角度,一般可以把汉字信息处理系统抽象为一个结构模型,如图 1-17 所示。

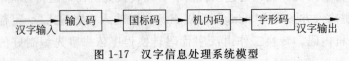

图 1-17   汉字信息处理系统模型

1.3.4   图形信息在计算机中的表示

图形画面在计算机中有两种表示方法:图像表示法和图形表示法。

1. 图像表示法

一幅图像可以认为是由一个个像点构成的,这些像点称为像素。每个像素必须用若干二进制位进行编码,才能表示出现实世界中的五彩缤纷的图像。

黑白画面的每个像素用一个二进制数表示该点的灰度,该二进制数的位数取决于灰度级别的多少。若灰度分为 256 个级别,则可以用一个字节来表示一个像素点。彩色画面的每个像素用 3 个二进制数表示该点的 3 个分量(R、G、B)的灰度,这种图常称为位图。

当将图像离散成一系列像点,每个点用若干 bit 表示时,就把这幅图像数字化了。

数字图像数据量特别巨大。假定画面上有 150 000 个点,每个点用 24 个 bit(3 字节)来表示,则这幅画面要占用 450 000 个字节。如果想在显示器上播放视频信息,一秒钟需传送 25 幅画面,相当于 11 250 000 个字节的信息量。因此,用计算机进行图像处理,对机器的性能要求是很高的。

2. 图形表示法

图形表示法是根据画面中所包含的内容,分别用几何要素(点、线、面、体)以及其他性质等来描述,如地图、工程图纸等。这种图常称为矢量图。

矢量图占用空间较小,旋转、放大、缩小、倾斜等变换操作容易,且不变形、不失真。

1.3.5　声音信息在计算机中的表示

声音是一种连续变化的模拟量,可以通过"模/数"转换器对声音信号按固定的时间进行采样,把它变成数字量。一旦转变成数字形式,便可把声音存储在计算机中并进行处理了。

1.4　计算机系统的组成和工作原理

1.4.1　计算机系统的组成

计算机系统是一种能够按照事先存储的程序自动、高速地对数据进行输入、处理、输出和存储的系统。一个计算机系统由硬件系统和软件系统两大部分组成,如图 1-18 所示。

计算机硬件是组成计算机的各种物理装置,是计算机进行工作的物质基础。计算机软件是指在硬件设备上运行的各种程序和文档。如果计算机不配置任何软件,计算机硬件是无法工作的。同样,没有硬件的支持,软件亦不能发挥其作用。

通常,把其中不装备任何软件的计算机称为"裸机",这样的计算机仅有一堆硬件。在裸机上只能运行机器语言程序。如果计算机中不配置任何软件,计算机硬件的作用就不能得到充分有效的发挥。计算机之所以能在各个领域中得到非常广泛的应用,正是由于计算机中安装了大量功能丰富的软件。

计算机能够完成的基本操作及其主要功能如下。

(1) 输入:接受由输入设备(如键盘、鼠标、扫描仪、触摸屏等)提供的数据。

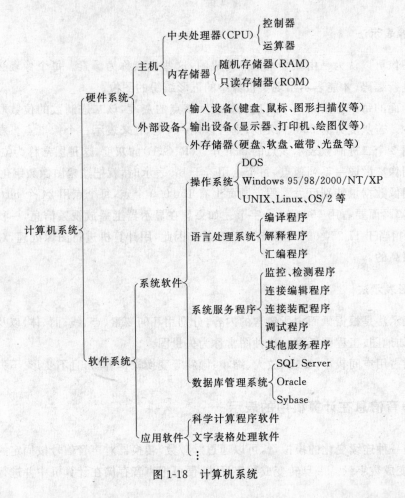

图 1-18　计算机系统

（2）处理：对数值、字符、逻辑、图形、图像、声音等各种类型的数据进行转换和处理。

（3）输出：将处理后的数据或结果由输出设备（显示器、打印机、绘图仪等）输出。

（4）存储：计算机可以存储数据、中间结果和程序。

计算机是一个自动化地进行信息处理的系统，它接收数字化的输入信息，根据存储在计算机内的程序对输入信息自动进行处理，并将处理结果输出。因此，计算机又可以称为一个信息处理机。

1.4.2　计算机的硬件系统

硬件是计算机物理设备的总称，也称为硬设备，是计算机进行工作的物质基础。一个计算机系统的硬件一般由运算器、控制器、存储器、输入设备和输出设备五大部分组成，如图 1-19 所示。

1. 运算器

运算器又称为算术逻辑部件（Arithmetic Logic Unit，ALU），它对信息或数据进行处理，执行算术运算和逻辑运算。算术运算是按照算术规则进行的运算，如加、减、乘、除等（有些 ALU 还无乘、除功能）。逻辑运算是指非算术的运算,如与、或、非、异或、比较、移位等。运算器是计算机的核心部件。

运算器一般包括算术逻辑运算单元、一组通用寄存器和专用寄存器及一些控制门。算术逻辑运算单元先判断进行哪种运算(是算术运算还是逻辑运算),然后进行相应运算。通用寄存器可提供参与运算的操作数,并存放运算结果。运算器的工作示意图如图 1-20 所示。

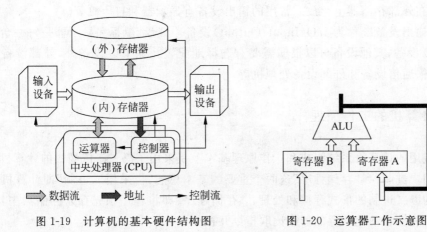

图 1-19　计算机的基本硬件结构图　　　图 1-20　运算器工作示意图

2. 控制器

控制器主要由指令寄存器、译码器、程序计数器和操作控制器等部件组成。它是计算机的神经中枢和指挥中心,负责从存储器中读取程序指令并进行分析,然后按时间先后顺序向计算机的各部件发出相应的控制信号,以协调、控制输入/输出操作和对内存的访问。

运算器与控制器组成中央处理器。中央处理器(CPU)负责解释计算机指令,执行各种控制操作与运算,是计算机的核心部件。

3. 存储器

存储器是存储各种信息(如程序和数据等)的部件或装置。存储器分为内存储器(或称为主存储器,简称内存)和辅助存储器(或称为外存储器,简称外存)。在计算机运行过程中,要执行的程序和数据存放在内存中。CPU 直接从内部存储器取指令或存取数据。整个内存被分为若干个存储单元,每个存储单元一般可存放 8 位二进制数(字节编址)。每个存储单元既可以存放数据也可以存放程序代码。为了能有效地存取该单元内存储的内容,每个单元必须由唯一的一个编号(称为地址)来标识。

计算机中常用的存储部件,按物理介质不同,分为半导体存储器、磁表面存储器、光电存储器以及光盘存储器。在半导体存储器中,随机存储器(RAM)是易失性存储器,这种存储器一旦去掉其电源,则所有的信息全部丢失;只读存储器(ROM)属于非易失性存储器,当去掉其电源后,所保存的信息仍保持不变。目前,绝大多数计算机使用的是半导体存储器。

4. 输入/输出设备

输入/输出设备用来交换计算机与其外部的信息。

输入设备用来接受用户输入的原始数据和程序,并将它们变为计算机能识别的形式(二进制数)存放到内存中。常用的输入设备有键盘、鼠标、光笔、扫描仪、数字化仪等。

输出设备负责将计算机的内部信息传递出来(称为输出),或在屏幕上显示,或在打印机上打印,或在外部存储器上存放。常用的输出设备有显示器和打印机等。

输入/输出设备统称为 I/O(Input/Output)设备。键盘、鼠标和显示器是每一台计算机必备的 I/O 设备,其他设备可以根据需要有选择地配置。除 I/O 设备外,外部设备还包括存储器设备、通信设备和外部设备处理机等。

1.4.3 计算机的工作原理

目前应用的计算机系统组成和工作原理基本上是采用了冯·诺依曼式的计算机体系结构,即"采用二进制"和"存储程序"这两个重要的基本思想。"采用二进制"即计算机中的数据和指令均以二进制的形式存储和处理;"存储程序"即将程序预先存入存储器中,使计算机在工作时能够自动地从存储器中读取指令并执行。

1. 指令

1) 指令系统

指令就是让计算机完成一个操作所发出的指令或命令,是能被计算机识别并执行的二进制代码,它规定了计算机能完成的某一种操作。例如,加、减、乘、除、存数、取数等都是一个基本操作,分别可以用一条指令来实现。一台计算机可以有许多指令,作用也各自不同,一台计算机所能执行的所有指令的集合称为该台计算机的指令系统。

2) 指令格式

每一条指令都必须包含相应的信息以便 CPU 能够执行。通常指令由以下四部分组成:操作码、源操作数、目的操作数以及下一条指令的地址。操作码指明该指令所要执行的操作(例如加法运算或者跳转等);源操作数是该操作的输入数据;目的操作数是操作的输出数据;而下一条指令的地址则通知 CPU 到该地址去取下一条将执行的指令,大多数情况下,下一条指令的地址是以隐含形式给出的,也就是默认为当前指令的下一条。

3) 指令的种类和功能

计算机的指令系统不仅与计算机的硬件结构密切有关,而且合理的指令系统对提高计算机的性能也有着深刻的影响,因此如何设计和选取指令一直是计算机系统设计中的核心问题。当前的计算机指令结构可分为两大类:复杂指令集计算机(Complex Instruction Set Computer,CISC)和精简指令集计算机(Reduced Instruction Set Computer,RISC)。传统的计算机指令系统为了适应程序的兼容性、编程的简洁性和硬件系统功能的完善性,通常把一些常用的子程序软件所实现的功能改为用指令实现,使得同一系列的计算机指令系统越来越复杂,同时,也使得指令系统的硬件实现越来越复杂。称这样的指令系统为 CISC。事实上,指令系统的指令并非越多越好,因为它会带来实现困难和成本提高等一系列问题。同时，各种指令的使用频度相差悬殊，最常用的一些比较简单的指令往往只占指令总数的20％左右。这就说明大部分的复杂指令是不经常使用的。为此，选取使用频度最高的少数指令并通过一些优化处理等技术实现的计算机指令系统称为 RISC。

尽管不同的计算机的指令系统有所不同，但是基本上所有的计算机都包含了如下几种类型的指令：数据传送类、算术运算类、逻辑类、数据变换类、输入/输出类、系统控制类、控制权转移类。

4）指令的执行过程

计算机执行指令一般分为两个阶段：第一阶段，将要执行的指令从内存取到 CPU 内；第二阶段，CPU 对读入的指令进行分析译码，判断该条指令要完成的操作，然后向各部件发出完成该操作的控制信号，完成该指令的功能。当一条指令执行完成后就进入下一条指令的取指操作。一般将第一阶段取指令的操作称为取指周期，将第二阶段称为执行周期。通常一条指令的执行可以分为以下 7 个阶段：

（1）计算下一条要执行的指令的地址。

（2）从计算出的地址中读取指令。

（3）对指令译码以确定其所要实现的功能。

（4）计算操作数的地址。

（5）从计算出的地址中读取操作数。

（6）执行操作。

（7）保存结果。

值得注意的是：不是所有指令的执行都需要经过以上 7 个步骤。例如，跳转等指令由于不需要任何操作数，显然不需要经过上述的所有步骤。图 1-21 为程序中每条指令的格式及其执行过程。

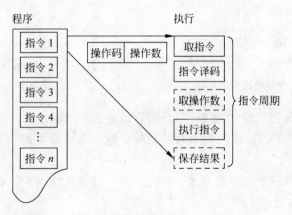

图 1-21　程序中每条指令的格式及其执行过程

2. 计算机的基本工作原理

计算机的工作过程实际上就是快速地执行指令的过程。当计算机在工作时，有两种信息在流动：数据信息和指令控制信息。数据信息是指原始数据、中间结果、结果数据、源程序等，这些信息从存储器读入运算器进行运算，所得的计算结果再存入存储器或传送到输出设备。指令控制信息是由控制器对指令进行分析、解释后向各部件发出的控制命令,指挥各部件协调地工作。

计算机程序是指令的有序序列,执行程序的过程实际上是依次逐条执行指令的过程。指令执行是由计算机硬件来实现的,可以通过程序的执行来认识一下计算机的基本工作原理:程序执行时,必须先将要执行的程序装入计算机内存;CPU 负责从内存中逐条取出指令,分析识别指令,最后执行指令,从而完成一条指令的执行周期。CPU 就是这样周而复始地工作,直到程序的完成。

【例 1-39】 假设一台机器具备图 1-22 中的(a)、(b)、(c)、(d)所有特征。计算机中所有指令和数据长度均为 16 位;指令格式中有 4 位是操作码,其余 12 位是操作数所在的地址,因而最多可以有 $2^4 = 16$ 种不同的操作码,可以表示 16 种不同的操作指令;CPU 中有一个称为累加器(AC)的数据寄存器,用于暂存数据;程序计数器(PC)指示将要执行的指令的地址;指令取到 CPU 存放在指令寄存器(IR)中。

图 1-23 显示了相关内存和处理器寄存器的内容。

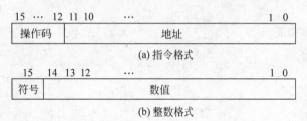

(a) 指令格式

(b) 整数格式

程序计数器 (PC)= 指令地址
指令寄存器 (IR)= 正在执行的指令
累加器 (AR)= 临时存储体

(c) CPU 内部寄存器

0001= 从存储器取出数据加到 AC
0010= 把 AC 的内容存储到存储器
0101= 存储器内容与 AC 内容相加,结果存到 AC

(d) 部分操作码列表(二进制)

图 1-22 一台理想机器的特征

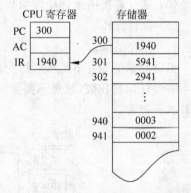

图 1-23 相关内存和处理器寄存器的内容

图 1-23 中给出的程序段(3 条程序)分别存放在内存 300、301、302 号单元中,数据存放在 940、941 号单元中。地址均为十六进制数。这 3 条指令可用 3 个取指周期和 3 个执行周期来描述。

(1) PC 中包含第一条指令的地址 300,该指令(1940H)被 CPU 取入指令寄存器(IR)中,然后 PC 的内容自动增 1,变为 301。

(2) CPU 分析指令。指令 1940H 的最高 4 位操作码为二进制 0001,根据图 1-22(d),操作码 0001 表示从存储器取出数据累加到累加器 AC 中,940 是要取的数据的地址,因此,指令 1940H 表示从存储器 940 号单元中取出数据 0003H 累加到累加器 AC 中。

(3) CPU 从 301 号地址单元中取出下一条指令 5941H,PC 的内容自动增 1。

(4) 操作码 5(二进制 0101)表示从某存储器中取出数据累加到 AC,具体地址由指令后面的地址部分指示,因此,指令 5941H 表示从存储器 941 号单元中取出数据 0002H 累加到累加器 AC 中。执行完该指令后,累加器 AC 中的值为 0005H。

（5）CPU 从 302 号地址单元中取出下一条指令 2941H，PC 的内容自动增 1。

（6）操作码 2（二进制 0010）表示把累加器 AC 的内容存回到存储器。因此，指令 2941H 表示将累加器 AC 的内容 0005H 存储到存储器 941 号单元中。

在这个例子中，为把 940 号单元中的内容和 941 号单元中的内容相加，共有 3 个指令周期，每个指令周期都包括一个取指周期和一个执行周期。使用更复杂的指令集合，则需要更少的周期。大多数现代的处理器都具有包含多个地址的指令，因此指令的周期中可能涉及多次存储器访问。

1.4.4 计算机的软件系统

1. 软件的概念与分类

1）软件的概念

一个完整的计算机系统包括硬件系统和软件系统两大部分。计算机是依靠硬件和软件的协同工作来完成某一给定任务的。广义地讲，软件是指计算机程序以及开发、使用和维护程序所需要的所有文档的集合。

为了使计算机实现所预期目的的一系列执行步骤称为程序。程序可以用机器指令来编写，也可以用程序设计语言来编写。而文档指的是用自然语言或者形式化语言所编写的文字资料和图表，用来描述程序的内容、组成、设计、功能规格、开发情况、测试结果及使用方法，如程序设计说明书、流程图、用户手册等。

2）软件的分类

计算机的软件极为丰富，要对软件进行恰当的分类是相当困难的。一种通常的分类方法是将软件分为系统软件和应用软件两大部分，其组成如图 1-24 所示。由图可见，系统软件建造在裸机（计算机硬件系统）之上，应用软件又以系统软件为工作平台，用户软件则以应用软件为支撑，这就是计算机系统的层次结构。

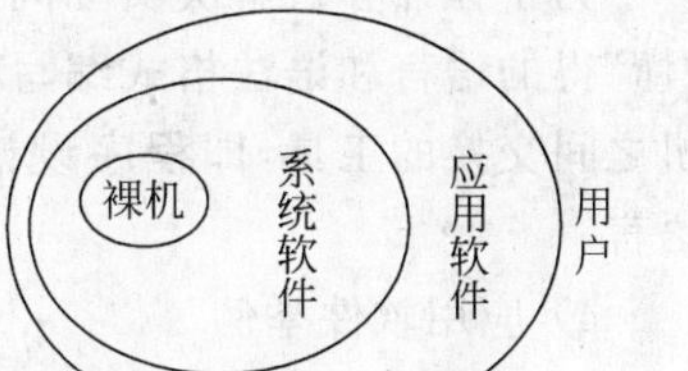

图 1-24 计算机软件系统的组成和层次结构

（1）系统软件。

系统软件是指负责管理、监控和维护计算机硬件和软件资源的一种软件，是计算机系统的一部分，它是支持应用软件的运行的。系统软件用于发挥和扩大计算机的功能及用途，提高计算机的工作效率，为用户开发应用系统提供一个平台，用户可以使用它，一般不随意修改它。系统软件主要包括操作系统、程序设计语言及其处理程序（如汇编程序、编译程序、解释程序等）、数据库管理系统、系统服务程序以及故障诊断程序、调试程序、编辑程序等工具软件。

（2）应用软件。

应用软件是指利用计算机和系统软件为解决各种实际问题而编制的程序。常见的应用软件有科学计算程序、图形与图像处理软件、自动控制程序、情报检索系统、工资管理程序、人事管理程序、财务管理程序以及计算机辅助设计与制造、辅助教学等软件。

3）系统软件举例

（1）操作系统（Operating System，OS）。

为了使计算机系统的所有资源（包括中央处理器、存储器、各种外部设备及各种软件）协调一致，有条不紊地工作，就必须有一个软件来进行统一管理和统一调度，这种软件称为操作系统。操作系统是一个庞大的管理控制程序，它负责控制和管理计算机系统的各种硬件和软件资源，合理地组织计算机系统的工作流程，提供用户与操作系统之间的软件接口。

操作系统可以增强系统的处理能力，使系统资源得到有效的利用，为应用软件的运行提供支撑环境，让用户方便地使用计算机。操作系统是最底层的系统软件，是计算机软件的核心和基础。所有其他软件（包括系统软件与应用软件）都必须在它的支持和服务下运行。

目前的操作系统种类繁多，很难用单一标准统一分类。根据应用领域，可将操作系统分为桌面操作系统、服务器操作系统、主机操作系统、嵌入式操作系统；根据所支持的用户数目，可将操作系统分为单用户（MS-DOS、OS/2、Windows）、多用户系统（UNIX、MVS）；根据源码开放程度，可将操作系统分为开源操作系统（Linux、Chrome OS）和不开源操作系统（Mac OS、Windows）；根据硬件结构，可将操作系统分为网络操作系统（Netware、Windows NT、OS/2 warp）、分布式系统（Amoeba）和多媒体系统（Amiga）等；根据操作系统的使用环境和对作业的处理方式，可将操作系统分为批处理系统（MVX、DOS/VSE）、分时系统（Linux、UNIX、XENIX、Mac OS）和实时系统（iEMX、VRTX、RTOS、RT Windows）；根据指令的长度，可将操作系统分为 8bit、16bit、32bit、64bit 的操作系统。

（2）语言处理程序。

为了让计算机解决实际问题，使计算机按人的意图进行工作，人们通过用计算机能够"懂"得的语言和语法格式编写程序并提交计算机执行。编写程序所采用的语言是人与计算机之间交换的工具，即程序设计语言。程序设计语言一般分为机器语言、汇编语言和高级语言。

4）应用软件举例

应用软件是软件开发人员为解决各种实际问题而编制的计算机程序和相关资料。通过各种应用软件，用户可以在计算机上写文章、画图形、处理照片和图像、上网浏览、科学计算等。在应用软件上，用户可以再创造自己的用户软件。正是因为丰富多彩的应用软件的不断出现，才使得计算机迅速在全世界普及应用。常用的应用软件可列举如下：

（1）文字处理软件。

文字处理软件主要用于将文字输入到计算机中，存储在外存中，可用来帮助用户编辑各种文档资料。常见的文字处理软件有 Word、WPS 等。

（2）电子表格软件。

电子表格软件主要处理各式各样的表格。它可以根据用户的要求自动生成各式各样的表格，表格中的数据可以输入也可以从数据库中取出。它还可以根据用户给出的计算公式来对二维表格中的数据进行各类统计、汇总及图表分析。电子表格软件广泛用做数据分析、预算制定和成绩统计等。Excel、Lotus1-2-3 是这类软件的代表。

（3）绘图软件。

绘图软件可在计算机屏幕上作出各种图形、图表和三维图像，并能对图形图像修饰和编辑处理。常见的绘图软件有 Photoshop、3DS max。

（4）计算机辅助设计软件。

计算机辅助设计(CAD)技术作为近二十年来最具有成效的工程技术之一，是设计、开发和研究人员的有力工具。由于计算机有快速的数值计算、较强的数据处理以及模拟能力，因此目前在汽车、飞机、船舶、超大规模集成电路(VLSI)等设计、制造过程中，CAD占据着越来越重要的地位。计算机辅助设计软件能高效率地绘制、修改、输出工程图纸，设计中的常规计算能帮助设计人员寻找较好的方案。设计周期大幅度缩短，而设计质量却大为提高。常见的计算机辅助设计软件有用于工程制图的 AutoCAD、用于工程建模分析和计算的 MATLAB 等。

（5）数据库管理软件。

数据库管理软件可用于管理各种数据，用户可在各种数据库管理软件的平台上建立自己的数据库，开发自己的数据管理系统。常见的数据库管理软件有 Access、FoxPro、Oracle、SQL Server、DB2 等。

（6）统计软件。

统计软件用于分析数据，找出统计意义上的模式和关系。常见的统计软件有 SPSS、JMP。

（7）信息与参考软件。

信息与参考软件是一个已写满信息的数据库，专供用户查询信息，如百科全书、医学指南、电话黄页和金山词霸。

（8）网络通信软件。

网络通信软件专用于网络通信服务。例如，Web 浏览器 Internet Explorer、电子邮件软件 Outlook Express 或 Foxmail。还有很多新网络服务功能的新软件不断出现。

2. 软件设计基础

在计算机科学领域，计算机软件扮演着十分重要的角色。下面简单介绍一下计算机程序设计的相关基础知识。

1）计算机程序设计

提到计算机软件自然要涉及程序的概念，所有的软件都是程序员通过编写程序代码实现的。计算机作为一种电子设备，它所能实现的功能都是人类赋予它的，要使计算机完成一项任务就必须告诉计算机完成这项任务的工作步骤，人类就是通过计算机程序来完成这一工作的。可以说计算机程序是人和计算机之间的媒介，它传递着人和计算机之间的交流信息。从直观上来看，计算机程序就是使用一种计算机能够懂得的语言编写的一组指令序列。创作计算机程序的过程就叫做计算机程序设计。

2）程序设计语言的发展

计算机程序实现人和计算机之间的信息交流，而实现这一交流的基础工具就是计算机程序设计语言。计算机程序设计语言是人们为描述计算过程而设计的一种具有语法语义描述的记号。为了实现人与计算机之间的通信，人们设计出了各种词汇较少、语法简单、意义明确并适合于计算机的程序设计语言。对于计算机工作人员而言，程序设计语言是除计算机本身之外的所有工具中最重要的工具，是其他所有工具的基础。

从计算机诞生至今，随着计算机应用范围和规模的发展，程序设计语言不断升级换代，大体上经历了五代。

（1）第一代——机器语言。

机器语言是一种 CPU 指令系统，是 CPU 可以识别的一组由 0 和 1 序列组成的指令码。用机器语言编写程序，就是从所使用的 CPU 指令系统中挑选合适的指令，组成一个机器可以直接理解、执行的指令序列。例如，某 CPU 指令系统中的两条指令如下：

$$10000000 \qquad 加$$
$$10010000 \qquad 减$$

通过示例可以看出，这种 0、1 码序列组成的程序序列太长，不直观，而且难记、难认、难理解，不易查错，只有专业人员才能掌握，程序生产效率很低，质量也难以保证。这种繁重的手工方式与高速、自动工作的计算机不相称，大大限制了计算机的推广使用。

（2）第二代——汇编语言。

为了减轻人们在编程中的劳动强度，克服机器语言的缺点，20 世纪 50 年代中期人们开始使用一些"助记符号"来代替 0、1 码编程。如上例所示的两条机器指令，用汇编语言可以写成：

$$A+B \to A \qquad 或 \qquad ADD \ A,B$$
$$A-B \to A \qquad 或 \qquad SUB \ A,B$$

这种用助记符号描述的指令系统称为第二代计算机程序设计语言，也称为汇编语言。汇编语言也是一种面向机器的程序设计语言，它用助记符号来表示机器指令的操作符与操作数，汇编指令与机器指令之间的关系是一对一的关系，但是汇编语言指令不能被计算机直接识别、理解和执行，需要经过一个特定的翻译程序（即汇编程序）将其中的各个指令逐个翻译成相应的机器指令后才能执行。

用汇编语言编程，程序的生产效率及质量都有所提高。汇编语言与机器语言都是因CPU 不同而异，都是一种面向机器语言。程序员用它们编程时，不仅要考虑解题思路，还要熟悉机器内部结构，编程强度仍很大，影响计算机的普及与推广。

（3）第三代——高级程序设计语言。

为了克服汇编语言和机器语言的缺点，在 20 世纪 50 年代中期，人们开始研制另一种计算机程序设计语言，人们可用日常熟悉的，接近自然语言和数学语言的方式对操作过程进行描述，这种语言称为第三代计算机程序设计语言，即高级程序设计语言或面向过程语言。用高级语言编程时，人们不必熟悉计算机内部具体构造和熟记机器指令，而把主要精力放在算法描述上面，所以又称为算法语言。例如，求一个表达式的值，可在高级语言程序中直接写出如下语句：

$$X = (A+B)/(A-B)$$

而不需要写出大量的助记符号。

第三代程序设计语言主要应用于事务应用、数字计算、通用应用和专用应用等领域。最具代表性的有 ALGOL、FORTRAN、COBOL、BASIC、PASCAL 等。

（4）第四代——非过程化程序设计语言。

第四代程序设计语言的出现是由于商业需要。第四代程序设计语言这个词最早是在20 世纪 80 年代初期出现在软件厂商的广告和产品介绍中。因此，这些厂商的第四代程序设计语言产品不论从形式上还是从功能上，差别都很大。但是人们很快发现这一类语言由于具有"面向问题"、"非过程化程度高"等特点，可以成数量级地提高软件生产率，缩短软件开发周期，因此赢得了很多用户。

第四代程序设计语言以数据库管理系统所提供的功能为核心,进一步构造了开发高层次软件系统的开发环境,如报表生成、多窗口表格设计、菜单生成系统、图形图像处理系统和决策支持系统,为用户提供了一个良好的应用环境。它提供了功能强大的非过程问题手段,用户只需要告知系统做什么,而无须说明怎么做,因此可以大大提高软件生产率。例如,数据库中的结构化查询语言(SQL)就是属于第四代程序设计语言。当用户需要检索一批数据时,只需要通过 SQL 语言指定查询的范围、内容和查询的条件,系统就会自动形成具体的查找过程,并一步一步地去执行查找,最后获取查询结果。

(5) 第五代——智能性语言。

第五代语言除具有第四代语言的基本特征外,还具备许多新的功能,特别是具有一定的智能,主要应用于商品化人工智能系统、专家系统和面向对象数据库管理系统等领域。最具代表性的有 LISP、PROLOG、GEMSTONE 等。

3) 程序设计语言举例

目前,计算机的应用已经深入到了各行各业,与此同时也出现了各种各样的为数众多的计算机程序设计语言。据统计,目前已有数千种程序设计语言。在这些程序设计语言中,只有很小部分得到比较广泛的应用。下面是一些在教学、科研和开发中常用的程序设计语言。

(1) BASIC 语言。

BASIC(Beginner All-purpose Symbolic Instruction Code)是由美国 Dartmouth 大学 JohnKemeny 和 Thomas Kurt 开发的高级语言。它允许有较多的人机对话,简单易学,便于修改和调试,具有简单的语法形式和有限的数据结构与控制结构,现在仍被广泛使用。它的流行得益于它的简单性、实现的方便性与高效率。它不仅用于各种科学计算,而且广泛应用于各种数据处理,还可用做教学工具。目前有各种不同的版本,例如 GWBASIC、Turbo BASIC、True BASIC 和 Visual BASIC 等。

(2) PASCAL 语言。

PASCAL 语言是 20 世纪 70 年代初由瑞士联邦大学的 N. Wirth 教授创建的程序设计语言,为了纪念法国数学家 PASCAL 而命名。PASCAL 语言不仅用做教学语言,而且也用做系统程序设计语言和某些应用。所谓系统程序设计语言,就是可用来编写系统软件的语言,如操作系统、编译程序等。PASCAL 语言是一种安全可靠的语言,有强数据类型。语法满足自顶向下设计和结构程序设计。PASCAL 语言吸收了 ALGOL 语言中许多有益成分,使得 PASCAL 语言的数据抽象进入一个新的层次。

(3) C 语言。

C 语言是在 20 世纪 70 年代初期由美国 Bell 实验室 Rithie 和 Thompson 在原 BCPL 语言基础上发展起来,用于编写 UNIX 操作系统,取 BCPL 的第二字母 C 而命名。C 语言在很多方面继承和发扬了许多高级程序设计语言的特色,具有结构性,是一种结构化语言,层次清晰,易于调试和维护;但它又不是完全结构化的,因为在 C 函数中允许使用 goto 语句,函数可以相互调用,无嵌套关系,在同一控制流或函数中允许多个出口,语句简练,书写灵活,处理能力强,移植性好。

(4) C++ 语言。

C++ 语言是一种在 C 语言基础上发展起来的面向对象语言,是由美国 Bell 实验室 B. Stroustrup 在 20 世纪 80 年代设计并实现的。C++ 语言具有数据抽象和面向对象的能力,是对 C 语言的扩充。C++ 语言从 Simula 中吸取了类,从 ALGOL 语言中吸取了运算符的一名多用、引用和在分程序中任何位置均可说明变量,综合了 Ada 语言的类属和 Clu 语言的模块特点,形成了抽象类,从 Ada、Clu 和 ML 等语言中吸取了异常处理,从 BCPL 语言中吸取了用"//"表示注释。C++语言对数据抽象的支持主要在于类概念和机制,对面向对象的支持主要通过虚拟机制函数。C++语言是当前面向对象程序设计的一种主流语言。

（5）Java 语言。

Java 语言的名字取自于印度尼西亚一个盛产咖啡的岛屿"爪哇",是由 Sun MicroSystem 公司于 1995 年 5 月正式对外发布的。Java 语言是一种面向对象的、简洁易学的、可在 Internet 上分布执行的、可以防止部分故障、具有一定的安全健壮性的程序设计语言,受到各种应用领域的重视,发展很快。

4）高级语言程序的执行

用高级语言编写的程序称为源程序,计算机不能直接执行源程序,必须将其翻译成二进制代码组成的机器语言后,计算机才能执行。源程序有编译和解释两种执行方式。

在解释方式下,源程序由解释程序边"解释"边执行,不生成目标程序,解释方式执行程序的速度较慢。解释过程如图 1-25 所示。

在编译方式下,源程序必须经过编译程序的编译处理来产生相应的目标程序,然后再通过连接和装配生成可执行程序。因此,把用高级语言编写的源程序变为目标程序,必须经过编译程序的编译。编译过程如图 1-26 所示。

图 1-25　解释过程　　　　　　　　　　　图 1-26　编译过程

1.5　微型计算机系统的组成和硬件结构

微型计算机通常简称为微型机或微机。微机虽然体积不大,却具有许多复杂的功能,具备很高的性能。微型计算机的出现打破了计算机的神秘感和只能由少数人使用的局面,因此微型计算机得到了广泛应用。

1.5.1　微型计算机系统的组成

微机系统包括硬件系统和软件系统两大部分。硬件系统主要由中央处理器（CPU）、存储器、输入设备、输出设备和网络设备组成。软件系统又分为系统软件和应用软件。微型计算机的系统组成如图 1-27 所示。

1.5.2　微型计算机的硬件组成

微型计算机又叫 PC 或个人电脑。目前微型计算机主要有两种形式,即台式机和便携机。

从外观上看,台式机由主机、显示器、键盘、鼠标、音箱、调制解调器等设备组成,如图 1-28

所示。主机箱内安装有计算机的许多重要部件,包括主板、中央处理器(CPU)、内存、硬盘、软盘驱动器、光盘驱动器、显示卡、网卡和声卡等。

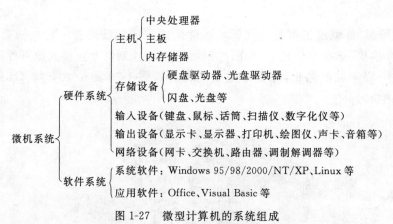

图 1-27　微型计算机的系统组成

便携机又称为笔记本电脑,它是把主机、硬盘驱动器、键盘驱动器、键盘和显示器等部件组装在一起。它的体积很小,形状很像一个笔记本,携带非常方便,现在越来越受到用户的喜爱。笔记本电脑如图 1-29 所示。

图 1-28　台式机　　　　　　　　　图 1-29　笔记本电脑

1.5.3　微型计算机的软件组成

1. 系统软件

系统软件是使用计算机的基础,它的主要功能是管理计算机的硬件和软件资源,进行程序调度,执行用户命令,并为用户使用计算机提供方便的接口。系统软件一般不是由用户编制的,而是由计算机厂家或专门的软件公司开发的。目前微机上常用的系统软件有如下几种:

(1)操作系统。大多数微机用户使用的是 Microsoft 公司的 Windows 系列操作系统,如 Windows XP、Win7 等。还有一部分用户使用 Linux 操作系统,它是基于 UNIX 的操作系统,源代码开放,应用也比较成熟。

(2)程序设计语言处理程序,常用的有 Visual Basic、Visual C++、Java 等。

(3)其他系统软件,如故障检测软件、数据库管理系统等。

2. 应用软件

应用软件的种类和用途很多,用于解决实际工作中的各种问题。有了应用软件的帮助,用户可以完成一系列复杂的计算,可以完成在危险环境下的计算机自动控制等。

1.5.4 主板

主板即母板,是集成了多种处理模块部件的多层印刷线路板。它包括微处理器模块(CPU)、内存模块、基本 I/O 接口、中断控制器、DMA 控制器及连接其他部件的总线,是微机内最大的一块集成电路板,也是最主要的部件。图 1-30 是一款支持 478 端口插座的Pentium 4 主板。

图 1-30   Pentium 4 主板

如图 1-30 所示的主板上有很多的插槽,这些都是系统单元和外部设备的连接单元,在计算机中将它们称为端口。有些端口专门用于连接特定的设备,如键盘和鼠标端口;有些端口具有通用性,可以连接各种各样的外设。

常用的端口有以下几种。

(1)串行口:简称"串口",主要用于连接鼠标、键盘、调制解调器等设备。串口在单一的导线上以二进制的形式一位一位地传输数据。该方式适用于长距离的信息传输。

(2)并行口:简称"并口",主要用于连接需要在较短距离内高速收发信息的外部设备,如连接打印机。它们在一个多导线的电缆上以字节为单位同时进行数据传输。

(3)AGP:加速图像端口,它是为提高视频带宽而设计的总线结构。它将显示卡与主板的芯片组直接相连,进行点对点传输。但是它并不是正规总线,因为它只能和 AGP 显卡相连,所以并不具有通用性和扩展性。

(4)通用串行总线口:简称 USB 端口,是串口和并口的最新替换技术。一个 USB 能实现多个设备与系统单元的连接,并且速度更快。利用这种端口可以提供数码相机、USB 打印机、USB 扫描仪、键盘等设备的即插即用连接。

(5)"火线"口:又称为 IEEE 1394 总线接口,是一种最新的连接技术,用于高速打印机、数码相机和数码摄像机与系统单元的连接。其速度比 USB 端口更快。1394 总线标准可以实现即插即用式操作,速率可以达到 $100\sim200$Mbps。而且 1394 还不需要另外配备计算机来控制设备之间的连接,使用它可以使用户的 DVD 播放机能在计算机和电视机之间随意切换,也可以编辑从数码摄像机剪切下的图像信息。目前 Windows 2000 和 WindowsXP 都已经集成了 IEEE 1394 接口的驱动程序。

1.5.5　中央处理器

CPU 是英文 Central Processing Unit 的缩写,称为中央处理器。世界上生产 CPU 芯片的公司主要有 Intel、AMD 等。图 1-31 是 Intel 生产的 PentiumⅢ、Pentium 4 芯片和 AMD 公司生产的 CPU 芯片。

(a) PentiumⅢ　　　　　　　(b) Pentium 4　　　　(c) AMD 公司生产的 CPU 芯片

图 1-31　Intel 公司和 AMD 公司生产的 CPU 芯片

CPU 是微型计算机硬件系统中的核心部件,其品质的高低通常决定了一台计算机的档次。在评价一台微机的性能时,首先应了解它所使用的 CPU 是哪一种。按 Intel 公司生产的 CPU 的性能由低到高的排列顺序如下:

$80386 \rightarrow 80486 \rightarrow 80586(Pentium) \rightarrow PentiumⅡ \rightarrow PentiumⅢ \rightarrow Pentium 4$

1.5.6　存储器

存储器是计算机的记忆部件,用于存放程序、原始数据、中间结果以及最后结果等信息。计算机的存储器分为主存储器(内存储器,简称内存)、高速缓存和辅助存储器(外存储器,简称外存,如硬盘、光盘等)几大部分。

1. 内存储器

内存储器简称内存(又称主存),通常安装在主板上。内存与运算器和控制器直接相连,能与 CPU 直接交换信息,其存取速度极快。在计算机中,通常把 CPU 和内存储器的组合称为主机。

现代微型计算机系统中广泛应用的半导体存储器可分成以下 3 种:

(1) 静态随机存取存储器(SRAM)。SRAM 是通过有源电路,即一个双稳态电路来保持存储器中的信息,不必周期性地刷新就可以保持数据。只要存储体的电源不断,存放在它里面的信息就不会丢失。静态存储器的主要优点是它与微处理器的接口很简单,所需要的附加硬件很少,使用方便,速度快。静态存储器的缺点是它的功耗较大,集成度低,成本高。静态存储器从器件的原理上分类,可分为双极型和 MOS 型。

(2) 动态随机存取存储器(DRAM)。DRAM 以无源元件存放数据,并且需要周期性地刷新来保持数据。动态存储器与静态存储器不同,如果没有外部支持逻辑电路,它就不能长期地保存数据。这是由于它的信息是以电荷形式保存在小电容器(无源器件)中,由于电容器的放电回路存在,超过一定的时间后,存放在电容器中的电荷就会消失,信息就会丢失。

因此,为了保持数据的不丢失,就需要对动态存储器进行周期性的刷新。系统板上的随机存取存储器(RAM,也称为主存)一般都采用动态随机存取存储器。

(3) 只读存储器(ROM)。ROM 在没有电源的情况下能保持数据,但存储器一旦做好就不易改动其内容。

此外,目前常用的只读存储器有以下几种:

① 可擦除、可编程的只读存储器,称为 EPROM。用户可通过编程器将数据或程序写入 EPROM,如需重新写入,可通过紫外线照射 EPROM,将原来的信息擦除。

② 电可擦除的只读存储器,称为 EEPROM。

③ 快擦型存储器(闪存),称为 Flash Memory。快擦型存储器具有 EEPROM 的特点,可在计算机内进行擦除和编程,它的读取时间同 DRAM 相似,而写时间较长。

一般在系统板上都装有只读存储器(ROM),在它里面固化了一个基本输入/输出系统,称为 BIOS。该系统的主要作用是完成对系统的加电自检、系统中各功能模块的初始化、系统的基本输入/输出的驱动程序的加载及引导操作系统。BIOS 提供了许多低层次的服务,如软硬盘驱动程序、显示器驱动程序、键盘驱动程序、打印机驱动程序以及串行通信接口驱动程序等。

目前常用的内存条主要有 SDRAM 内存和 DDR 内存。

SDRAM 内存是 168 线,3.3V 电压,带宽 64bit。SDRAM 是双存储体结构,也就是有两个存储阵列,一个被 CPU 读取数据的时候,另一个已经做好被读取数据的准备,二者相互自动切换,使得存取效率成倍提高。

DDR 内存的核心建立在 SDRAM 的基础上,但在速度和容量上有了提高。对比 SDRAM,它使用了更多、更先进的同步电路。它允许在时钟脉冲的上升沿和下降沿读出数据,因此,它的速度是标准 SDRAM 的两倍。DDR 内存条如图 1-32 所示。

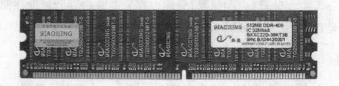

图 1-32　DDR 内存条

2. 高速缓冲存储器(Cache)

现在 CPU 工作频率不断提高,CPU 对 RAM 的读/写速度要求更快,因此,RAM 读/写速度成了系统运行速度的关键。如果 RAM 的读/写速度很慢,CPU 访问 RAM 时,不得不插入等待周期,这样实际上降低了 CPU 的工作速度,对 CPU 来说是很大的浪费。为此,在设计存储器系统时,一种可供选择的方案是使用更为高速、高性能的动态存储器(DRAM)芯片。但目前的技术还无法生产出如此高速的 DRAM。如能生产出的话,成本也会很高,会使整个系统的性能价格比降低。一种现实的解决方案就是采用高速缓冲存储器(Cache)技术。这种技术是早期大型计算机中采用的技术,现在,随着微机 CPU 工作频率不断提高,运用到微机中来。

Cache 是由双极型静态随机存储器构成。它的访问速度是 DRAM 的 10 倍左右。它的容量相对主存要小得多,一般在 128KB、256KB 或 512KB,它位于主存和 CPU 之间,可以看成是主存中面向 CPU 的一组高速暂存寄存器,它保存着一份主存的内容拷贝,该内容就是最近曾被 CPU 使用过的。平时,系统程序、应用程序以及用户数据是存放在硬盘中的。CPU 要执行的程序由操作系统装入主存,而将主存中经常被 CPU 访问到的那部分执行程序的内容复制到 Cache 中(该工作由计算机系统自动完成),以后 CPU 执行这部分程序时,可以用较快的速度从 Cache 中读取。Cache 分为两种:CPU 内部 Cache(L1 Cache)和 CPU 外部 Cache(L2 Cache)。前者是集成在 CPU 内部的 Cache,一般容量较小,称为一级 Cache;后者是在系统板上的 Cache(注:Pentium Pro 和 Pentium Ⅱ 的 L2 Cache 是和 CPU 封装在一起),称为二级 Cache,容量较大。

3. 外存储器

外存储器简称外存,又称辅助存储器。外存的容量通常很大。外存储器只能与内存储器交换信息,不能直接与 CPU 交换信息,故外存储器比内存储器的存取速度慢。微型计算机中常用的外存储器有硬盘、U 盘、光盘以及磁带等。

1) 硬盘

硬盘是个人计算机中一种主要的外存储器,用于存放系统文件、用户的应用程序及数据。硬盘的最大特点就是存储容量大,存取速度快,不易受到污染。当计算机工作时,用户可通过主机前面的一个指示灯来观察硬盘的工作情况。硬盘如图 1-33 所示。硬盘一般通过主板上的 IDE 接口与系统单元连接。

图 1-33　硬盘

硬盘是由若干个涂有磁性材料的铝合金圆盘组成。目前大多数微机上使用的硬盘是 5.25 英寸和 3.5 英寸的。现在 3.5 英寸硬盘使用得多。这些硬盘驱动器通常采用温彻斯特技术,它的特点是把磁头、盘片及执行机构都密封在一个腔体内,与外界环境隔绝。采用这种技术的硬盘也称为温彻斯特盘。

硬盘的两个主要性能指标是硬盘的平均寻道时间和内部传输速率。一般来说,转速越高的硬盘的寻道时间越短,且内部传输速率也越高,不过内部传输速率还受硬盘控制器的 Cache 影响,大容量的 Cache 可以改善硬盘的性能。目前,硬盘的转速有 3600 转/分、4500 转/分、5400 转/分、7200 转/分几种。

硬盘每个存储表面被划分成若干个磁道(不同的硬盘磁道数不同),每道划分成若干个扇区(不同的硬盘扇区数不同)。每个存储表面的同一道形成一个圆柱面,称为柱面。柱面是硬盘的一个常用指标。硬盘结构图如图 1-34 所示。

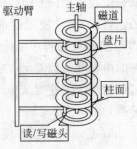

图 1-34 硬盘结构图

硬盘的存储容量计算:

存储容量＝磁头数×柱面数×扇区数×每扇区字节数

2) U 盘

目前流行一种通过 USB 接口和系统单元连接的硬盘,通常称为"U 盘"。这种硬盘的主要特点就是外形小巧、携带方便、能移动使用。Windows XP 及以上的版本都包含了常见品牌 U 盘的驱动程序,所以能够即插即用。

U 盘及 USB 接口(通用串行总线接口)如图 1-35 所示。

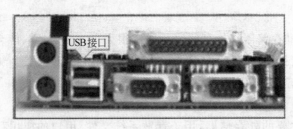

图 1-35 USB 接口和 U 盘

3) 只读光盘(CD-ROM)

CD-ROM(Compact Disc Read-Only Memory)即高密度光盘只读存储器,简称只读光盘。使用这样的光盘时,只能读出上面的信息,而不能向里面写入信息。一张普通光盘的存储容量大约为 650MB。CD-ROM 不仅存储容量大,而且还具有使用寿命长、携带方便等特点。CD-ROM 上可存储文字、声音、图像与动画等信息,目前被广泛用于电子出版、信息检索、教育与娱乐等方面。

计算机是通过光盘驱动器来读取光盘上的数据的,就像用 VCD 机来播放影碟一样。在使用光盘驱动器时,如果光盘驱动器正在工作(即工作指示灯在闪烁)时,最好不要弹出光盘,以免损坏光盘驱动器。光盘和光盘驱动器如图 1-36 所示。

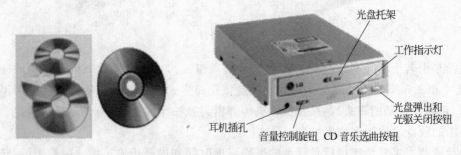

图 1-36 光盘和光盘驱动器

4) 磁带存储器

磁带存储器是顺序存取设备,即磁带上的文件依次存放。假如某文件存放在磁带的尾部而磁头的位置在磁带的前部,则必须空转磁带到尾部才能读取文件。因此,磁带的存取时间比磁盘长。磁带存储器由磁带机和磁带两部分组成。磁带分为开盘式磁带和盒式磁带两种。在微型计算机中大多数采用的是盒式磁带。在微型计算机上的磁带机基本上作为一个后备存储装置,用于资料保存、文件复制、备份等,以便在硬盘发生故障时,恢复系统或数据用。

1.5.7 输入设备

输入设备是用于将外面的信息送入计算机中的装置。键盘、鼠标器、触摸屏、麦克风、光笔、扫描仪和数码相机等设备是微机中常用的输入设备。随着多媒体技术的发展,现在又有一些新的输入设备(如语音输入设备、手写输入设备)已经问世。

1. 键盘

键盘是计算机中最常用的输入设备,如图1-37所示。在使用计算机时,用户主要通过键盘向计算机输入命令、程序以及数据等信息,或使用一些操作键和组合控制键来控制信息的输入、修改和编辑,或对系统的运行进行一定程度的干预和控制。键盘是用户同计算机进行交流的主要工具。键盘有多种形式,例如有84键键盘、101键键盘、带鼠标或轨迹球的多功能键盘以及一些专用键盘等。使用最为广泛的是101键的标准键盘。

2. 鼠标

鼠标(mouse)是一种用来移动光标和做选择操作的输入设备,如图1-38所示。常见的鼠标有光电式、光机式和机械式3种。近年来又出现了如游戏棒、跟踪球等新式鼠标。光机式鼠标是最常用的一种鼠标,它只要有一块光滑的桌面即可工作。光电式鼠标的分辨率及灵敏度很高,使用起来更为得心应手。

图1-37 键盘

图1-38 鼠标

3. 触摸屏

触摸屏是一种先进的输入设备,使用方便。用户只要通过手指触摸屏幕就可以选择相应菜单项,从而操作计算机。触摸屏是一种覆盖了一层塑料的特殊显示屏,在塑料层后是不可见的红外线光束。触摸屏主要在公共信息查询系统中广泛使用,如百货商店、信息中心、学校、酒店、饭店。

4. 扫描仪

扫描仪是一种桌面输入设备,用于扫描或输入平面文档,比如纸张或者书页等,如图1-39所示。和小型影印机一样,大多数平板扫描仪都能扫描彩色图形。现在一般的桌上型平板扫描仪都能扫描 8.5 英寸×12.7 英寸或者 8.5 英寸×14 英寸的幅面,较高档的则能扫描 11 英寸×17 英寸或者 12 英寸×18 英寸的幅面。随着技术的进步和价格的下降,扫描仪也变得越来越专业,可以扫描出许多中等质量的图形。扫描仪经常和 OCR 联系在一起,OCR 是"光学字符识别"的意思。没有 OCR 的时候,扫描进来的所有东西(包括文字在内)都以图形格式存储,不能对其中包含的单个文字进行编辑。但在

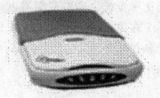

图 1-39　扫描仪

采用了 OCR 以后,系统可以实时分辨出单个文字,并以纯文本格式保存下来,以后便可像普通文档那样进行编辑。目前市场上的扫描仪有 EPP、SCSI 和 USB 共 3 种接口。USB 接口的扫描仪使用非常广泛。

1.5.8　输出设备

输出设备是用于将计算机中的数据信息传送到外部介质上的装置。显示器、打印机、绘图仪等都是输出设备。

1. 显示器

显示器又称监视器,是计算机最常用的输出设备之一,用于显示文字和图表等各种信息。按显示设备所使用的显示器件来分类,可以将显示器分为阴极射线管(Cathode Ray Tube,CRT)显示器、液晶显示器(Liquid Crystal Display,LCD)、等离子显示器等。后面两种是平板式的显示器,体积小、功耗低。图 1-40 为液晶显示器。按显示的信息内容来分类,可以将显示器分为字符显示器、图形显示器和图像显示器 3 种。下面介绍一下有关显示器的术语。

图 1-40　液晶显示器

(1) 分辨率。分辨率是指显示器所能表示的像素个数。像素越多,分辨率就越高,图像就越清晰。显示器的分辨率取决于显像管荧光粉的颗粒大小、荧光屏的尺寸以及电子束的聚焦能力。目前常用的显示器的分辨率为 640×480、800×600 以及 1024×768 等。

(2) 灰度级(颜色数)。灰度级是指显示像素点的亮暗层次级别,在彩色显示器中表现为颜色数。灰度级越多,图像层次越清楚逼真。灰度级取决于每个像素对应的刷新存储器单元的位数,例如,用 4 位二进制表示一个像素时,只能表示 16 级灰度或者颜色;用 8 位二进制表示一个像素时,只能表示 256 级灰度或者颜色;目前一般采用 16 位二进制或者 24 位二进制来表示一个像素,能够表示 65 536 或者 16 777 216 级灰度或者颜色。用 24 位二进制来表示的灰度级称为真彩色。

(3) 刷新频率。由于 CRT 是通过电子束轰击荧光粉而发光的,电子束扫描之后,发光点只能维持很短的一段时间(通常只有几十毫秒)。为了得到稳定的图像,必须在发光点消失之前对它进行刷新扫描,这个过程称为刷新。每秒刷新的次数称为刷新频率。刷新频率一般在 50 次/秒。刷新频率越高,图像越稳定。如果频率太低,会出现图像抖动现象。

（4）显示内存。为了不断提供刷新图像的信号，必须将屏幕显示内容存储在特殊的存储器中，这种存储器称为显示内存（简称显存）。显示内存中保存的是屏幕上所有像素的颜色数值，所以显示存储器的容量与分辨率及灰度级有关。例如，对于 640×480、65 536 种颜色的图像，则需要（640×480×16）/8＝614.4KB 的容量。这个容量只是最基本的，为了提高速度，通常还会使用更大容量的显示内存。

计算机的显示系统主要是由显示器和显示卡（又称显示适配器）构成的。显示卡用于控制字符与图形在显示器屏幕上的输出，而显示器只是将显示卡输出的信号表现出来。显示器的显示内容和显示质量（如分辨率）的高低主要是由显示卡的功能决定的。现在越来越多地使用 17 英寸甚至更大的屏幕的显示器。

传统的显示卡标准有 MDA、CGA、EGA、VGA 等。MDA 是一种单色的显示标准，CGA、EGA 和 VGA 都是彩色显示标准。下面列出 CGA、EGA 和 VGA 这 3 种彩色显示标准的主要技术特点。

（1）CGA（Color Graphics Adapter，彩色图形适配器）是第一代显示标准。CGA 的字符分辨率为 640×350，图形分辨率为 320×200 和 640×200，适用于低分辨率的彩色图形和字符显示器。

（2）EGA（Enhanced Graphics Adapter，增强型图形适配器）是第二代显示标准。其标准分辨率为 640×350，能显示 16 种颜色，适用于中分辨率的彩色图形显示器。

（3）VGA（Video Graphics Array，视频图形阵列）是显示器的第三代显示标准。其图形分辨率在 640×480 以上，能显示 256 种颜色，适用于高分辨率的彩色显示器。VGA 显示标准分辨率高，颜色丰富，色彩逼真而自然。

现在的微型计算机显示系统主要采用 VGA 标准和扩展 VGA 标准（TVGA、SVGA）。一般的 SVGA 显示模式的分辨率都可达到 1024×768，有的甚至高达 1280×1024，其显示色彩数可达到 256 色甚至真彩色（1670 万种颜色）。

目前，纯平面显示器和液晶显示器越来越得到广泛的使用。液晶显示器方便携带，辐射量低，耗电量小，属于健康、环保型的新产品。

2. 打印机

打印机（又称印字输出设备）是计算机系统的主要输出设备，它用于将计算机中的信息打印出来，便于用户阅读、修改和存档，如图 1-41 所示。按其工作原理来分类，可将打印机分为击打式打印机和非击打式打印机两类。击打式打印机包括点阵式打印机和行式打印机，而激光打印机、喷墨打印机、静电打印机以及热敏打印机等则属于非击打式打印机。

针式打印机（又称点阵打印机）是最为常见的击打式打印机。针式打印机的结构简单，主要由走纸装置、打印头和色带组成。这种打印机主要靠其打印头的针头撞击色带击打纸面来打印出字符或图形。打印头针数的多少直接影响打印的质量和速度。针式打印机有 7 针、9 针、24 针等类型。例如，LQ-1600K 打印机是一种典型的 24 针的针式打印机。针式打印机具有维护费用低（消耗材料是色带和普通打印纸）、使用方便耐用等优点；其缺点是噪声较大，容易断针，打印速度较慢，

图 1-41 佳能激光彩色打印机

分辨率较低。

非击打式打印机则是通过静电感应、激光扫描或喷墨等方法来印出文字和图形。激光打印机、喷墨打印机等非击打式打印机具有打印精度高、速度快、噪声小、彩色效果好、处理能力强等突出特点。

1.5.9 总线结构

1. 系统总线概述

所谓总线(bus),是指连接微机系统中各部件的一簇公共信号线,每根信号线都可以传送分别表示二进制"0"和"1"的信号,这些信号线构成了微机各部件之间相互传送信息的公用通道。它所传输的信号可以被所有接入该总线的设备接受。但是同一时刻,只能有一个设备发送数据到总线上。

为了优化设计和提高计算机系统的性能,常使用多总线互联结构。典型的计算机多总线结构由内部总线和外部总线组成。内部总线用于连接 CPU 内部各个模块;而外部总线则用于连接 CPU、存储器和输入/输出系统,也称为系统总线。

微型计算机系统多采用总线结构,如图 1-42 所示。CPU(包括内存)与外设、外设与外设之间的数据交换都是通过总线来进行的。总线通常由地址总线、数据总线和控制总线三部分组成。地址总线用于传送地址信号,地址总线的数目决定微机系统存储空间的大小;数据总线用于传送数据信号,数据信号的数目反映了 CPU 一次可接收数据的能力;控制总线用于传送控制器的各种控制信号。

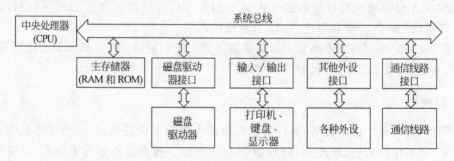

图 1-42　微型机总线结构

2. 常用的微机总线简介

1) 工业标准体系结构(Industry Standard Architecture,ISA)

这种标准是早期的 PC 总线互联结构。ISA 采用单总线结构,数据总线宽度为 16 位,地址总线宽度为 24 位,数据传输率为 5Mbps。

2) 扩展的工业标准体系结构(Extended ISA,EISA)

这种标准提供 32 位数据总线和 32 位地址总线,兼容 ISA,数据传输率可达 33Mbps。

3) VESA 局部总线

VESA 局部总线是由美国视频电子标准协会提出的一种基于多总线的互联结构,它使用高速的局部总线在 CPU 和高速外设之间提供了一条高速通道,与 ISA、EISA 总线构成了层次结构,满足各种外设的需求。

4) 外围元件互联结构(Peripheral Component Interconnect,PCI)

PCI 由 Intel 公司开发,并首先应用于其 Pentium 机。PCI 总线控制器在 CPU 和外设之间插入了一个复杂的管理层,以协调数据传输。PCI 提供了缓冲器,处理突发数据传输的能力高于 VESA 总线。现代的微型计算机都基本采用 PCI 总线结构,为了保证与传统总线标准兼容,有些微型计算机主板上还保留有 EISA 总线插槽。

除上述总线外,AGP 总线也是一种最新的总线类型,它比 PCI 总线的速度快两倍以上。目前多数计算机系统使用 PCI 作为通用总线,使用 AGP 总线进行加速图像显示。例如,在 3D 动画中,基本使用 AGP 替代 PCI 来传递视频数据。

习题

一、选择题

1. 物理器件采用集成电路的计算机称为_____。

A. 第一代计算机　　　B. 第二代计算机　　　C. 第三代计算机　　　D. 第四代计算机

2. 在计算机运行时,把程序和数据一同存放在内存中,这是 1946 年由_____领导的小组正式提出并论证的。

A. 图灵　　　　　　　B. 布尔　　　　　　　C. 冯·诺依曼　　　　D. 爱因斯坦

3. 计算机最早的应用领域是_____。

A. 科学计算　　　　　　　　　　　　　B. 数据处理

C. 过程控制　　　　　　　　　　　　　D. CAD/CAM/CIMS

4. 计算机辅助制造的简称是_____。

A. CAD　　　　　　　B. CAM　　　　　　　C. CAE　　　　　　　D. CBE

5. 在计算机内部,一切信息的存取、处理和传送都是以_____进行的。

A. ASCII 码　　　　　　B. 二进制　　　　　　C. 十六进制　　　　　D. EBCDIC 码

6. 下列描述中,正确的是_____。

A. 1MB=1000B　　　B. 1MB=1000KB　　　C. 1MB=1024B　　　D. 1MB=1024KB

7. 计算机的中央处理器是指_____。

A. CPU 和控制器　　　B. 存储器和控制器　　　C. 运算器和控制器　　　D. CPU 和存储器

8. 关于高速缓冲存储器(Cache)的描述,不正确的是_____。

A. Cache 是介于 CPU 和内存之间的一种可高速存取信息的芯片

B. Cache 越大,效率越高

C. Cache 用于解决 CPU 和 RAM 之间的速度冲突问题

D. 存放在其中的数据使用时存在命中率的问题

9. 关于总线描述,下列说法中不正确的是_____。

A. IEEE 1394 是一种连接外部设备的机外总线,按并行方式通信

B. 内部总线用于选择 CPU 的各个组成部件,它位于芯片内部

C. 系统总线指连接微型计算机中各大部件的总线

D. 外部总线则是微机和外部设备之间的总线

10. 除外存外,微型计算机的存储系统一般指_____。

A. ROM   B. 控制器   C. RAM   D. 内存

11. 关于基本输入/输出系统(BIOS)的描述,下列说法中不正确的是_____。

A. 是一组固化在计算机主板上的一个 ROM 芯片内的程序

B. 它保存着计算机系统中最重要的基本输入/输出程序、系统设置信息

C. 即插即用与 BIOS 芯片有关

D. 对于定型的主板,生产厂家不会改变 BIOS 程序

12. 下列可选项中都是硬件的是_____。

A. CPU、RAM 和 DOS   B. 硬盘和光盘

C. 鼠标、WPS 和 ROM   D. ROM、RAM 和 PASCAL

13. 世界上第一台电子计算机诞生于_____。

A. 1943 年   B. 1946 年   C. 1945 年   D. 1949 年

14. 冯·诺依曼体系的计算机硬件系统所包含的五大部件是_____。

A. 输入设备、运算器、控制器、存储器、输出设备

B. 输入/输出设备、运算器、控制器、内/外存储设备、电源设备

C. CPU、RAM、ROM、I/O 设备

D. 主机、键盘、显示器、磁盘驱动器、打印机

15. 下列关于世界上第一台电子计算机 ENIAC 的叙述中,错误的是_____。

A. 它主要用于弹道计算

B. 它主要采用电子管和继电器

C. 它是 1946 年在美国诞生的

D. 它是首次采用存储程序和程序控制使计算机自动工作

16. 目前普遍使用的微机所采用的逻辑元件是_____。

A. 电子管   B. 大规模和超大规模集成电路

C. 晶体   D. 小规模集成电路

17. 冯·诺依曼计算机工作原理的设计思想是_____。

A. 程序设计   B. 程序存储   C. 程序编制   D. 算法设计

18. 计算机中 1KB 指的是_____B。

A. 10   B. 100   C. 1000   D. 1024

19. 存储器容量 1GB 是表示_____。

A. 1024   B. 1024B   C. 1024KB   D. 1024MB

20. 在存储器容量 MB 的表示中,M 的准确含义是_____。

A. 1 米   B. 1024K   C. 1024 字节   D. 1024 万

21. 微型计算机内存容量的基本单位是_____。

A. 字符   B. 字节   C. 二进制位   D. 扇区

22. 数字字符"1"的 ASCII 码的十进制表示为 49,那么数字字符"8"的 ASCII 码的十进制表示为_____。

A. 56   B. 58   C. 60   D. 54

23. 内存中每个基本单位都被赋予一个唯一的序号,叫做_____。

A. 字节　　　　　　　B. 地址　　　　　　　C. 编号　　　　　　　D. 容量

24. 规定一条计算机指令中执行功能的部分称为_____。

A. 源地址码　　　　　B. 操作码　　　　　　C. 目标地址码　　　　D. 数据码

25. 指出 CPU 下一次要执行的指令地址的部分称为_____。

A. 程序计数器　　　　B. 指令寄存器　　　　C. 目标地址码　　　　D. 数据码

26. 计算机中运算器的主要功能是_____。

A. 分析指令并执行　　　　　　　　　　　B. 控制计算机的运行

C. 负责存取存储器中的数据　　　　　　　D. 算术运算和逻辑运算

27. 要完成一次基本运算或判断,中央处理器就要执行_____。

A. 一次语言　　　　　B. 一条指令　　　　　C. 一个程序　　　　　D. 一个软件

28. 通常的 CPU 是指_____。

A. 内存储器和控制器　　　　　　　　　　B. 控制器与运算器

C. 内存储器和运算器　　　　　　　　　　D. 内存储器、控制器和运算器

29. 在微型计算机中访问速度最快的存储器是_____。

A. 磁盘　　　　　　　B. 软盘　　　　　　　C. RAM　　　　　　　D. 磁带

30. 鼠标是一种_____。

A. 存储器　　　　　　B. 运算控制单元　　　C. 输入设备　　　　　D. 输出设备

31. 下列设备中,包括输入设备、输出设备和存储设备的是_____。

A. CRT、CPU、ROM　　　　　　　　　　B. 鼠标、绘图仪、光盘

C. 磁盘、鼠标、键盘　　　　　　　　　　D. 磁带、打印机、激光印字机

32. _____合起来叫做外部设备。

A. 打印机、键盘和显示器　　　　　　　　B. 输入/输出设备和外存储器

C. 驱动器、打印机、键盘和显示器　　　　D. A 和 B

33. 计算机系统结构的五大基本组成部件一般通过_____加以连接。

A. 适配器　　　　　　B. 电缆　　　　　　　C. 中继器　　　　　　D. 总线

34. 下列设备中,经常使用"分辨率"这一指标的是_____。

A. 针式打印机　　　　B. 显示器　　　　　　C. 键盘　　　　　　　D. 鼠标

35. 下列 4 个数中,不是合法的八进制数的是_____。

A. 177758　　　　　　B. 177757　　　　　　C. 177756　　　　　　D. 177755

36. 下列叙述中正确的是_____。

A. 汉字的计算机内码就是国标码

B. 存储器具有记忆能力,其中的信息任何时候都不会丢失

C. 所有十进制小数都能准确地转换为有限位二进制小数

D. 正数二进制原码的补码是原码本身

37. 汉字国标码将汉字分成_____。

A. 常见字和罕见字两个等级　　　　　　　B. 简体字和繁体字两个等级

C. 一级、二级、三级 3 个等级　　　　　　D. 一级汉字和二级汉字两个等级

38. 在计算机中存储一个汉字需要的存储空间为_____。

   A. 一个字节   B. 两个字节   C. 半个字节   D. 4 个字节

39. 软件和硬件之间的关系是_____。

   A. 没有软件就没有硬件   B. 没有软件，硬件也能发挥作用

   C. 硬件只能通过软件起作用   D. 没有硬件，软件也能起作用

40. 高级语言编译软件的作用是_____。

   A. 把高级语言程序转化成源程序

   B. 把不同的高级语言编写的程序转化成同一种语言编写的程序

   C. 把作为源程序的高级语言程序转化成能被 CPU 直接接受和执行的机器语言程序

   D. 自动生成源程序

二、填空题

1. 计算机由 5 个部分组成，分别为_____、_____、_____、_____和输出设备。

2. 计算机辅助设计的英文简称是_____。

3. 第二代电子计算机采用的物理器件是_____。

4. 未来计算机将朝着微型化、巨型化、_____、智能化方向发展。

5. CPU 是计算机的核心部件，该部件主要由控制器和_____组成。

6. 0.5MB＝_____KB。

7. 二进制数 110110010 转换为十六进制数、八进制数、十进制数分别是_____、_____、_____。

8. 十六进制数 3E 转换为十进制数是_____。

9. 二进制数 0.1 转换为十进制数是_____。

10. 二进制数 110111110010.011111 转换为十六进制数是_____。

11. 十进制数 291 转换成二进制数、八进制数、十六进制数分别是_____、_____、_____。

12. 软件系统分为_____软件和_____软件。

13. 字符"B"的 ASCII 码值为 42H，则可推出字符"K"的 ASCII 码值为_____。

14. 两个字节代码可表示_____个状态。

15. 随机存取存储器简称_____。CPU 对它们既可读出数据又可写入数据。但是一旦关机断电，随机存取存储器中的_____。

16. 微型计算机的总线一般分为内部总线_____、_____和_____。内部总线用于连接_____的各个组成部件，它位于芯片内部。

17. 微型计算机的软件系统通常分为_____软件和_____软件。

18. 用 24×24 点阵的汉字字模存储汉字，每个汉字需要_____字节。

19. 在 16×16 点阵字库中，存储一个汉字的字模信息所需的字节数是_____。

20. 存储 2000 个 32×32 点阵的汉字信息需要_____的存储空间。

三、简答题

1. 计算机的发展经历了哪几个阶段？各阶段的主要特征是什么？

2. 试述当代计算机的主要应用。

3. 计算机是由哪几个部分组成的？请分别说明各部件的作用。

4. 存储器的容量单位有哪些？

5. 指令和程序有什么区别？试述计算机执行指令的过程。

6. 请分别说明系统软件和应用软件的功能。

第 2 章　操作系统的使用

操作系统是现代计算机必不可少的最重要的系统软件,是整个计算机系统的灵魂。操作系统控制和管理着计算机系统的硬件和软件资源,给用户使用计算机提供一个良好的界面,使用户不必了解硬件的细节就可以方便地使用计算机。

2.1　操作系统基础知识

2.1.1　操作系统的概念

我们把一台没有任何软件设置和支持的计算机称为"裸机",要让裸机接收用户发出的命令,执行相应的操作,是非常困难的,这是因为二进制不是人类熟悉的语言。而操作系统在硬件之上建立了一个服务体系,为系统软件和用户应用软件提供了强大的支持,如图 2-1所示。

操作系统(Operating System,OS)是控制其他程序运行、管理系统资源并为用户提供操作界面的系统软件的集合。它是计算机系统的内核与基石,负责诸如管理与配置内存、决定系统资源供需的优先次序、控制输入与输出设备、操作网络与管理文件系统等基本事务。操作系统管理计算机系统的全部软、硬件资源,控制程序运行,改善人机界面,为其他应用软件提供支持等,使计算机系统所有资源最大限度地发挥作用,为用户提供方便的、有效的、友善的服务界面。

图 2-1　用户面对的计算机系统

2.1.2　操作系统的功能

一般来讲,一台只包含计算机硬件系统的计算机系统用户是没法正常使用的,因为一般的系统软件或应用软件都必须在操作系统的支持下才能正常安装、运行。安装软件时,通常首先安装的是操作系统(比如 Windows、DOS、UNIX 等),然后才能安装其他的系统软件(比如 VB、SQL Server 等)和应用软件(比如 WPS、Office 等)。运行软件时,也必须首先运行操作系统软件,等到操作系统软件运行正常后才能正常启动其他的系统软件或应用软件。

操作系统的主要功能是资源管理、程序控制和人机交互等。计算机系统的资源可分为设备资源和信息资源两大类。设备资源指的是组成计算机的硬件设备,如中央处理器、主存储器、磁盘存储器、打印机、磁带存储器、显示器、键盘输入设备和鼠标等;信息资源指的是存放于计算机内的各种数据,如文件、程序库、知识库、系统软件和应用软件等。

1. 资源管理

系统的设备资源和信息资源都是操作系统根据用户需求按一定的策略来进行分配和调度的。操作系统的存储管理就负责把内存单元分配给需要内存的程序以便让它执行,在程序执行结束后将它占用的内存单元收回以便再使用。对于提供虚拟存储的计算机系统,操作系统还要与硬件配合做好页面调度工作,根据执行程序的要求分配页面,在执行中将页面调入和调出内存以及回收页面等。

处理器管理或称处理器调度,是操作系统资源管理功能的另一个重要内容。在一个允许多道程序同时执行的系统里,操作系统会根据一定的策略将处理器交替地分配给系统内等待运行的程序。一道等待运行的程序只有在获得了处理器后才能运行。一道程序在运行中若遇到某个事件,例如启动外部设备而暂时不能继续运行下去,或一个外部事件的发生,等等,操作系统就要来处理相应的事件,然后将处理器重新分配。

操作系统的设备管理功能主要是分配和回收外部设备以及控制外部设备按用户程序的要求进行操作等。对于非存储型外部设备,如打印机、显示器等,它们可以直接作为一个设备分配给一个用户程序,在使用完毕后回收以便给另一个需求的用户使用。对于存储型的外部设备,如磁盘、磁带等,则是提供存储空间给用户,用来存放文件和数据。存储型外部设备的管理与信息管理是密切结合的。

信息管理是操作系统的一个重要的功能,主要是向用户提供一个文件系统。一般来说,一个文件系统向用户提供创建文件、撤销文件、读/写文件、打开和关闭文件等功能。有了文件系统后,用户可按文件名存取数据而无须知道这些数据存放在哪里。这种做法不仅便于用户使用而且还有利于用户共享公共数据。此外,由于文件建立时允许创建者规定使用权限,这就可以保证数据的安全性。

2. 程序控制

一个用户程序的执行自始至终是在操作系统控制下进行的。一个用户将他要解决的问题用某一种程序设计语言编写了一个程序后就将该程序连同对它执行的要求输入到计算机内,操作系统就根据要求控制这个用户程序的执行直到结束。操作系统控制用户的执行主要有以下一些内容:调入相应的编译程序,将用某种程序设计语言编写的源程序编译成计算机可执行的目标程序,分配内存等资源将程序调入内存并启动,按用户指定的要求处理执行中出现的各种事件以及与操作员联系请示有关意外事件的处理等。

3. 人机交互

操作系统的人机交互功能是决定计算机系统"友善性"的一个重要因素。人机交互功能主要靠可输入/输出的外部设备和相应的软件来完成。可供人机交互使用的设备主要有键盘、显示器、鼠标、各种模式识别设备等。与这些设备相应的软件就是操作系统提供人机交互功能的部分。人机交互部分的主要作用是控制有关设备的运行和理解并执行通过人机交互设备传来的有关的各种命令和要求。早期的人机交互设施是键盘显示器,操作员通过键盘输入命令,操作系统接到命令后立即执行并将结果通过显示器显示。输入的命令可以有不同方式,但每一条命令的解释是清楚的、唯一的。随着计算机技术的发展,操作命令也越来越多,功能也越来越强。随着模式识别,如语音识别、汉字识别等输入设备的发展,操作员和计算机在类似于自然语言或受限制的自然语言这一级上进行交互成为可能。此外,通过图形进行人机交互也吸引着人们去进行研究。这些人机交互可称为智能化的人机交互,这方面的研究工作正在积极开展。

2.1.3 操作系统的分类

操作系统大致可分为以下 5 种类型。

1. 简单操作系统

它是计算机发展初期所配置的操作系统,如 IBM 公司的磁盘操作系统 DOS/360 和微型计算机的操作系统 CP/M 等。这类操作系统的功能主要是执行操作命令、文件服务、支持高级程序设计语言编译程序和控制外部设备等。

2. 分时操作系统

它支持位于不同终端的多个用户同时使用一台计算机,彼此独立互不干扰,用户感到好像一台计算机全为他所用。这种使用方式特别适合于类似众多用户使用一台计算机系统进行软件系统的开发、调试工作。每一个用户都觉得自己独占了整个计算机系统资源,用户很满意。但为此付出的代价是,安装和使用分时操作系统会使计算机系统的系统开销大大增加,系统的工作效率大大降低。

比如,IBM VM 操作系统就是分时操作系统。

3. 实时操作系统

它是为实时计算机系统配置的操作系统。其主要特点是资源的分配和调度首先要考虑实时性,然后才是效率。此外,实时操作系统应有较强的容错能力。

4. 网络操作系统

为了支持计算机网络系统的正常、高效工作,网络操作系统的作用是非常重要的。一般来说,网络操作系统除了具有传统操作系统的一些基本功能外,还应该具有一些与网络软件、硬件的管理、控制,网络资源共享,网络信息传输安全、可靠,网络服务等相关的功能。Windows 2000 Server 及以上版本、UNIX、Linux 等操作系统都属于网络操作系统。

5. 分布式操作系统

分布式操作系统与网络操作系统在实现功能上有相似之处,但是它更强调组织通过通信网络连接起来的各个计算机系统之间协同完成任务。分布式系统要求一个统一的操作系统,用于管理系统中所有资源,负责全系统的资源分配和调度、任务划分、信息传输和控制协调工作,并为用户提供一个统一的界面。

分布式操作系统中作业程序的处理、资源的分布使用对用户透明,用户是看不见的。通常对于分布式计算和处理、多机合作、系统重构、坚强性和容错能力都有很高的要求。

2.1.4 几种常用的操作系统

理想情况下,最好是在各种各样的计算机硬件系统上都运行同一种操作系统。但到目前为止,流行的几种操作系统能够适应的计算机类型还是各不相同的。其主要原因是操作系统与计算机的硬件的关系很密切,很多管理和控制的工作都依赖于硬件的具体特性,以至于每一个操作系统都只能在特定的计算机硬件系统上运行。这样,不同的计算机之间或不同的操作系统之间一般都没有"兼容性",即没有一种可互相代替的关系。另外,操作系统是非常庞大、复杂的软件,修改、更新比较困难,因而常常跟不上计算机硬件制造技术的发展速度。近年来,由于计算机网络的普及,特别是因特网的普及,需要不同计算机厂家的操作系统能够分工合作,协同地处理信息,并且在相互通信和协同计算方面能够共享信息资源,这种情况才逐步地得到了改善。

1. MS-DOS 操作系统

MS-DOS 操作系统是美国微软(Microsoft)公司在 1981 年为 IBM-PC 微型机开发的操作系统。最初命名为 PC-DOS,到 PC-DOS 3.3 版以后,便出现了与同版本 PC-DOS 3.3 功能相当的 MS-DOS。它是一种单个用户独占式使用,且仅限于运行单个计算任务的操作系统。在运行时,单个用户的唯一任务占用了计算机上的资源,包括所有的硬件和软件资源。

MS-DOS 有很明显的弱点:一个是它作为单任务操作系统已不能满足需要;另一个是由于它最初是为 16 位微处理器开发的,因而所能访问的内存地址空间太小,从而限制了微机的性能。而现有的 64 位微处理器留给应用程序的寻址空间非常大,当内存的实际容量不能满足要求时,操作系统要能够用分段和分页的虚拟存储技术将存储容量扩大到整个外存。在这一点上,MS-DOS 原有的技术就无能为力了。

2. Windows 操作系统

Windows XP 是微软公司继 Windows 98、Windows ME、Windows 2000 后,于 2001 年推出的纯 32 位桌面操作系统。Windows XP 集成了 Windows 2000 基于标准的安全性、可管理性和可靠性,Windows 98 和 Windows ME 即插即用,易用的用户界面和创新的支持服务等最佳功能,运行可靠,稳定而且快速,安全高效。

Windows XP 主要有 4 种不同的版本:个人版、专业版、服务器版和高级服务器版。根据用户对象的不同,中文版 Windows XP 可以分为 Windows XP Home(家庭版)和 Windows XP Professional(办公扩展专业版)。

家庭版和专业版的差别主要是:专业版能同时支持双 CPU 和 9 个显示器输出,而家用版只支持一个;在家用版中能实现的功能在专业版中都能实现,而且专业版在多用户策略、安全管理、多国语言支持、网络管理和配置等一些高级性能上做得更为出色，家庭版的优势可能仅在于价格便宜。Windows XP Home 属于家用型操作系统，支持数字摄影、音乐、计算机游戏以及网际网络的功能，提供家庭使用者简单易用的环境。Windows XP Professional 属于商用型操作系统，加强与 Windows 服务器整合的能力，提供更严密的安全性。

微软公司在 2009 年推出的最新操作系统 Win7，比 Windows XP 更美观、更稳定，对新硬件的支持更好。当然，对硬件系统的配置要求也更高。

3. UNIX 操作系统

UNIX 是在操作系统发展历史上具有重要地位的一种多用户、多任务操作系统，它是 20 世纪 70 年代初期由美国贝尔实验室用 C 语言开发的，首先在许多美国大学中推广，而后在教育科研领域中得到了广泛应用。20 世纪 80 年代以后，UNIX 作为一个成熟的多任务分时操作系统以及非常丰富的工具软件平台，被许多计算机厂家如 Sun、SGI、Digital、IBM、HP 等公司所采用。这些公司推出的中档以上的计算机都配备了基于 UNIX 但换了一种名称的操作系统，如 Sun 公司的 Solaries、IBM 公司的 AIX 操作系统等。今天，在所有比微型机性能更好的工作站型计算机上使用的都是 UNIX 操作系统。

UNIX 是开发程序的专家们使用的操作系统和工具平台。因为它所涉及的概念比较多，所以学习和使用 UNIX 比 DOS 或 Windows 要难一些。

4. Linux 操作系统

Linux 是任何人都可以免费使用和自由传播的类 UNIX 操作系统。它诞生于网络，成长且成熟于网络，并且是由世界各地成千上万程序员通过网络来共同设计和实现的。

Linux 由芬兰人 Linus Torvalds 创始，最初用于基于 Intel 386、Intel 486 或 Pentium 处理器的个人计算机上。Linux 的开发是经由互联网，由世界各地自愿加入的公司和计算机爱好者共同进行的。为了确保看似无序的集市式开发过程能够有序地进行，Linux 与其他自由软件一样，采取了强有力的版本控制措施。Linux 版本号分为两部分：内核版本和发行套件(distribution)版本。

Linux 内核版本是由 Linus Torvalds 作为总体协调人的 Linux 开发小组(分布在各个国家的近百位高手)开发出的系统内核的版本号。Linux 的发行版是由一些组织或生产厂商将 Linux 系统内核、应用程序和文档包装起来，并提供一些安装界面和系统设置管理工具的软件包的集合。发行版整体集成版权归相应的发行商所有。Linux 发行版的发行商一般并不拥有其发行版中各软件模块的版权，它们关注的只是发行版的品牌价值，以包含其中的集成版的质量和相关的特色服务进行市场竞争。Linux 发行商的经营活动是 Linux 在世界范围内传播的主要途径之一。

大约在 1.3 版之后，Linux 开始向其他硬件平台上移植，时至今日，Linux 已经从低端应用发展到了高端应用。从 1999 年起，多种 Linux 的简体中文发行版相继问世。国内自主开发的有红旗 Linux、中软 Linux 等，美国开发的有 Red Hat(红帽)Linux、Turbo Linux 等。

2.2　Windows XP 操作系统的基本操作

　　Windows 系统以及各种程序呈现给用户的基本界面都是窗口,几乎所有操作都是在各种各样的窗口中完成的。如果操作时需要询问用户某些信息,还会显示出某种对话框来与用户交互传递信息。操作可以用键盘,也可以用鼠标来完成。

2.2.1　如何正确启动和关闭计算机

　　计算机的整个运行过程都是由操作系统控制和管理的,启动计算机就意味着驱动操作系统。Windows XP 操作系统在运行过程中可以根据不同的需要分为"休眠"、"待机"、"关闭"、"重新启动"来关闭计算机,或者不关闭计算机,而以"注销"和"切换用户"方式更换新用户继续运行。

1. 启动

　　按压主机电源(Power)按钮后,由计算机引导程序从硬盘中调入 Windows XP 启动模块,进入 Windows XP 的启动桌面。

2. 关机和重新启动的多种方法

　　由于 Windows XP 运行时产生的大量临时信息要占用磁盘空间,退出 Windows XP 时必须启用正常退出程序,才能关闭运行中的应用程序,保存处理的数据,并删除临时信息。而且在退出系统时,Windows XP 系统将更新注册表。如果强行切断电源退出系统,将会引起原来活动的应用程序数据丢失和磁盘空间由于临时数据的占位变化带来的浪费,还可能发生系统错误,影响下次正常启动。

　　1) 关闭、待机、重新启动

　　选择"开始"菜单下的"关闭计算机"命令,系统会弹出如图 2-2 所示对话框,提供 3 种处理"关机"的方式供选择。

　　(1) 关闭:系统关闭全部应用程序,释放临时占用的磁盘空间,保存设置,改写注册表,退出运行,并关闭电源。

　　(2) 待机:系统关闭监视器和硬盘,使计算机使用较少的电量。当再次按电源按钮恢复时,仅恢复监视器和硬盘电源,将快速退出等待状态,将桌面精确恢复到待机前状态。由于待机状态并没有将桌面状态保存到磁盘,此时如发生电源故障,将会丢失未保存的信息。

　　(3) 重新启动:此选项将先关闭计算机,再重新启动计算机。这种方式适用于切换不同操作系统或不同用户。

　　2) 切换和注销用户

　　选择"开始"菜单下的"注销"命令,系统显示如图 2-3 所示"注销 Windows"对话框,提供"切换用户"和"注销"两种选择。

　　(1) 切换用户:系统不关闭原来用户的设置和应用,而加载新用户的桌面主题等个人设置(如已登录则不用再次加载),并切换为当前用户的系统环境,"开始"菜单顶端显示当前用户名。这适合于多个用户分时交替使用同台计算机,分别使用自己桌面和应用,而无须关闭电源重启系统。

(2)注销:与切换用户不同的是,选择"注销",系统首先关闭当前用户的账户(如同关机处理),但不关闭其他用户的进程和电源,并显示登录屏幕等待选择下一用户。

图 2-2 关机

图 2-3 注销

3)休眠和复位启动

(1)休眠:当较长时间离开计算机,又希望保留当前的工作环境时,可以选择休眠模式。在休眠模式下,系统将桌面状态完整地保留到硬盘上,并关闭计算机。

(2)复位启动:当 Windows XP 因为某种原因而没有反应的时候(俗称"死机"),可按下主机上的 Reset("复位")按钮,在不切断电源的情况下重新启动计算机。

在复位启动和电源故障后首次启动时,系统会首先检查硬盘的文件系统,试图纠正由于异常关机造成的文件系统逻辑错误。此时,屏幕提示"checking file system on…"。可以按回车键取消检查,但建议接受检查以便消除可能存在的文件系统逻辑错误。

2.2.2 鼠标和键盘的使用

在 Windows 操作中,通过键盘不但可以输入文字,还可以进行窗口、菜单等各项操作。但只有使用鼠标才能够简易快速地对窗口、菜单等进行操作,从而充分利用 Windows 易于操作的优点。

1. 组合键

用键盘操作 Windows,常用到组合键,主要有以下几类组合键。

(1)键名1+键名2:表示按住"键名1"不放,再按一下"键名2"。例如,"Ctrl+F1"表示按住 Ctrl 键不放,再按一下 F1 键。

(2)键名1,键名2:表示先按下"键名1",释放后,再按下"键名2"。例如,"Alt,A"表示先按下 Alt 键,释放后,再按一下 A 键。

(3)键名1+键名2+键名3:表示同时按住"键名1"和"键名2"不放,再按一下"键名3"。例如,"Ctrl+Alt+Delete"表示同时按住 Ctrl 键和 Alt 键不放,再按一下 Delete 键。

2. 鼠标操作

在 Windows 操作中,鼠标的操作方法主要有以下几种。

（1）单击（click）：将光标移到一个对象上，按鼠标左键，然后释放。这种操作用得最多。以后如不特别指明，单击即指按鼠标左键。

（2）双击（double click）：将光标移到一个对象上，快速连续地两次按鼠标左键，然后释放。以后如不特别指明，双击也指双击鼠标左键。

（3）右击（click）：将光标移到一个对象上，按鼠标右键，然后释放。右击一般是调用该对象的快捷菜单，提供操作该对象的常用命令。

（4）拖放（拖到后放开）：将光标移到一个对象上，按住鼠标左键，然后移动鼠标箭头直到适当的位置再释放，该对象就从原来位置移到了当前位置。

（5）右拖放（与右键配合拖放）：将光标移到一个对象上，按住鼠标右键，然后移动鼠标箭头直到适当的位置再释放，该对象就从原来位置移到了当前位置。

3. 选定和选择操作

在 Windows 操作中，选定和选择操作是两种不同的操作方法。

（1）选定（select）：选定一个项目通常是给该项目作标记，使之突出（高亮度）显示；或者用一个虚线框表示，以区别于其他项目。一个选定操作不能产生一个动作，只用于作标记，例如，在对话框中，选定一个复选框是为了按该框所规定的作用进行下一步操作。

（2）选择（choose）：选择一个项目导致一个动作。例如，选择菜单中的一个命令则将执行一个功能。在对话框中选择一个按钮之后，执行该按钮的功能。一般来说，要先选定一个项目，然后再选择此项目。双击鼠标一般是选择操作。

2.2.3 Windows XP 的图形用户界面

Windows XP 是一个图形用户界面操作系统，它为用户提供了方便、有效地管理计算机所需的一切。

1. 图形用户界面技术

图形用户界面技术的特点体现在以下三方面：

1）多窗口技术

在 Windows 环境中，计算机屏幕显示为一个工作台，用户的主工作区域就是桌面（desktop）。工作台将用户的工作显示在称为"窗口"的矩形区域内，用户可以在窗口中对应用程序和文档进行操作。多窗口技术可以实现以下功能：

（1）所见即所得的操作环境。

窗口系统可以提供友好的、菜单驱动的、具有图形功能的用户界面。每个窗口都由标题、菜单、控制按钮、滚动条、边框等元素组成。用户可以方便地使用鼠标打开和关闭窗口，通过操作窗口组成部件来实现窗口的移动、尺寸改变和多窗口的布局。用户执行操作后，屏幕能立即给出反馈信息或结果，因而称为"所见即所得"。由于所有窗口具有统一的风格和相似的操作方式，用户只要领会一种系统的窗口操作要领，便可触类旁通。

（2）一屏多用。

一个多窗口的屏幕，从功能上说，相当于多个独立的屏幕，所以能有效地增加屏幕在同一时间所显示的信息容量。例如,在使用 Word 编写文档时,可以随时打开帮助信息窗口,还可以参照其他文档编辑窗口完成当前编写工作。

(3) 任务切换。

模拟人们日常工作中同时干几件事的情景,用户可以同时打开多个窗口以运行多个应用程序,并可实现它们之间的快速切换。例如,可以从一个画图窗口切换到一个 Word 文档编辑窗口,然后再用计算器作一些计算,在此期间不需要终止一个程序再启动另一个程序。

但是在任一时刻只能有一个窗口是活动的,允许用户输入数据或命令,其他窗口都是非活动窗口。当前活动窗口的醒目标志是清晰的窗口标题栏及其任务名,而且它会摆放在其他窗口的最上面而不会被遮挡。如果用户需要对某一窗口操作,只要将鼠标指向它,单击,即可激活该窗口。

(4) 资源共享与信息共享。

操作系统的资源是 CPU、存储器、I/O 设备等,窗口系统的资源还包括窗口、事件等,这些资源为各应用程序所共享。

当多个应用程序同时工作时,用户可以在它们之间进行信息传递。例如,可以在"画图"应用程序中选取一幅图画,复制或剪切到"剪贴板"上,然后在 Word 文档编辑窗口中粘贴到正在编辑的文档中。

2) 菜单技术

用户在使用某个软件时,通常是借助于该软件提供的命令来完成所需功能。软件功能越强大,它所提供的命令也越丰富,而需要用户记住的命令也就越多。把命令变成菜单,就是为解决这个问题提出的一种界面技术。

菜单把用户可在当前使用的一切命令全都显示在屏幕上,以便用户根据需要选择。从用户使用的角度来看,菜单带来了两大好处:一是减轻了用户对命令的记忆负担;二是避免键盘命令输入过程中的人为错误。

3) 联机帮助技术

联机帮助技术为初学者提供了一条使用新软件的捷径,借助它用户可以在上机过程中随时查询有关信息,它代替了书面用户手册。联机帮助还可为用户操作给予步骤提示与引导。在"开始"菜单中选择"帮助和支持",就进入如图 2-4 所示的 Windows XP 典型的联机帮助界面。

2. Windows XP 桌面

"桌面"就是在安装好中文版 Windows XP 后,用户启动计算机登录到系统后看到的整个屏幕界面,如图 2-5 所示,它是用户和计算机进行交流的窗口。用户可以根据自己的需要在桌面上添加各种快捷图标,在使用时双击图标就能够快速启动相应的程序或文件。与以往任何版本的 Windows 相比,中文版 Windows XP 桌面有着更加漂亮的画面、更富个性的设置和更为强大的管理功能。

1) 桌面上的图标说明

"图标"是指在桌面上排列的小图像,它包含图形、说明文字两部分,如果用户把鼠标放在图标上停留片刻,桌面上会出现对图标所表示内容的说明或者是文件存放的路径,双击图标就可以打开相应的内容。

图 2-4　联机帮助界面

图 2-5　Windows XP 系统桌面

（1）"我的文档"图标：它用于管理"我的文档"下的文件和文件夹，可以保存信件、报告和其他文档，它是系统默认的文档保存位置。

（2）"我的电脑"图标：用户通过该图标可以实现对计算机硬盘驱动器、文件夹和文件的管理，在其中用户可以访问连接到计算机的硬盘驱动器、照相机、扫描仪和其他硬件以及有关信息。

（3）"网上邻居"图标：该项中提供了网络上其他计算机上的文件夹和文件访问以及有关信息，在双击展开的窗口中用户可以进行查看工作组中的计算机、查看网络位置及添加网络位置等工作。

（4）"回收站"图标：在回收站中暂时存放着用户已经删除的文件或文件夹等一些信息，当用户还没有清空回收站时，可以从中还原删除的文件或文件夹。

（5）"Internet Explorer"图标：用于浏览互联网上的信息，通过双击该图标可以访问网络资源。

当用户安装好中文版 Windows XP 第一次登录系统后，可以看到一个非常简洁的画面，在桌面的右下角只有一个回收站的图标，如果用户想恢复系统默认的图标，可执行下列操作：

（1）右击桌面，在弹出的快捷菜单中选择"属性"命令。

（2）在打开的"显示属性"对话框中单击"桌面"标签。

（3）单击"自定义"按钮，这时会打开"桌面项目"对话框，如图 2-6 所示。

图 2-6　显示桌面默认图标

（4）在"桌面图标"选项组中选中"我的电脑"、"网上邻居"等复选框，单击"确定"按钮返回到"显示属性"对话框中。

（5）单击"应用"按钮，然后关闭该对话框，这时用户就可以看到系统默认的图标。

2）创建桌面图标

桌面上的图标实质上就是打开各种程序和文件的快捷方式，用户可以在桌面上创建自

已经常使用的程序或文件的图标,这样使用时直接在桌面上双击即可快速启动该项目。创建桌面图标可执行下列操作:

(1) 右击桌面上的空白处,在弹出的快捷菜单中选择"新建"命令。

(2) 利用"新建"命令下的子菜单,用户可以创建各种形式的图标,比如文件夹、快捷方式、文本文档等,如图 2-7 所示。

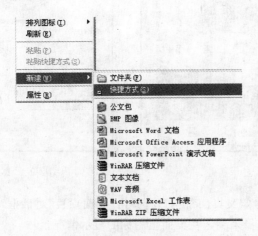

图 2-7 "新建"子菜单

(3) 当用户选择了所要创建的选项后,在桌面会出现相应的图标,用户可以为它命名,以便于识别。

其中,当用户选择了"快捷方式"命令后,出现一个"创建快捷方式"向导,该向导帮助用户创建本地或网络程序、文件、文件夹、计算机或 Internet 地址的快捷方式。

3) 图标的重命名与删除

若要给图标重新命名,可在该图标上右击,在弹出的快捷菜单中选择"重命名"命令进行更改。需要删掉图标时选中该图标,按下 Delete 键直接删除。

3. 显示属性

Windows XP 系统中为用户提供了设置个性化桌面的空间,系统自带了许多精美的图片,用户可以将它们设置为墙纸;通过"显示 属性"的设置,用户可以改变桌面的外观,或选择屏幕保护程序,还可以为背景加上声音。通过这些设置,可以使用户的桌面更加赏心悦目。

在桌面上的空白处右击,选择"属性"命令,出现"显示 属性"对话框,进行个性化设置,如图 2-8 所示。

(1) 在"主题"选项卡中用户可以为背景加一组声音,在"主题"下拉列表框中有多种选项。

(2) 在"桌面"选项卡中用户可以设置自己的桌面背景,在"背景"列表框中提供了多种风格的图片,可根据自己的喜好来选择,也可以通过浏览的方式从已保存的文件中调入自己喜爱的图片,如图 2-9 所示。

图 2-8　显示属性

图 2-9　"桌面"选项卡

单击图 2-9 中的"自定义桌面"按钮,将弹出"桌面项目"对话框,在"桌面图标"选项组中可以通过对复选框的选择来决定在桌面上图标的显示情况。

用户可以对图标进行更改,当选择一个图标后,单击"更改图标"按钮,出现"更改图标"对话框,如图 2-10 所示。

用户可以在其中选择自己所喜爱的图标,也可以单击"浏览"按钮,在弹出的对话框中进一步查找自己喜欢的图标。当选定图标后,单击"确定"按钮,即可应用所选图标。

(3)显示器显示清晰的画面,不仅有利于用户观察,而且会很好地保护视力,特别是对于一些专业从事图形图像处理的用户来说,对显示屏幕分辨率的要求是很高的。在"显示 属性"对话框中切换到"设置"选项卡,可以在其中对高级显示属性进行设置,如图 2-11 所示。

图 2-10　"更改图标"对话框

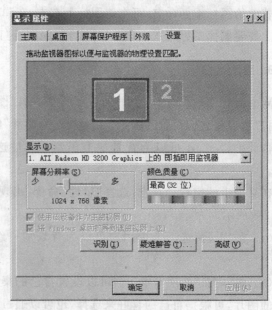
图 2-11　"设置"选项卡

在"屏幕分辨率"选项中,用户可以拖动小滑块来调整其分辨率。分辨率越高,在屏幕上显示的信息越多,画面就越逼真。在"颜色质量"下拉列表框中有中(16位)、高(24位)和最高(32位)3种选择。显卡所支持的颜色质量位数越高,显示画面的质量越好。用户在进行调整时,要注意自己的显卡配置是否支持高分辨率,如果盲目调整,则会导致系统无法正常运行。单击"高级"按钮,弹出一个当前显示属性对话框,在其中有关于显示器及显卡的硬件信息和一些相关的设置。

4. 了解任务栏

任务栏默认的是位于桌面最下方的一个小长条,它显示了系统正在运行的程序和打开的窗口、当前时间等内容,用户通过任务栏可以完成许多操作,而且也可以对它进行一系列的设置。任务栏可分为"开始"菜单按钮、快速启动工具栏、窗口按钮栏和通知区域等几部分,如图2-12所示。用户可以根据自己的需要把它拖到桌面的任何边缘处及改变任务栏的宽度。通过改变任务栏的属性,还可以让它自动隐藏。

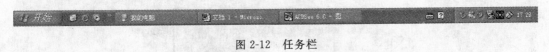

图 2-12 任务栏

用户在任务栏上的非按钮区域右击,在弹出的快捷菜单中选择"属性"命令,即可打开"任务栏和「开始」菜单属性"对话框,如图2-13所示。

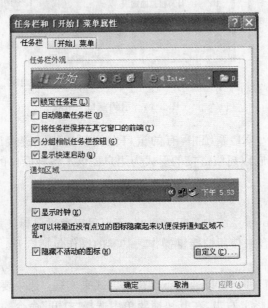

图 2-13 "任务栏和「开始」菜单属性"对话框

在"任务栏外观"选项组中,用户可以通过对复选框的选择来设置任务栏的外观。

（1）锁定任务栏:当锁定后,任务栏不能被随意移动或改变大小。

（2）自动隐藏任务栏:当用户不对任务栏进行操作时,它将自动消失;当用户需要使用时,可以把鼠标放在任务栏位置,它会自动出现。

（3）将任务栏保持在其他窗口的前端：如果用户打开很多的窗口，任务栏总是在最前端，而不会被其他窗口盖住。

（4）分组相似任务栏按钮：把相同的程序或相似的文件归类分组使用同一个按钮，这样不至于在用户打开很多的窗口时，按钮变得很小而不容易被辨认，使用时，只要找到相应的按钮组就可以找到要操作的窗口名称。

5. 窗口的组成

Windows XP 的图形除了桌面之外还有两大部分：窗口和对话框。窗口和对话框是 Windows XP 的基本组成部件，因此窗口和对话框的操作是 Windows XP 的最基本操作。

在中文版 Windows XP 中有许多种窗口，其中大部分都包括了相同的组件，如图 2-14 所示是一个标准的窗口，它由标题栏、菜单栏、工具栏等几部分组成。

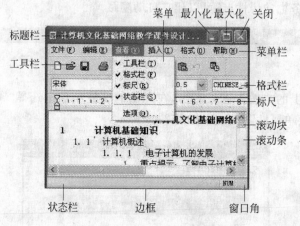

图 2-14　示例窗口

在中文版 Windows XP 系统中，有的窗口左侧新增加了链接区域，这是以往版本的 Windows 所不具有的，它以超级链接的形式为用户提供了各种操作的便利途径。

6. 窗口的操作

窗口操作在 Windows 系统中是很重要的，不但可以通过鼠标使用窗口上的各种命令来操作，而且可以通过键盘来使用快捷键操作。基本的操作包括打开、缩放、移动等。

1）打开窗口

当需要打开一个窗口时，可以通过下面两种方式来实现：选中要打开的窗口图标，然后双击打开；在选中的图标上右击，在其快捷菜单中选择"打开"命令。

2）移动窗口

用户在打开一个窗口后，不但可以通过鼠标来移动窗口，而且可以通过鼠标和键盘的配合来完成。移动窗口时用户只需要在标题栏上按下鼠标左键拖动，移动到合适的位置后再松开，即可完成移动的操作。

3）缩放窗口

窗口不但可以移动到桌面上的任何位置，而且还可以随意改变大小将其调整到合适的尺寸。用户只需把鼠标放在窗口的边框上,当鼠标指针变成双向的箭头时,可以任意拖动改变窗口大小。

4) 最大化、最小化窗口

当用户在对窗口进行操作的过程中,可以根据自己的需要,把窗口最小化、最大化等。用户在标题栏上双击可以进行最大化与还原两种状态的切换。

5) 切换窗口

当用户打开多个窗口时,需要在各个窗口之间进行切换。当窗口处于最小化状态时,用户在任务栏上选择所要操作窗口的按钮,然后单击即可完成切换。当窗口处于非最小化状态时,可以在所选窗口的任意位置单击,当标题栏的颜色变深时,表明完成对窗口的切换。也可以用 Alt+Tab 组合键来完成切换。在键盘上同时按下 Alt 和 Tab 两个键,屏幕上会出现切换任务栏,在其中列出了当前正在运行的窗口。用户可以按住 Alt 键,然后在键盘上按 Tab 键从"切换任务栏"中选择所要打开的窗口,选中后再松开两个键,选择的窗口即可成为当前窗口。也可以使用 Alt+Esc 组合键,但是它只能改变激活窗口的顺序,而不能使最小化窗口放大,所以多用于切换已打开的多个窗口。

6) 关闭窗口

用户完成对窗口的操作后,要关闭窗口。关闭窗口有下面几种方式:

图 2-15 任务栏右键菜单

（1）直接在标题栏上单击"关闭"按钮。

（2）双击控制菜单按钮。

（3）单击控制菜单按钮,在弹出的控制菜单中选择"关闭"命令。

（4）使用 Alt+F4 组合键。

7) 排列窗口

窗口排列有层叠、横向平铺和纵向平铺 3 种方式。在"任务栏"空白处右击,弹出如图 2-15 所示的菜单,然后选择一种排列方式。

2.2.4 "开始"菜单的组成

1. 默认"开始"菜单

中文版 Windows XP 系统中默认的"开始"菜单充分考虑到用户的视觉需要,设计风格清新、明朗,"开始"按钮由原来的灰色改为鲜艳的绿色,打开后的显示区域比以往更大,而且布局结构也更利于用户使用,通过"开始"菜单可以方便地访问 Internet、收发电子邮件和启动常用的程序。

在桌面上单击"开始"按钮,或者在键盘上按下 Ctrl+Esc 键,就可以打开"开始"菜单,如图 2-16 所示。开始菜单中命令功能如表 2-1 所示。

图 2-16 "开始"菜单

表 2-1 "开始"菜单中的命令

命　令	功　能
所有程序	显示可运行的程序清单
我的文档	显示用户个人的资料文件夹内容
我最近的文档	显示以前打开过的文档清单
My Pictures	显示用户个人资料文件夹中图片文件夹的内容
My Music	显示用户个人资料文件夹中音乐文件夹的内容
收藏夹	显示个人喜爱的 Internet 站点网址
我的电脑	显示软磁盘、硬盘、CD-ROM 驱动器和网络驱动器中的内容
网上邻居	显示网络上其他计算机的信息
控制面板	提供丰富的专门用于更改 Windows 的外观和行为方式的工具
打印机与传真	显示或者增加系统中可用的打印机或者传真机
帮助和支持	启动 Windows XP 帮助系统
搜索	查找系统中的指定资源
运行	运行程序或者打开文件夹

2. 使用"开始"菜单

当用户在使用计算机时,利用"开始"菜单可以完成启动应用程序、打开文档以及寻求帮助等工作,一般的操作都可以通过"开始"菜单来实现。

1) 启动应用程序

单击"开始"按钮,鼠标指向"所有程序"菜单项,会出现"所有程序"的级联子菜单,可能还会有下一级的级联菜单,当其选项旁边不再带有黑色的箭头时,单击该程序名,即可启动此应用程序。

2) 查找内容

有时用户需要在计算机中查找一些文件或文件夹的存放位置,如果手动进行查找会浪费很多时间,使用"搜索"命令可以帮助用户快速找到所需要的内容,除了文件和文件夹,还可以查找图片、音乐以及网络上的计算机和通讯簿中的人等。

3) 运行命令

在"开始"菜单中选择"运行"命令,打开"运行"对话框,利用这个对话框用户能打开程序、文件夹、文档或者是网站,使用时需要在"打开"文本框中输入完整的程序或文件路径以及相应的网站地址,当用户不清楚程序或文件路径时,也可以单击"浏览"按钮,在打开的"浏览"窗口中选择要运行的可执行程序文件,然后单击"确定"按钮,即可打开相应的窗口。

"运行"对话框具有记忆性输入的功能,它可以自动存储用户曾经输入过的程序或文件路径,当用户再次使用时,只要在"打开"文本框中输入开头的一个字母,在其下拉列表框中即可显示以这个字母开头的所有程序或文件的名称,用户可以从中进行选择,从而节省时间,提高工作效率,如图 2-17 所示。

图 2-17 "运行"对话框

3. 自定义默认"开始"菜单

用户第一次启动中文版 Windows XP 后,系统默认的是 Windows XP 风格的"开始"菜单,用户可以通过改变"开始"菜单属性对它进行设置。在任务栏的空白处或者在"开始"按钮上右击,从快捷菜单中选择"属性"命令,用户在完成常规设置后,可以切换到"高级"选项卡中进行高级设置,如图 2-18 所示。

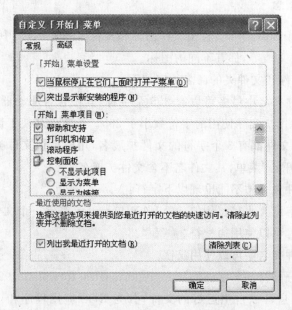

图 2-18 "自定义「开始」菜单"对话框

在"常规"和"高级"选项卡中设置好之后,单击"确定"按钮,回到"任务栏和「开始」菜单属性"对话框中,单击"应用"按钮,然后单击"确定"按钮关闭对话框,当用户再次打开"开始"菜单时,所做的设置就会生效。

2.3 Windows 的文件操作

文件和文件夹是计算机中比较重要的概念,在 Windows XP 中,几乎所有的任务都要涉及文件和文件夹的操作。各种信息都以文件的形式存于磁盘上,它可以是用户创建的文档,也可以是可执行的应用程序或一张图片、一段声音等。

Windows 中有 3 种主要的文件管理工具:第一种是"我的电脑",负责处理本地资源,即本计算机中的文件夹和文件;第二种是"网上邻居",负责处理网络上的资源,如共享文件、打印机等;第三种是"资源管理器",负责处理所有本地和网络资源,从某种意义上来说,"资源管理器"是"我的电脑"和"网上邻居"的综合。

在 Windows 中,设备也是被当做文件来操作的,这些设备可以是软盘驱动器、硬盘、光盘、打印机、网络上的服务器或其他站点计算机等。因此,这些文件管理的工具也适用于设备管理。

2.3.1 文件和文件夹

Windows环境下的绝大多数操作都是在与各种各样的文件打交道,因此,要学会使用操作系统,先要了解文件和文件夹的概念及其基本操作。

1. 文件的基本概念

(1) 文件:在Windows中,文件由文件图标和文件名来表示,其中,文件图标表示文件的种类,如应用程序、文档等,都有不同的图标。

Windows XP文件和文件夹的命名约定如下:

① 文件名或文件夹名中最多可以有255个字符,其中包含驱动器和完整路径信息,还可以包含空格。因此用户实际使用的字符数小于255。长文件名便于识别。

② 通常,每一个文件都有3个字符的文件扩展名,用以标识文件类型和创建此文件的程序。当文档列入"开始"菜单,其文件名不含文件扩展名。

③ 文件名或文件夹名中不能出现以下字符:\、/、:、*、?、"、<、>、|。

④ 不区分英文字母大小写。例如,MYFAX和myfax是同一个文件名。

⑤ 查找和显示时可以使用通配符"*"和"?"。

⑥ 文件名和文件夹名中可以使用汉字。

⑦ 可以使用多分隔符的名字。例如myreport. sales. totalplan. 1996。

(2) 应用程序:是可以自主运行的文件,分为DOS应用程序和Windows应用程序。Windows应用程序又分为16位应用程序、32位应用程序和64位应用程序。

(3) 文档:是应用程序生成的文件。文档可以是应用程序创建的任何文件,包括输入、编辑、查看和保存的各种信息。例如,文档可以是一个文本报告,也可以是一幅图片。

(4) 将设备当做文件操作:在Windows中,设备是被当做文件来操作的。因此在任何文件夹和资源管理器中,如不特别指明,文件是指文档、应用程序、设备以及显示的任何文件。

(5) 文件夹:是存放文件的机构。一个文件夹中可以包含文档、应用程序、设备以及另一个文件夹。包含另一个文件夹的文件夹称为父文件夹,父文件夹中包含的文件夹称为子文件夹。

(6) 快捷方式:一个快捷方式文件对应于一个应用程序、一个文档或一个设备(如打印机)等。快捷方式文件的图标的左下角都有一个曲线箭头,双击快捷图标可启动对应的应用程序,打开文档或设备。

2. "我的电脑"窗口

在Windows桌面上双击"我的电脑"图标,可以打开"我的电脑"窗口,显示计算机的磁盘、打印机和控制面板图标。使用"我的电脑"窗口可以查看计算机的各种信息,如文件、文件夹和打印机等,也可以把文件或者文件夹移动或复制到另一个地方。

其中,工具栏下面的工作区内显示当前文件夹的内容,可根据需要改变显示的方式。

在"我的电脑"窗口中双击一个驱动器图标,显示该驱动器的所有文件;双击"控制面板"图标,启动"控制面板"窗口;双击"打印机"图标,显示"打印机"窗口。

2.3.2 资源管理器

资源管理器用于查看所有的系统文件和资源,并可以完成对文件的各种操作。

1. 资源管理器窗口

资源管理器窗口(如图 2-19 所示)的主要部分是两个列表分区:左边的分区用来显示所有文件夹的内容,包含计算机系统中所有的"资源",如各个磁盘、光盘、打印机、网络、文件夹的树形结构的情况列表;右边的分区用来显示所选中的"文件夹"中的内容。当窗口中的内容很多,无法完全显示时,可以通过拉动"滚动条"的方式使其内容滚动显示。

图 2-19 Windows 资源管理器

打开资源管理器的步骤如下:

(1) 单击"开始"按钮,打开"开始"菜单。

(2) 选择"所有程序"|"附件"|"Windows 资源管理器"命令,打开 Windows 资源管理器,如图 2-19 所示。用户也可以通过右击"开始"按钮,在弹出的列表中选择"资源管理器"命令,打开 Windows 资源管理器;或右击"我的电脑"图标,在弹出的快捷菜单中选择"资源管理器"命令,打开 Windows 资源管理器。

(3) 在 Windows 资源管理器左边的窗格中,若驱动器或文件夹前面有"十"号,表明该驱动器或文件夹有下一级子文件夹,单击该"十"号可展开其所包含的子文件夹。当展开驱动器或文件夹后,"十"号会变成"一"号,表明该驱动器或文件夹已展开,单击"一"号,可折叠已展开的内容。例如,单击左边窗格中"我的电脑"前面的"十"号,将显示"我的电脑"中所有的磁盘信息,选择需要的磁盘前面的"十"号,将显示该磁盘中所有的内容。

2. 资源管理器的功能

资源管理器窗口上部有一个下拉式菜单,其中包括了"文件"、"编辑"、"查看"等几个子菜单,各个子菜单中所包含的选项种类和多少是可变的。刚打开"资源管理器"时选项较少,当选定了一个文件夹或文件之后,其中的选项就增加了许多,以便能对所选定的对象进行各种操作。

(1)"文件"菜单:资源管理器最重要的功能在"文件"菜单里。这个菜单的第一部分包括"打开"、"新建"、"发送"、"打印"、"删除"、"重命名"、"文件属性"、"关闭"等各种选项,每个选项的功能看其名字即可得知。利用这些命令可以很方便地进行目录操作和文件操作。例如,如果要在当前文件夹下再建一个新的文件夹,则可以选择"文件"|"新建"|"文件夹"命令,当前目录下就出现一个"新建文件夹",然后输入文件夹的名字就完成了这项工作。

在 Windows 中,进行任何目录和文件操作都要遵循"先选后用"原则。例如,要删除一个文件或文件夹,应该先选定它,再进行操作。

(2)其他菜单:资源管理器的第二个菜单是"编辑"菜单,执行文件的复制、移动等操作。第三个菜单是"查看"菜单,用于改变文件的各种显示方式,可以只显示文件名,也可以显示部分属性或全部属性信息;可以控制文件列出的顺序,分为按主文件名排序、按类型排序、按文件大小排序、按文件的最后修改时间排序,用户可以选择自己需要的排列方式;还可以控制按"大图标"、"小图标"显示等。第四个菜单是"收藏"菜单,用于在网络上查找信息。

2.3.3 文件和文件夹的操作

在文件夹中可以进行文件或下属文件夹的选定、更名、复制、移动等各种操作。

1. 如何选定文件或文件夹

(1)选定单个文件或文件夹的方法是:单击所要选定的文件或文件夹即可。

(2)选定多个连续的文件或文件夹的方法是:单击所要选定的第一个文件或文件夹,然后按住 Shift 键,单击最后一个文件或文件夹。或用键盘移动光标到所要选定的第一个文件或文件夹上,然后按住 Shift 键不放,用方向键移动光标到最后一个文件或文件夹上。

(3)选定多个不连续的文件或文件夹的方法是:单击所要选定的第一个文件或文件夹,然后按住 Ctrl 键不放,单击剩余的每一个文件或文件夹。

(4)选定全部文件夹或文件的方法是:使用组合键 Ctrl+A。

2. 文件或文件夹的复制与移动

(1)复制文件或文件夹的方法是:选定要复制的文件或文件夹,选择"编辑"菜单或右键菜单中的"复制"命令,打开目标盘或目标文件夹,选择"编辑"菜单或右键菜单中的"粘贴"命令,如图 2-20 和图 2-21 所示。

按住 Ctrl 键不放,用鼠标将选定的文件或文件夹拖曳到目标盘或目标文件夹中也能实现复制操作。如果在不同驱动器上复制,只要用鼠标拖曳文件或文件夹,不必使用 Ctrl 键。

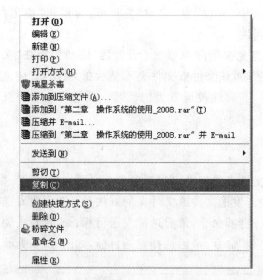

图 2-20 右键菜单中的"复制"命令　　　　图 2-21 右键菜单中的"粘贴"命令

（2）移动文件或文件夹的方法类似于复制操作，只需将选择"复制"命令改为选择"剪切"命令即可。

可以按住 Shift 键，同时用鼠标将选定的文件或文件夹拖曳到目标盘或目标文件夹中，实现移动操作。如果在同一驱动器上移动非程序文件或文件夹，只需用鼠标直接拖曳文件或文件夹，不必使用 Shift 键。需要注意的是，在同一驱动器上拖曳程序文件是建立该文件的快捷方式，而不是移动文件。

"剪切"、"复制"和"粘贴"命令都有对应的快捷键，分别是 Ctrl＋X、Ctrl＋C 和 Ctrl＋V。

3. 文件或文件夹的删除与恢复

首先右击要删除的文件或文件夹，然后选择快捷菜单中的"删除"命令。也可以直接用鼠标将选定的文件或文件夹拖到"回收站"而实现删除操作。如果在拖动时按住 Shift 键，则文件或文件夹将从计算机中删除，而不保存到回收站中。

如果想恢复刚刚被删除的文件，则选择"编辑"菜单或右键菜单中的"撤销删除"命令。如果要恢复以前被删除的文件，则应该使用"回收站"。在清空回收站之前，被删除的文件将一直保存在那里。在回收站中恢复被删除的文件或文件夹的方法是：在"回收站"窗口中右击要恢复的文件或文件夹，在快捷菜单中选择"还原"命令，如图 2-22 所示；或者选中要恢复的文件或文件夹，在"文件"菜单下选择"还原"命令。

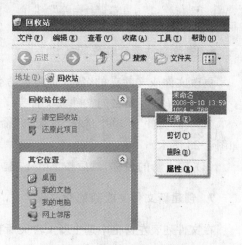

4. 文件或文件夹属性的查看和设置

右击文件或文件夹，选择快捷菜单中的"属

图 2-22 通过"回收站"还原文件

性"命令,弹出属性对话框,如图 2-23 所示,选中"只读"或"隐藏"复选框,再单击"确定"或"应用"按钮,就可以改变该文件或文件夹的属性。

文件或文件夹属性设置为"只读",可以避免被删除或修改;设置为"隐藏",当在"文件夹选项"中设置为"不显示隐藏文件和文件夹"时,该文件或文件夹不显示在文件列表中。

从光盘中复制到硬盘中的文件夹或文件,其属性被设置为"只读"。要想修改文件夹或文件,必须先修改它们的属性。

5. 发送文件或文件夹

在 Windows XP 中,可以直接把文件或文件夹发送到可移动磁盘、"桌面快捷方式"、"我的文档"、"邮件接收者"以及一些应用程序中。发送文件或文件夹的方法是:选中要发送的文件或文件夹,然后选择"文件"菜单中的"发送到"命令,最后选择发送目标;或者右击要发送的文件或文件夹,从快捷菜单中选择"发送到"命令,最后选择发送目标,如图 2-24 所示。

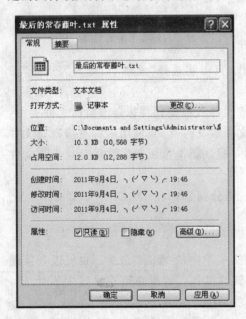

图 2-23　文件属性对话框

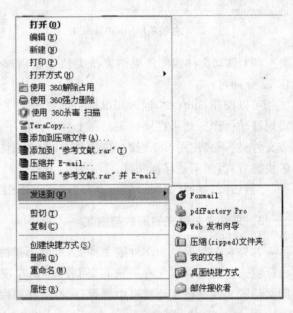

图 2-24　"发送到"子菜单

6. 更改文件或文件夹的名称

更改文件或文件夹的名称(也叫重命名)的操作步骤如下:

(1) 选择需要换名的文件或文件夹。

(2) 在"文件"菜单中选择"重命名"命令,或者直接单击文件名,文件名进入编辑状态,如图 2-25 所示。

(3) 输入新的名称,然后按 Enter 键。

7. 创建新文件夹或新的空文件

在文件列表左窗格中选中新文件夹所在的文件夹,选择"文件"|"新建"命令,如图 2-26 所示,可以建立新的文件夹或新的空文件。新文件夹的默认名为"新文件夹",并处于重命

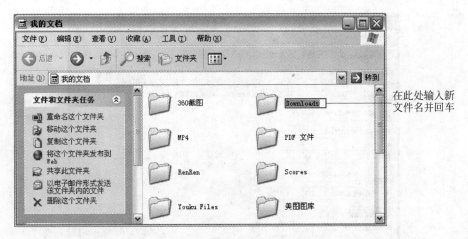

图 2-25　文件或文件夹重命名

名状态,用户重命名文件夹即可;新文件的默认名视文件类型而定,如 Word 文件的默认名为"新建 Microsoft Word 文档",文本文件的默认名为"新建文本文档",也处于重命名状态。

图 2-26　"新建"子菜单

8. 查找文件夹或文件

当要搜索一个文件或文件夹时,可使用"开始"菜单中的"搜索"命令或者 Windows XP 资源管理器或"我的电脑"中的文件查找功能,设置搜索条件,查找所需要的文件。

1) 执行"搜索"命令

有下列 3 种方法:

(1) 在 Windows XP 资源管理器中选择工具条上的搜索按钮,然后在窗口左侧出现搜索项目选择界面,再选择要搜索的文件的类型以便执行搜索动作。

(2) 在 Windows XP 资源管理器中右击所要查找的驱动器或文件夹,在弹出的快捷菜单中选择"搜索"命令。

(3) 单击"开始"按钮,指向"搜索",再单击即可。

"搜索"命令执行后,弹出如图 2-27 所示的窗口,该窗口左侧是搜索选项向导视图,用于引导用户搜索合适的文件。

2) 设置文件搜索条件

以查找文件或文件夹为例,对其选项进行说明:

(1) 在"要搜索的文件或文件夹名为:"文本框中可以指定所要查找文件的文件名,如图 2-28 所示,可以使用文件通配符"?"(代表任意一个字符)和" * "(代表任意多个字符),例如," * .doc"代表所有扩展名为 doc 的文件,而"?. doc"代表所有扩展名为 doc、主文件名只有一个字符的文件。如果要指定多个文件名,则可以使用分号、逗号或空格作为分隔符,例

图 2-27 "搜索"窗口

如 ＊.DOC、＊.BMP、＊.TXT。另外,当输入以前找过的文件名,会以下拉列表的方式显示出以前所设置的查找文件名,可以在其中选择所需的文件名。

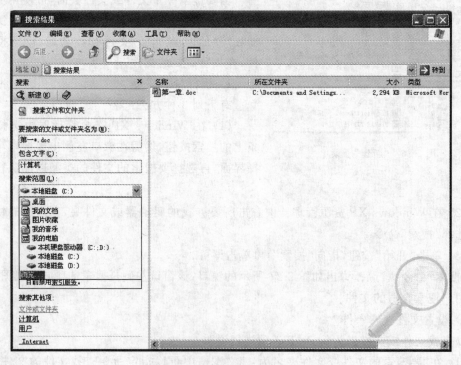

图 2-28 设置搜索条件

(2) 在"包含文字"文本框中输入要查找的文件中可能包含的一些文字信息,如图 2-28 所示,例如,希望查找文件名以"第一"开头,文件中包含"计算机"文字信息的所有 DOC

文档。

（3）在"搜索范围"下拉列表框中指定文件查找的位置，如图 2-28 所示。打开该列表框，可以选定一个要从中查找的驱动器；单击"浏览"按钮，打开"浏览文件夹"对话框，在其中将文件夹逐层打开，然后选定所需的文件夹，如图 2-29 所示。

图 2-29 "浏览文件夹"对话框

（4）通过单击图 2-27 中的"搜索选项"，展开搜索选项，如图 2-30 所示。选中"日期"复选框，用户可以设置所要查找文件的有关修改日期，通过文件日期进行查找；选中"类型"复选框，可以在下拉列表框中选择需要查找的文件类型，如图 2-31 所示；选中"大小"复选框，用户可以设置所要查找文件的大小，通过文件大小进行查找；选中"高级选项"复选框，用户可以设置是否搜索系统文件夹、是否搜索隐藏文件和文件夹、是否搜索子文件夹、搜索的文件名是否区分大小写、是否搜索磁带设备等。

图 2-30 通过"搜索选项"设置搜索条件

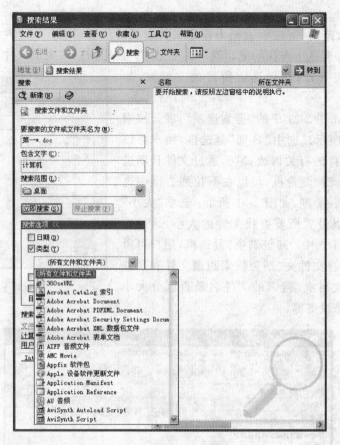

图 2-31　通过"搜索选项"设置文件类型

3）执行文件查找

设置了查找条件后，单击"立即搜索"按钮执行搜索。在搜索过程中，窗口左侧显示当前的搜索进度状况，窗口右侧显示搜索结果。

2.4　Windows 磁盘管理

在计算机的日常使用过程中，用户可能会非常频繁地进行应用程序的安装、卸载，文件的移动、复制、删除或在 Internet 上下载程序文件等多种操作，而这样操作过一段时间后，计算机硬盘上将会产生很多磁盘碎片或大量的临时文件等，致使运行空间不足，程序运行和文件打开变慢，计算机的系统性能下降。因此，用户需要定期对磁盘进行管理，以使计算机始终处于较好的状态。下面就来介绍如何管理磁盘。

2.4.1　格式化磁盘

格式化磁盘就是在磁盘内进行分割磁区，作内部磁区标示，以方便存取。格式化磁盘可分为格式化硬盘和格式化软盘两种。格式化硬盘又可分为高级格式化和低级格式化。高级格式化是指在 Windows XP 操作系统下对硬盘进行的格式化操作；低级格式化是指在高级格式化操作之前,对硬盘进行的分区和物理格式化。

进行格式化磁盘的具体操作如下:

(1) 若要格式化的磁盘是软盘,应先将其放入软驱中；若要格式化的磁盘是硬盘,可直接执行第(2)步。

(2) 双击"我的电脑"图标,打开"我的电脑"窗口。

(3) 选择要进行格式化操作的磁盘,选择"文件"|"格式化"命令,或右击要进行格式化操作的磁盘,在打开的快捷菜单中选择"格式化"命令。

图 2-32 "格式化"对话框

(4) 打开"格式化"对话框,如图 2-32 所示。

(5) 若格式化的是软盘,可在"容量"下拉列表框中选择要将其格式化为何种容量,在"文件系统"下拉列表框中选择"FAT32",在"分配单元大小"下拉列表框中选择"默认配置大小",在"卷标"文本框中可输入该磁盘的卷标；若格式化的是硬盘,在"文件系统"下拉列表框中可选择 NTFS 或 FAT32,在"分配单元大小"下拉列表框中可选择要分配的单元大小。若需要快速格式化,可选中"快速格式化"复选框。注意:快速格式化不扫描磁盘的坏扇区而直接从磁盘上删除文件。只有在磁盘已经进行过格式化而且确信该磁盘没有损坏的情况下,才能使用该选项。

(6) 单击"开始"按钮,将弹出"格式化警告"对话框,若确认要进行格式化,单击"确定"按钮即可开始进行格式化操作。这时在"格式化"对话框中的进程框中可看到格式化的进程。

(7) 格式化完毕后,将出现"格式化完毕"对话框,单击"确定"按钮即可。注意:格式化磁盘将删除磁盘上的所有信息。

2.4.2 清理磁盘

使用磁盘清理程序可以帮助用户释放硬盘驱动器空间,删除临时文件、Internet 缓存文件和不需要的文件,腾出它们占用的系统资源,以提高系统性能。执行磁盘清理程序的具体操作如下:

(1) 单击"开始"按钮,选择"所有程序"|"附件"|"系统工具"|"磁盘清理"命令。

(2) 打开"选择驱动器"对话框,选择需要进行清理的驱动器。选择后单击"确定"按钮可弹出该驱动器的"磁盘清理"对话框,单击"磁盘清理"标签,如图 2-33 所示。

(3) 在该选项卡中的"要删除的文件:"列表框中列出了可删除的文件类型及其所占用的磁盘空间大小,选中某文件类型前的复选框,在进行清理时即可将其删除；在"获取的磁盘空间总数:"中显示了若删除所有选中复选框的文件类型后可得到的磁盘空间总数；在"描述"框中显示了当前选择的文件类型的描述信息,单击"查看文件"按钮,可查看该文件类型中包含的文件的具体信息。

(4) 单击"确定"按钮,将弹出"磁盘清理"确认删除对话框,单击"是"按钮,弹出"磁盘清

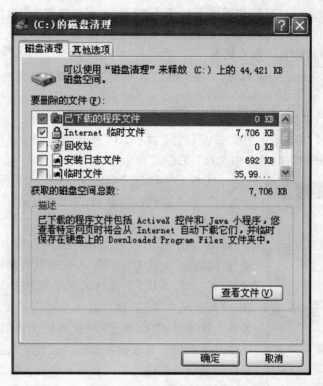

图 2-33 "磁盘清理"选项卡

理"对话框。

(5) 若要删除不用的可选 Windows 组件或卸载不用的安装程序,可单击"其他选项"标签。在该选项卡中单击"Windows 组件"或"安装的程序"选项组中的"清理"按钮,即可删除不用的可选 Windows 组件或卸载不用的安装程序。

2.4.3 整理磁盘碎片

磁盘(尤其是硬盘)经过长时间的使用后,难免会出现很多零散的空间和磁盘碎片,一个文件可能会被分别存放在不同的磁盘空间中,这样在访问该文件时系统就需要到不同的磁盘空间中去寻找该文件的不同部分,从而影响了运行的速度。同时由于磁盘中的可用空间也是零散的,创建新文件或文件夹的速度也会降低。使用磁盘碎片整理程序可以重新安排文件在磁盘中的存储位置,将文件的存储位置整理到一起,同时合并可用空间,实现提高运行速度的目的。

运行磁盘碎片整理程序的具体操作如下:

(1) 单击"开始"按钮,选择"所有程序"|"附件"|"系统工具"|"磁盘碎片整理程序"命令,打开"磁盘碎片整理程序"对话框,如图 2-34 所示。

(2) 在该对话框中显示了磁盘的一些状态和系统信息。选择一个磁盘,单击"分析"按钮,系统即可分析该磁盘是否需要进行磁盘整理,并弹出是否需要进行磁盘碎片整理的提示

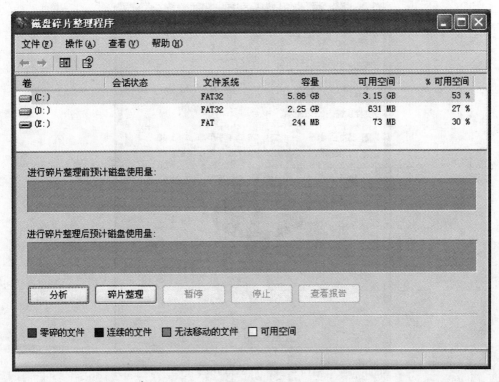

图 2-34 "磁盘碎片整理程序"对话框

框。单击"查看报告"按钮,可弹出"分析报告"对话框。该对话框中显示了该磁盘的卷标信息及最零碎的文件信息。单击"碎片整理"按钮,即可开始磁盘碎片整理程序,系统会以不同的颜色条来显示文件的零碎程度及碎片整理的进度。

（3）整理完毕后,会弹出"磁盘整理程序"对话框,提示用户磁盘整理程序已完成。

2.4.4 查看磁盘属性

磁盘的属性通常包括磁盘的类型、文件系统、空间大小、卷标信息等常规信息,以及磁盘的查错、碎片整理等处理程序和磁盘的硬件信息等。

1. 查看磁盘的常规属性

磁盘的常规属性包括磁盘的类型、文件系统、空间大小、卷标信息等。查看磁盘的常规属性的具体操作如下：

（1）双击"我的电脑"图标,打开"我的电脑"窗口,右击磁盘图标,在弹出的快捷菜单中选择"属性"命令,打开"磁盘属性"对话框,单击"常规"标签,如图 2-35 所示。

（2）在该选项卡中,用户可以在最上面的文本框中输入该磁盘的卷标；在该选项卡的中部显示了该磁盘的类型、文件系统、打开方式、已用空间及可用空间等信息；在该选项卡的下部显示了该磁盘的容量,并用饼图的形式显示了已用空间和可用空间的比例信息。单击"磁盘清理"按钮,可启动磁盘清理程序,进行磁盘清理。

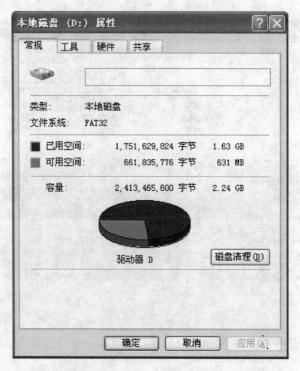

图 2-35 "常规"选项卡

2. 进行磁盘查错

用户在经常进行文件的移动、复制、删除及安装、删除程序等操作后,可能会出现坏的磁盘扇区,这时可执行磁盘查错程序,以修复文件系统的错误、恢复坏扇区等。

执行磁盘查错程序的具体操作如下:

(1)双击"我的电脑"图标,打开"我的电脑"窗口。

(2)右击要进行磁盘查错的磁盘图标,在弹出的快捷菜单中选择"属性"命令。

(3)打开"磁盘属性"对话框,单击"工具"标签。

(4)在该选项卡中有"查错"和"碎片整理"两个选项组。单击"查错"选项组中的"开始检查"按钮,弹出"检查磁盘"对话框,如图 2-36所示。

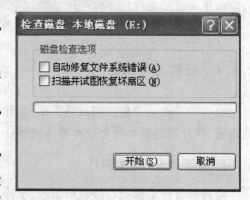

图 2-36 检查磁盘

(5)在该对话框中用户可选中"自动修复文件系统错误"和"扫描并试图恢复坏扇区"复选框,单击"开始"按钮,即可开始进行磁盘查错,在进度框中可看到磁盘查错的进度。

2.4.5 查看磁盘的硬件信息及更新驱动程序

若用户要查看磁盘的硬件信息或要更新驱动程序,可执行下列操作:

（1）双击"我的电脑"图标，打开"我的电脑"窗口。

（2）右击要进行磁盘查错的磁盘图标，在弹出的快捷菜单中选择"属性"命令。

（3）打开"磁盘属性"对话框，单击"硬件"标签，如图 2-37 所示。

（4）在该选项卡中的"所有磁盘驱动器："列表框中显示了计算机中的所有磁盘驱动器。单击某一磁盘驱动器，在"设备属性"选项组中即可看到关于该设备的信息。

（5）单击"属性"按钮，可打开设备属性对话框，如图 2-38 所示。在该对话框中显示了该磁盘设备的详细信息。

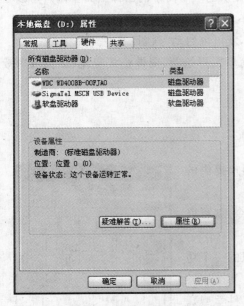

图 2-37 "硬件"选项卡

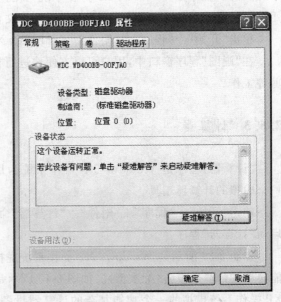

图 2-38 设备属性对话框

2.5 附属实用程序

一般来讲，操作系统由两部分构成：系统核心部分和附属实用程序部分。操作系统的核心部分（系统内核）支持操作系统的基本功能和用户界面。系统内核由引导程序自动加载到内存，操作系统的系统管理功能也是由系统内核实现，而无须人工干预。

为了方便用户的工作（包括系统管理和应用），除了操作系统的核心功能外，操作系统软件的开发者一般都设计一些用户普遍需要，而功能又比较简单的小程序和操作系统的核心部分合在一起提供给用户。Windows XP 操作系统也是这样，通常将这些小程序称为Windows XP 操作系统的附属实用程序。

Windows XP 操作系统的附属实用程序很多，这里选择几个有代表性的程序加以介绍。

2.5.1 记事本

"记事本"程序是 Windows XP 操作系统为用户提供的文本文件编辑工具。不管是编辑网页的源代码，还是编写高级语言源程序，都可以使用"记事本"这个工具，既方便，又实用。

通常,Windows XP 操作系统的附属实用程序都可以在"开始"|"所有程序"|"附件"子菜单中找到。单击"开始"|"程序"|"附件"|"记事本"命令,就可以启动"记事本"程序。

2.5.2 画图

"画图"程序是 Windows XP 操作系统为用户提供的一个简单的图像工具。用户可以使用"画图"程序功能方便地创建、裁剪位图图像文件。

单击"开始"|"程序"|"附件"|"画图"命令,就可以启动"画图"程序。

在"画图"程序窗口中,用户可以方便地进行简单图形绘制、图像格式变化、图像内容裁剪等工作。

2.5.3 计算器

"计算器"程序是 Windows XP 操作系统为用户提供的一个虚拟的计算器工具。

单击"开始"|"程序"|"附件"|"计算器"命令,就可以启动"计算器"程序。

如图 2-39 所示是 Windows XP 操作系统虚拟的一个功能简单的计算器设备(标准型)。如图 2-40 所示是 Windows XP 操作系统虚拟的一个功能复杂的计算器设备(科学型)。用户可以通过单击"计算器"对话框的"查看"菜单中的"标准型"或"科学型"进行切换。

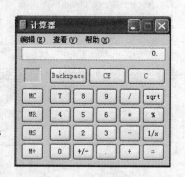

图 2-39 "标准型"计算器

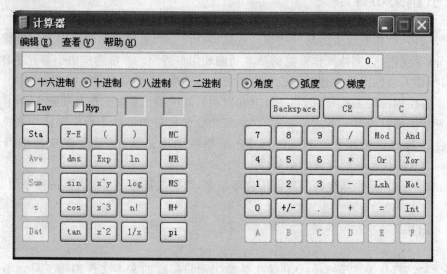

图 2-40 "科学型"计算器

2.5.4 写字板

"写字板"是一个使用简单,却功能强大的文字处理程序,用户可以利用它进行日常工作中文件的编辑,包括中英文文档的编辑,图文混排,插入图片、声音、视频剪辑等多媒体资料。

单击"开始"|"程序"|"附件"|"写字板"命令,就可以启动"写字板"程序。

2.5.5 命令提示符

"命令提示符"相当于 Windows 95/98 下的 MS-DOS 方式,随着计算机产业的发展,Windows 操作系统的应用越来越广泛,DOS 面临着被淘汰的命运,但是因为它运行安全、稳定,有的用户还在使用,所以一般 Windows 的各种版本都与其兼容,用户可以在 Windows 系统下运行 DOS,中文版 Windows XP 中的命令提示符进一步提高了与 DOS 下操作命令的兼容性,用户可以在命令提示符下直接输入中文调用文件。

当用户需要使用 DOS 时,可以在桌面上单击"开始"按钮,选择"所有程序"|"附件"|"命令提示符"命令,即可启动 DOS。系统默认的当前位置是 C 盘下的"我的文档",如图 2-41 所示。

图 2-41 DOS 窗口

2.6 Windows XP 的控制面板

Windows XP 操作系统的"控制面板"是一个系统文件夹,如图 2-42 所示,在这个系统文件夹中存放了许多系统程序。这些系统程序都是用来设置和调整系统参数的程序。在这些程序中有些程序是用户可以任意使用的(比如"键盘"、"鼠标"、"日期和时间"等),而有些程序用户最好先向技术人员咨询一下再使用(比如"系统"、"网络和拨号连接"、"添加硬件"等),以免造成设置后系统不能正常使用的后果。

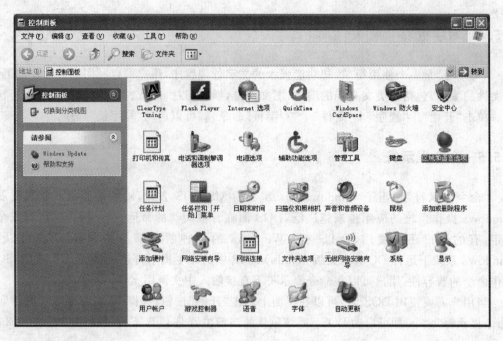

图 2-42 "控制面板"窗口

2.6.1 "键盘"设置程序

双击"控制面板"中的"键盘"图标,打开"键盘 属性"对话框,如图 2-43 所示。在"键盘属性"对话框中用户可以方便地设置与键盘有关的参数。

图 2-43 "键盘 属性"对话框

2.6.2 "鼠标"设置程序

双击"控制面板"中的"鼠标"图标,打开"鼠标 属性"对话框,如图 2-44 所示。在"鼠标 属性"对话框中用户可以方便地设置与鼠标有关的参数。用户设置完之后,单击"确定"按钮即可。

2.6.3 "日期和时间"设置程序

双击"控制面板"中的"日期和时间"图标(或者双击屏幕右下角的时间标志),系统给出"日期和时间 属性"对话框,如图 2-45 所示。在"日期和时间 属性"对话框中用户可以方便地设置日期和时间参数。用户设置完之后,单击"确定"按钮即可。

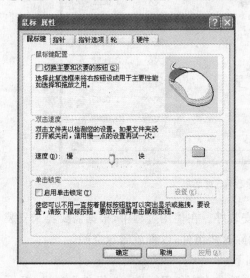

图 2-44　"鼠标 属性"对话框　　　　图 2-45　"日期和时间 属性"对话框

2.6.4 添加或删除程序

在 Windows XP 的"控制面板"中有一个"添加或删除程序"工具,其优点是保持 Windows XP 对安装和删除过程的控制,不会因为误操作而造成对系统的破坏。

双击"控制面板"中的"添加或删除程序"图标,进入"添加或删除程序"对话框,如图 2-46 所示,在 Windows 下安装的几乎所有程序都能在"当前安装的程序:"列表框中找到。

如果需要安装新程序,单击图 2-46 中左边的"添加新程序"按钮,开始安装新程序;删除应用程序的操作也非常简单,只要在"当前安装的程序:"列表框中选择想要删除的应用程序,然后单击"更改/删除"按钮就可以了。

2.6.5 安装和删除 Windows XP 组件

Windows XP 提供了丰富且功能齐全的组件。在安装 Windows 的过程中,考虑到用户

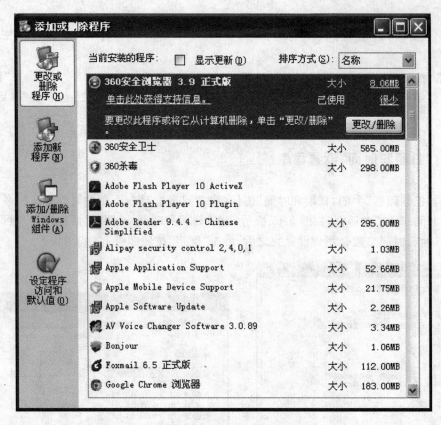

图 2-46 "添加或删除程序"对话框

的需求和其他限制条件,往往没有把组件一次性安装好。在使用过程中,根据需要再来安装某些组件。同样,当某些组件不再使用时,可以删除这些组件,以释放磁盘空间。

安装和删除 Windows XP 组件的具体操作如下:

(1) 在"添加或删除程序"对话框中单击"添加/删除 Windows 组件"按钮,打开"Windows 组件向导"对话框,如图 2-47 所示。

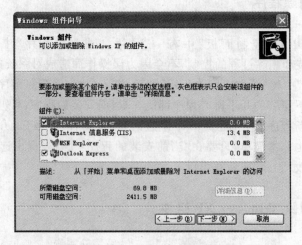

图 2-47 "Windows 组件向导"对话框

（2）在"组件"列表框中选中要安装的组件复选框，或者清除要删除的组件复选框。注意：如果组件左边的方框中有"√"，表示该组件只有部分程序被安装。每个组件包含一个或多个程序，如果要添加或删除一个组件的部分程序，则先选定该组件，然后单击"详细信息"按钮，选择或清除要添加或删除的部分即可。

（3）单击"确定"按钮，开始安装或删除应用程序。如果最初 Windows XP 是用 CD-ROM 或软盘安装的，计算机将提示用户插入 Windows 安装盘。

2.6.6 键盘输入法

键盘输入法，就是利用键盘，根据一定的编码规则来输入汉字的一种方法。目前的键盘输入法种类繁多，而且新的输入法不断涌现，各种输入法各有各的特点，各有各的优势。随着各种输入法版本的更新，其功能越来越强。

下面介绍一下微软拼音输入法 3.0。

1. 安装

双击"控制面板"中的"区域和语言选项"图标，打开"区域和语言选项"对话框，单击"语言"标签，如图 2-48 所示；单击"详细信息"按钮，出现"文字服务和输入语言"对话框，如图 2-49 所示；单击"添加"按钮，在"添加输入语言"对话框中选择"输入语言"为"中文（中国）"，选择"键盘布局/输入法"为"微软拼音输入法 3.0 版"，如图 2-50 所示；然后单击"确定"按钮，即可完成微软拼音输入法的安装。

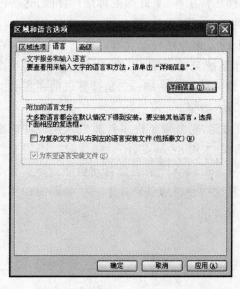

图 2-48 "区域和语言选项"对话框

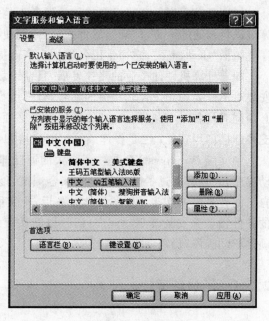

图 2-49 "文字服务和输入语言"对话框

2. 输入法切换

微软拼音输入法 3.0 安装后，屏幕下方出现如图 2-51 所示状态条。按住 Ctrl＋Shift 键可以在不同的输入法之间切换，按住 Alt＋Shift 键可以在不同的语言之间切换。

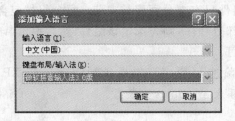

图 2-50 "添加输入语言"对话框

图 2-51 输入法状态条

3．输入界面

进入微软拼音输入法后，屏幕下方出现的输入法状态条如图 2-51 所示，主要按钮功能介绍如下。

中文/英文切换按钮：中表示中文输入；英表示英文输入。

全角/半角切换按钮：○表示全角符号；⌒表示半角符号。

中/英文标点切换按钮：°,表示中文标点；.,表示英文标点。

2.7　安装硬件与打印机管理

安装新硬件一般包括两个步骤：第一步是将所要添加的硬件与自己的计算机进行连接；第二步是进行硬件驱动程序的安装。

何谓驱动程序？计算机有些硬件设备不是一连接到计算机上就能用，而需要一种与计算机进行沟通的语言，即需要软件配合，才能使硬件正常工作，更好地发挥硬件性能，这种程序就叫做"驱动程序"，它通常由各硬件生产商提供。

随着计算机硬件产业的飞速发展，目前市场上的大部分硬件都具有即插即用的功能，在安装时不需要预先设置其相关的参数，全部由操作系统自动分配，当然，实现即插即用功能必须同时具备 3 个条件：一是该硬件设备必须有即插即用的功能；二是计算机的主板必须支持即插即用功能；三是操作系统也要支持即插即用功能。

中文版 Windows XP 提供了强大的即插即用功能，它自带了许多计算机常用硬件的驱动程序，并且都通过了微软公司的兼容测试，能确保和 Windows XP 系统兼容。当用户在自己的计算机上连接了新的硬件设备后，中文版 Windows XP 系统会自动检测到即插即用的硬件设备并安装其驱动程序，而且以默认值设置这些硬件设备；对于一些非即插即用的硬件驱动程序，仍需要用户进行手工安装。

2.7.1　添加新硬件

对于即插即用（Plug and Play，PNP）设备，只要根据生产商的说明将设备连接到计算机上，然后打开计算机并启动 Windows，Windows 将自动检测新的即插即用设备，并安装所需的软件，必要时插入含有相应驱动程序的软盘或 Windows XP CD-ROM 光盘就可以了。如果 Windows 没有检测到新的即插即用设备，则设备本身没有正常工作，没有正确安装或者根本没有安装。对于这些问题,"添加硬件向导"是不能够解决的。但是对那些"沿用"设备,需要使用"控制面板"中的"添加硬件"工具。添加新硬件的具体操作如下:

(1) 双击"控制面板"中的"添加硬件"图标,打开"添加硬件向导"对话框。

(2) 如果检测到了新的硬件设备,向导会显示检测到的新的硬件设备,再进行安装,如图 2-52 所示。

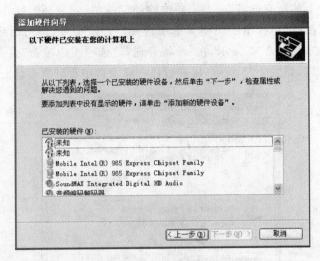

图 2-52 "添加硬件向导"对话框

(3) 如果检测不到新的硬件设备,则必须手工安装,需要用户选择硬件类型、产品厂商和产品型号,如图 2-53 所示。

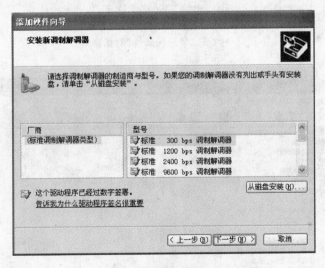

图 2-53 手工安装硬件设备驱动程序

注意:在运行向导之前,应确认硬件已经正确连接或已将其组件安装到计算机上。如果在"厂商"和"型号"列表框中找不到所安装的硬件,则单击"从磁盘安装"按钮,从安装盘中安装该硬件的设备驱动程序。

2.7.2 硬件管理

硬件包括任何连接到计算机并由计算机的微处理器控制的设备,包括制造和生产时连接到计算机上的设备以及用户后来添加的外围设备,如网卡、调制解调器等。如果用户要查看自己计算机系统上的所有设备,或者需要排除硬件故障、安装新的硬件设备等,可在桌面上右击"我的电脑"图标,在弹出的快捷菜单中选择"属性"命令,即可出现"系统属性"对话框,单击"硬件"标签,如图 2-54 所示,在"设备管理器"选项组中单击"设备管理器"按钮,出现"设备管理器"窗口,如图 2-55 所示,用户可以在该窗口中看到所有已安装的硬件。

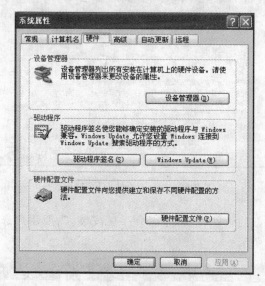

图 2-54 "系统属性"对话框

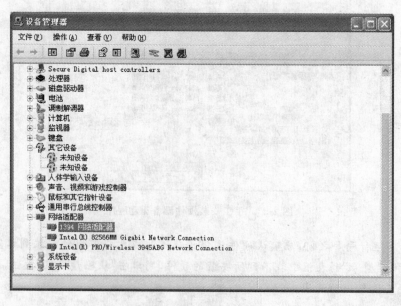

图 2-55 "设备管理器"窗口

选择一个硬件设备,如"1394 网络适配器",右击它,出现如图 2-56 所示快捷菜单,选择需要的操作即可。

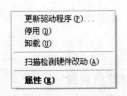

图 2-56 硬件设备快捷菜单

在"驱动程序"选项组中的"驱动程序签名"选项是中文版 Windows XP 新增的功能,在硬件安装期间,它可以检测到没有通过 Windows 徽标测试的驱动程序软件来确认其是否跟 Windows XP 兼容。单击"驱动程序签名"按钮,会打开"驱动程序签名选项"对话框,在"在您希望采取什么操作"选项组下有 3 种选项。

(1) 忽略:不管碰到什么情况,都不出现提示。

(2) 警告:在操作进行过程中,每一次选择都出现提示。

(3) 阻止:禁止安装未经签名的驱动程序软件。

计算机系统管理员可以选择其中的一项作为系统默认值应用。

2.7.3 安装打印机

在中文版 Windows XP 中,用户不但可以在本地计算机上安装打印机,如果用户是联入网络中的,也可以安装网络打印机,使用网络中的共享打印机来完成打印作业。

在开始之前,应确认打印机是否与计算机正确连接,同时应了解打印机的生产厂商和型号。如果要通过网络使用共享打印机,应先确认打印机的路径,或者在"网上邻居"中浏览打印机,然后双击其图标开始安装。安装打印机的操作步骤如下:

(1) 双击"控制面板"中的"打印机和传真"图标。

(2) 双击"添加打印机"图标,出现"添加打印机向导"对话框,用户只需要根据屏幕上的提示一步步操作即可。

(3) 如果要打印测试页,首先应确认打印机已打开并且处于准备状态。

(4) 安装完成后,打印机的图标将出现在"打印机"文件夹中,用户可以随时使用这些打印机。

打印机安装后,用户可以随时打印文档了。打印文档有下列两种方法:

(1) 如果文档已经在某个应用程序中打开,则选择"文件"菜单中的"打印"命令打印文档。

(2) 如果文档未打开,则将文档从"Windows 资源管理器"或"我的电脑"中拖曳到"打印机"文件夹中的打印机图标上。打印文档时,在任务栏上将出现一个打印机图标,位于时钟的旁边。该图标消失后,表示文档已打印完毕。为了更快速地访问打印机,应在桌面上创建打印机的快捷方式。

在文档的打印过程中,可以右击任务栏上紧挨着时钟的打印机图标查看打印机状态。如果双击这个图标则出现打印队列窗口,其中包含该打印机的所有打印作业。在打印队列窗口中可以查看打印作业状态和文档所有者等信息。如果要取消或暂停要打印的文档,就选定该文档,然后用"文档"菜单中的相应命令完成操作。打印完文档后,该图标自动消失。

习题

一、选择题

1. 计算机操作系统的功能是_____。

A. 把源程序代码转换成目标代码　　　　B. 实现计算机与用户间的交流

C. 完成计算机硬件与软件之间的转换　　D. 控制、管理计算机资源

2. 操作系统是_____的接口。

A. 用户程序和系统程序　　　　　　　　B. 控制对象和计算机

C. 用户和计算机　　　　　　　　　　　D. 控制对象和系统程序

3. Windows XP 操作系统是一个_____操作系统。

A. 单用户、单任务　　　　　　　　　　B. 多用户、多任务

C. 多用户、单任务　　　　　　　　　　D. 单用户、多任务

4. Windows XP 的桌面是指_____。

A. 当前窗口　　　B. 任意窗口　　　C. 全部窗口　　　D. 整个屏幕

5. 单击"开始"按钮,指向"设置",再指向_____并单击,可以用其中的项目进一步调整系统装置或添加删除程序。

A. 控制面板　　　B. 活动桌面　　　C. 任务栏　　　D. 文件夹选项

6. 在文件系统中,对文件的存取操作都是采用_____。

A. 按文件内容存取　　　　　　　　　　B. 按文件名存取

C. 按文件路径存取　　　　　　　　　　D. 按文件性质存取

7. 当一个应用程序的窗口被最小化后,该应用程序将_____。

A. 继续运行　　　　　　　　　　　　　B. 仍然在内存中运行

C. 被终止运行　　　　　　　　　　　　D. 被暂停运行

8. 桌面上已经有某应用程序的图标,要运行该程序,可以_____。

A. 单击该图标　　　　　　　　　　　　B. 用鼠标左键双击该图标

C. 右击该图标　　　　　　　　　　　　D. 用鼠标右键双击该图标

9. 选定多个连续文件或文件夹的操作为:先单击第一项,然后再_____单击最后一项。

A. 按住 Alt 键　　　B. 按住 Ctrl 键　　　C. 按住 Shift 键　　　D. 按住 Del 键

10. 下列 Windows 文件名中,错误的文件名是_____。

A. A. B. C　　　B. My Program　　　C. X♯Y. BAS　　　D. E＞F. DOC

11. 关于 Windows 直接删除文件而不进入回收站的操作中,正确的是_____。

A. 选定文件后,按 Shift＋Del 键

B. 选定文件后,按 Ctrl＋Del 键

C. 选定文件后,按 Del 键

D. 选定文件后,按 Shift 键,再按 Del 键

12. 在搜索文件或文件夹时,若用户输入"＊.＊",则将搜索_____。

A. 所有含有 ＊ 的文件　　　　　　　　　B. 所有扩展名中含有 ＊ 的文件

C. 所有文件   D. 以上全不对

13. 在 Windows XP 中,用"创建快捷方式"菜单命令创建的图标_____。

A. 可以是任何文件或文件夹   B. 只能是可执行程序或程序组

C. 只能是单个文件   D. 只能是程序文件和文档文件

14. 在资源管理器左窗口中,文件夹图标左侧有"＋"标记表示_____。

A. 该文件夹中没有子文件夹   B. 该文件夹中有子文件夹

C. 该文件夹中有文件   D. 该文件夹中没有文件

15. 任务栏上的内容为_____。

A. 当前窗口的图标   B. 已启动并正在执行的程序名

C. 所有已打开窗口的图标   D. 已经打开的文件名

16. 在 Windows 资源管理器中选定了文件或文件夹后,若要将它们移动到不同驱动器的文件夹中,操作为_____。

A. 按下 Ctrl 键拖动鼠标   B. 按下 Shift 键拖动鼠标

C. 直接拖动鼠标   D. 按下 Alt 键拖动鼠标

17. 在 Windows 中,不属于控制面板操作的是_____。

A. 更改画面显示和字体   B. 添加新硬件

C. 造字   D. 调整鼠标的使用设置

18. 在 Windows 中,打开一个窗口后,通常在其顶部是一个_____。

A. 标题栏   B. 任务栏   C. 工具栏   D. 状态栏

19. 在 Windows 中要使用"计算器"进行高级科学计算和统计时,应选择_____。

A. "标准型"   B. "统计型"   C. "高级型"   D. "科学型"

20. 在 Windows 资源管理器中,格式化磁盘的操作可使用_____。

A. 单击磁盘目标,选择"格式化"命令

B. 右击磁盘目标,选择"格式化"命令

C. 选择"文件"菜单下的"格式化"命令

D. 选择"工具"菜单下的"格式化"命令

二、填空题

1. Windows XP 是一个_____位的操作系统。

2. Windows XP 启动后,系统进入全屏幕区域,整个屏幕区域称为_____。

3. 正常退出 Windows XP 并关闭计算机,应首先保存在所有应用程序中处理的工作,再退出这些程序,在_____菜单中选择_____命令,再从弹出的对话框中选择_____命令。

4. 在 Windows XP 中,当用户打开多个窗口时,只有一个窗口处于激活状态,该窗口称为_____。

5. 在 Windows XP 的菜单中,显示暗淡的命令表示_____;命令名后有符号"…"表示_____;命令名前有符号"√"表示_____;命令名后有顶点向右的实心三角符号表示_____。

6. Windows XP 对文件或文件夹进行复制或移动时,必须事先将文件或文件夹进行_____。

7. Windows XP 的应用程序可以在前台运行，也可以在后台运行。当前窗口的程序是_____状态运行。

三、操作题

1. 在 C 盘根目录下建立"计算机基础练习"文件夹，在此文件夹下建立"文字"、"图片"、"多媒体"3 个子文件夹。在 C 盘中查找 BMP 格式的图片文件，选择查找到的一个图片文件，将它复制到"图片"文件夹中，并将此文件设为只读文件。

2. 利用查找功能在 C 盘中找到一个小于 60KB 的 BMP 文件，并创建该文件的快捷方式到桌面。

3. 在 C 盘根目录下创建"user1"和"user2"两个文件夹。用资源管理器在 C 盘中查找 Program Files 文件夹，打开此文件夹，按名称排列图标，将前 3 个文件复制到"user1"中。

4. 改变系统日期设置。

5. 在 D 盘查找文件名为 f 打头的、扩展名为 DOC 的文件，将它们存入 C 盘根目录下的新建文件夹 TEXT 中，将此文件夹定义为"隐藏"属性，最后设置显示 C 盘所有文件及文件夹。

第3章 Office 2003 办公软件使用

Office 是微软公司推出的办公自动化系列套装软件。它一面世就受到各行各业用户的喜爱,近年来得到了越来越广泛的应用。Office 2003 是它在 2003 年推出的版本,具有更强大的文档处理功能,用户可以更加方便、迅速、灵活地应用它。而且 Office 2003 具有一个充满活力、漂亮、个性化的外观。

Office 2003 中包括多个满足用户不同需要的应用程序,现将主要的应用程序列举如下。

(1) Word 2003,字处理程序。

(2) Excel 2003,电子表格程序。

(3) PowerPoint 2003,演示文稿程序。

(4) Access 2003,数据库管理程序。

(5) Outlook 2003,个人信息管理器和通信程序。

(6) InfoPath 2003,信息收集和管理程序。

(7) Publisher 2003,桌面发布程序。

(8) Picture Manager 2003,处理、编辑和共享图片程序。

作为 Office 基本应用教程,本章主要介绍 Office 2003 组件中的 Word 2003、Excel 2003 以及 PowerPoint 2003 的使用方法。

3.1 文字处理软件 Word 2003

Word 2003 是当今最流行也是功能最强大的文字处理软件,它适用于制作各种文档,如文件、信函、传真、报纸、简历等,也适用于快速制作网页和发送电子邮件。Word 为我们的办公和生活带来了很大方便。

3.1.1 文档的基本操作

1. Word 文档的启动和窗口简介

1) 启动 Word 2003

可以通过以下 3 种方式启动 Word 2003:

(1) 选择"开始"|"所有程序"|Microsoft Office|Microsoft Office Word 2003 菜单命令,打开 Word 2003。

(2) 双击桌面快捷图标( )启动 Word 2003。

(3) 双击需要打开的 Word 文档图标( ),启动 Word 2003 并打开该文档。

2）Word 文档窗口

Word 2003 启动后，出现如图 3-1 所示窗口。Word 2003 窗口主要包含标题栏、菜单栏、工具栏、标尺、工作区、状态栏以及滚动条。

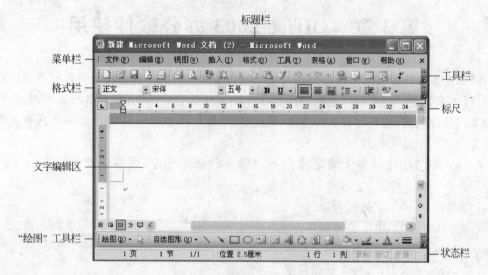

图 3-1　Word 2003 窗口

（1）标题栏：显示应用程序及当前被编辑的文档文件名。

（2）菜单栏：含有"文件"、"编辑"、"视图"等 9 个菜单选项。单击菜单项，即可弹出下拉菜单。

（3）工具栏：常用的有"常用"和"格式"工具栏等，用于编辑、排版等的快捷操作。

（4）标尺：用于段落的排版。

（5）"绘图"工具栏：用于在 Word 文档中的图形、箭头等元素的绘制。

2. 新建文档

新建文档有如下方式：

（1）启动 Word 应用程序，系统自动创建一个名为"文档 1"的新文档。

（2）选择 Word 应用程序窗口的"文件"|"新建"命令，出现如图 3-2 所示的"新建文档"窗体，单击"空白文档"，即可创建新文档。

（3）单击"常用"工具栏中的新建空白文档按钮，也可建立空白文档。

3. 打开文档

打开一个已有文档有两种方式：

（1）单击"常用"工具栏中的 按钮，打开如图 3-3 所示的"打开"对话框，在"查找范围"下拉列表框中选择文档所在的路

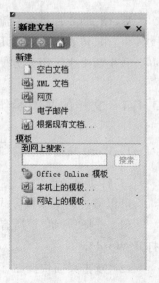

图 3-2　"新建文档"窗体

径,然后双击所要打开的文档的文件名。

(2) 选择"文件"|"打开"命令,打开如图 3-3 所示对话框,其余操作与方法(1)相同。

图 3-3 "打开"对话框

需要说明的是,Word 允许同时打开多个文档窗口,从而实现多文档之间的信息交换。

4. 保存文档

文档的保存是指把所编辑好的文档存储在指定的文件夹路径下。文档的保存可通过以下方式来完成:

(1) 单击"常用"工具栏中的 按钮。

(2) 选择"文件"|"保存"命令或"文件"|"另存为"命令。

需要说明的是,当选择"保存"命令时,文件被保存在当前默认的路径下;当第一次保存文档或选择"另存为"命令时,则弹出如图 3-4 所示的"另存为"对话框。这时需要在对话框

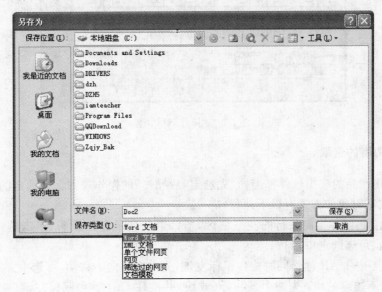

图 3-4 "另存为"对话框

中输入保存的路径和文档的文件名,并设定要保存的文档类型,单击"保存"按钮完成操作。Word 默认的文档类型为"Word 文档",也可以保存为文本文件(.TXT)、网页文件或其他类型文档。

5. 关闭文档

当文档使用完毕,单击文档窗口右上角的▨按钮或选择"文件"|"退出"命令关闭文档。

3.1.2 编辑与排版

1. 文字的录入

计算机处理文字资料或文字素材一般可以有两种录入方式:一种是人工录入;另一种是从网络获取。不管采取哪种方式,都需要对文字进行编辑,并可能需要在文档中插入一些符号。

(1)光标定位:在文档编辑操作中,用鼠标指向任意位置并单击,光标闪烁的位置即为文字对象插入的位置。

(2)插入符号:当需要一些特殊符号时,可以选择"插入"|"符号"命令,弹出如图 3-5 所示的"符号"对话框,单击"插入"按钮,找到需要的符号,进行插入操作。

图 3-5 "符号"对话框

2. 文件内容的选取

Microsoft 产品的应用软件都遵循"先选定,后操作"的操作规则。被选定的内容呈黑底白字。选择文本对象的方式有以下几种。

(1)行选:将鼠标指向某行的左空白区,指针形状变成右指箭头,单击选中该行,按住鼠标左键不放,可连续选中多行。

(2)块选:按住 Alt 键并同时按住鼠标左键,先向右再向下移动,可选中文本中的一块。

(3)选取不连续的块:先选中某一行(或块)并按住 Ctrl 键和鼠标左键,选取不连续的文本行。

（4）全选：选择"编辑"|"全选"命令，能够实现全篇文档的选中。

对于被选中的文本可以进行复制、删除和格式编辑。

3．编辑文字

在 Word 中经常要对文本进行删除、移动、复制等操作，这些操作都是依赖于剪贴板来实现的。剪贴板是一块存储区域，用于把文档中选中的一块文档或图片暂时存放在这块存储区域中，粘贴时再从剪贴板中取回，剪贴板是文档间交换多种信息的中转站。有关剪贴板的操作有以下 4 种。

（1）剪切：将所选中对象移至剪贴板上，文档中该对象消失。

（2）复制：将选定的对象复制到剪贴板上，文档中该对象仍保留。

（3）粘贴：将剪贴板中的对象插入到当前光标闪烁的位置。

选中或复制、粘贴对象时可以使用"工具栏"中的剪切、复制和粘贴按钮，也可以使用"编辑"菜单中的同样命令。

（4）选择性粘贴：有时需要从网上截取文字素材粘贴到文档中，这时在浏览器窗口中选择所需文字，选择浏览器菜单中的"编辑"|"复制"命令，将文字放入剪贴板。在 Word 文档窗口定位插入点。选择"编辑"|"选择性粘贴"命令，完成网络文字素材的插入工作。

如图 3-6 所示，在"选择性粘贴"对话框中选择"无格式文本"选项，即可把任何不带格式的文字插入到当前文档中。

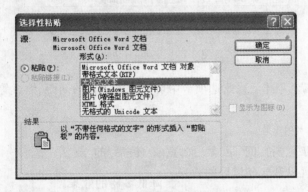

图 3-6　"选择性粘贴"对话框

4．修饰字体格式

文字录入后，为了使文档美观，首先要对文字进行字体的格式化，在 Word 中，利用"格式"工具栏中的相关按钮，或者选择"格式"|"字体"命令，在打开的"字体"对话框中，可以对文章中的文字的字形、大小、颜色等进行修改。在这里需要注意的是，对字体格式化前，首先要选中要进行修饰的文字。

1）"字体"对话框

选择"格式"|"字体"命令，打开如图 3-7 所示的"字体"对话框。

（1）"字体"选项卡：在此选项卡中可以设置字体、字形、字号、字体颜色、下划线、着重号以及特殊效果。

例如：

这段中文文字是隶书、加粗/倾斜，小四号字体

这几个字是红色　<u>这几个字带下划线</u>　这几个字有着重号

这几个字有删除线及~~双删除线~~

这几个字是带下标的 H_2O 以及带上标的 $ax^2+bx+c=0$

这几个字是阴影、空心、阳文、阴文

图 3-7　"字体"对话框

（2）"字符间距"选项卡：在此选项卡中可以设置字符的间距、缩放等效果。

例如：

这几个字是缩放 80％的效果

这 几 个 字 的 字 符 间 距 是 加 宽 2 磅 后 的 效 果

这几个字是^{位置提升 5 磅以后的效果}与_{降低 2 磅的效果}

（3）"文字效果"选项卡：这里的"文字效果"是指文字的动态效果，只有在文字编辑状态下才可以看见文字的动态效果。

2）"格式"工具栏

选中要修饰的文字后，单击如图 3-8 所示的"格式"工具栏中的相关图标进行操作，其中包括上述的字体、字形、粗体、斜体、下划线等设置。此外，还可以对文字进行特殊格式的修饰。

图 3-8　"格式"工具栏

（1）拼音指南。

单击拼音指南按钮，可以给文字加注拼音。

例如：

wǒ ài wǒ jiā

我爱我家

（2）带圈字符。

单击带圈字符按钮⊕，可以对文字进行特殊修饰。

例如：

㉃㉇㈱㊣

（3）其他格式字符。

单击 A A A͞ 按钮，可以对文字进行修饰。

例如：

加边框的文字 加底纹的文字 有 缩 放 的 文 字

3）鼠标右键

右击要编辑的文字，在弹出的快捷菜单中选择"字体"命令，可以打开"字体"对话框。操作同 1），在此不再赘述。在这里需要说明的是，右击某一对象，都能弹出相应的快捷菜单，从而可对各种对象的属性进行设置。

5. 修饰段落格式

段落是指用 Enter 键来区分的文字，是一篇文档的基本组成单位，在输入文字时，当按下 Enter 键时，表明一段文字输入结束。在对段落进行排版时，要使得光标处在该段的任意位置；对多个段落同时进行修饰时，需要同时选中要排版的段落。段落的修饰包括对齐方式、段落缩进等内容。

1）对齐方式

Word 提供了 4 种对齐方式。可以选择"格式"|"段落"命令，打开如图 3-9 所示的"段落"对话框，对段落的对齐方式进行设置；也可以通过"格式"工具栏上的 ▆▇▇▇▇▇ 按钮对段落的对齐方式进行设置。以下是段落的几种对齐方式。

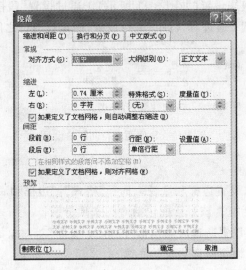

图 3-9 "段落"对话框

（1）两端对齐：指把一行文字均匀排列在左右边界之间。

（2）右（左）对齐：指把一行文字靠右（左）边距对齐。

（3）分散对齐：使段落两边具有整齐的边缘。

2）缩进

缩进指段落左右两边各留出一些空间，以区别于其他段落。Word 提供了 3 种能实现段落缩进的方法。

（1）利用"段落"对话框。

在如图 3-9 所示的"段落"对话框中的"缩进"选项组中，可以精确地控制段落的左右缩进尺度。

（2）利用标尺上的缩进标记。

在如图 3-10 所示的"标尺"工具栏中，水平标尺上有 3 个标记。

图 3-10　"标尺"工具栏

① 首行缩进：用鼠标拖动标尺上的"▽"滑块，可以对段落的首行进行缩进。注意：尽量避免使用空格来控制对段落的首行缩进。

② 左缩进和悬挂缩进：用鼠标拖动标尺上的"◻"滑块，并且鼠标指向的是滑块的下半部分（矩形部分），可以对段落进行左缩进；若鼠标指向滑块的上半部分（三角形部分）并同时拖动滑块，可以进行悬挂缩进。

③ 右缩进：用鼠标拖动标尺上的"△"，可以进行右缩进。

（3）使用段落缩进量按钮。

在"格式"工具栏中有 ▦▦ 两个按钮，单击后能够快速实现对文本的左右缩进。

3）行间距和段间距

段落中的每一行文字，段落和段落之间，都需要有间距来美化段落。要想控制段落和段落之间的距离，不能使用 Enter 键调整段落间的间距，通常的方法是使用图 3-9 中的"段落"对话框中的"间距"选项组来设置（如图 3-11 所示）。通过设置"段前"、"段后"的尺寸，对段与段之间的距离进行设置；通过对"行距"进行设置，确定行与行之间的距离。

图 3-11　段间距和行间距的设置

4）段落的底纹和边框

段落中的文字还可以设置边框和底纹。选择"格式"|"边框和底纹"命令，打开如图 3-12 所示的"边框和底纹"对话框。该对话框包括 3 类选项卡。

（1）"边框"选项卡：设置所选对象包括"段落"、"文字"等对象的边框形式。

（2）"底纹"选项卡：设置所选对象的底纹。

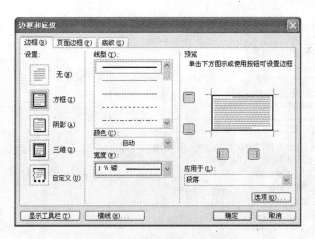

图 3-12 "边框和底纹"对话框

(3)"页面边框"选项卡：设置整个页面的边框形式。对于页面边框，选择"艺术型"，从而美化整个页面。

对某一文档页面进行"艺术边框"处理后，在预览效果中，可以看出整个页面的效果，如图 3-13 所示。

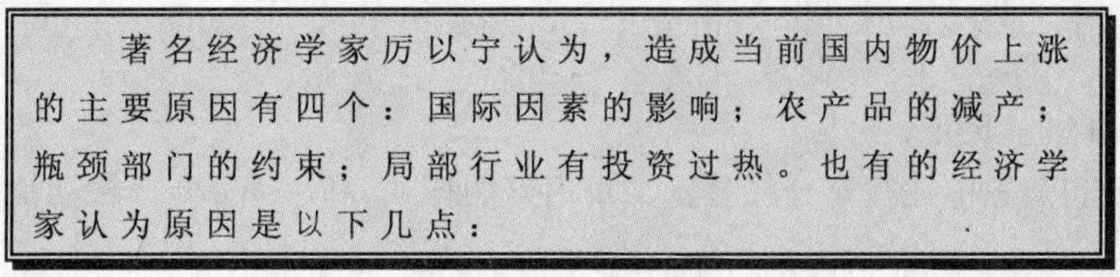

> 　　著名经济学家厉以宁认为，造成当前国内物价上涨的主要原因有四个：国际因素的影响；农产品的减产；瓶颈部门的约束；局部行业有投资过热。也有的经济学家认为原因是以下几点：

图 3-13 文字效果(1)

5)项目符号和编号

选择"格式"|"项目符号和编号"命令，打开如图 3-14 所示的"项目符号和编号"对话框，通过添加符号或编号，对一些需要单独列出的项目或条目进行着重说明。这个功能在长文档的制作中很有意义。效果如图 3-15 所示。

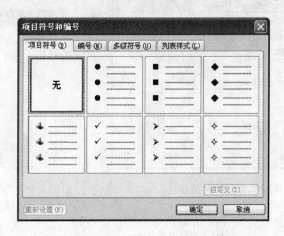

图 3-14 "项目符号和编号"对话框

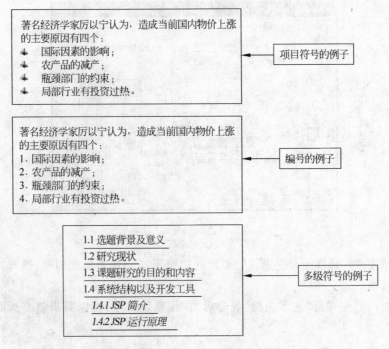

图 3-15　文字效果(2)

6) 分栏和首字下沉

常见的报刊杂志中往往有分栏显示文章内容的样式,利用 Word 分栏功能,可以达到分栏的效果。

选择"格式"|"分栏"命令,弹出如图 3-16 所示的"分栏"对话框,可以对选中段落文本进行各种式样的分栏。

选择"格式"|"首字下沉"命令,打开如图 3-17 所示的"首字下沉"对话框,可以对文本的第一个字进行格式化。首字下沉后,实际上是将该字放置到一个文本框中,并重新设置了该字的大小及字体。

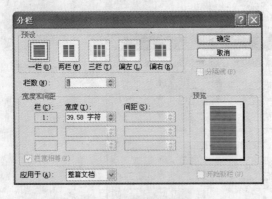

图 3-16　"分栏"对话框

图 3-17　"首字下沉"对话框

对一段文字进行分栏并首字下沉后效果如图 3-18 所示。

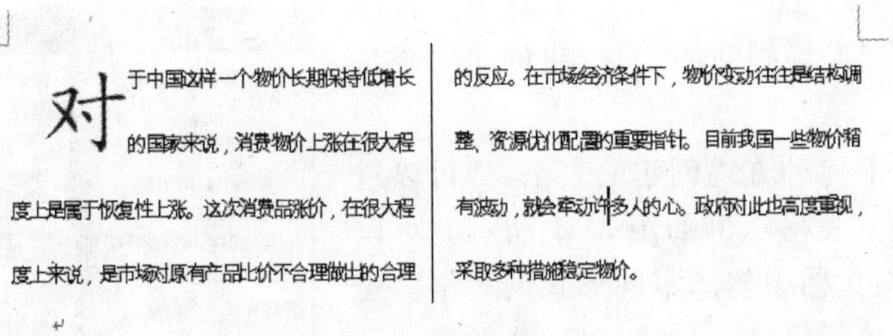
对于中国这样一个物价长期保持低增长的国家来说，消费物价上涨在很大程度上是属于恢复性上涨。这次消费品涨价，在很大程度上来说，是市场对原有产品比价不合理做出的合理的反应。在市场经济条件下，物价变动往往是结构调整、资源优化配置的重要指针。目前我国一些物价稍有波动，就会牵动许多人的心。政府对此也高度重视，采取多种措施稳定物价。

图 3-18 分栏和首字下沉示例

7）查找和替换

查找与替换是字处理应用中经常用到的操作，它是一种效率很高的编辑功能，输入要查找或替换的文字，系统能够按照要求自动地在规定范围内或全文内进行查找和替换。查找和替换功能不仅可以用于文字，而且可以用于格式、特殊字符和通配符等。选择“编辑”|“查找”命令或者“编辑”|“替换”命令，弹出如图 3-19 所示的“查找和替换”对话框。在相应的文本框内输入查找内容和替换内容，即可实现查找或替换功能。

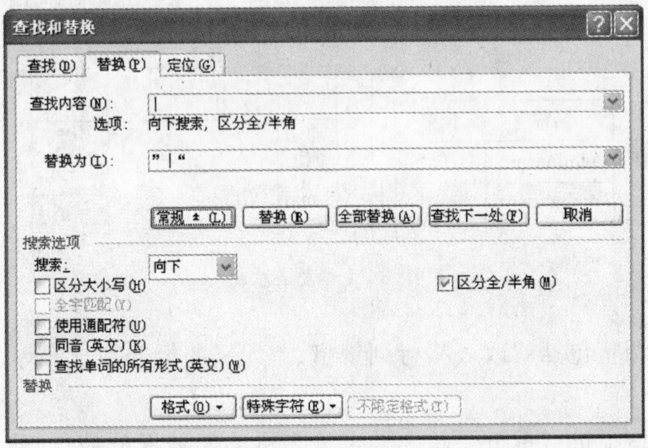

图 3-19 “查找和替换”对话框

在这里，需要说明的是，当对某些文字进行替换时，使用“格式”选项可以查找特定格式的字符或替换成具有某种格式的字符。

3.1.3 表格制作

1. 创建表格

表格是文字编辑软件中特有的一种样式，表格以行、列组织信息，表格中的每个方框就是一个单元格。可以在文本的任何地方插入表格。

创建表格有以下两种方式：

(1) 用“插入表格”对话框创建表格。选择“表格”|“插入”|“表格”命令，打开如图 3-20 所示的“插入表格”对话框。输入要创建的表格的行数与列数等选项，单击“确定”按钮，则创

建一个表格。

（2）用"格式"工具栏中的 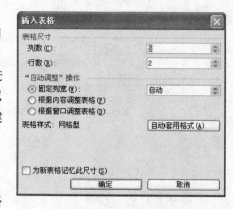 按钮创建一个自由表格。

不管利用以上何种方式创建的表格，都可以进行表格的格式化。表格示例如图 3-21 所示。可以利用表格工具，在文档中创建不同形式的表格。建立表格后可以向单元格输入文字、图形等内容。

2. 表格单元格的调整

对建立好的表格，一般需要进一步进行单元格的调整。对表格进行调整时，也要遵循"先选中，后

图 3-20 "插入表格"对话框

操作"的原则。对表格进行操作时，表格中有许多不可见的选定条，将鼠标移到任何一个单元格的左边线条时，鼠标光标变成一个向右指示的小箭头，这个小箭头可以选定该单元格。若把鼠标移动到某列单元格顶部，鼠标的形状变成向下的箭头，表明可以选定该列内容。当鼠标位于表格左边变成空心箭头时，可以选定当前行。当鼠标位于表格的左上角，出现一个 ⊞ 图标，鼠标单击可以选中整个表格。

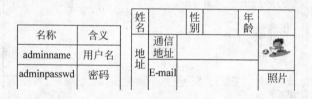

图 3-21 表格示例

表格单元格的调整包括修改表格行列规格、单元格的拆分和合并等。

1）表格的拆分

表格可以按照情况进行拆分。首先选定该表格将要被拆分的行，然后选择"表格"|"拆分表格"命令，可以使原表变成两部分。在编辑大型文本表格时，当同一张表格不能在同一页显示时，该项功能非常有用。

2）单元格的拆分和合并

单元格的拆分是指把一个单元格拆分为多个单元格的形式，选择"表格"|"拆分单元格"命令可以实现把一个单元格拆分为几个单元格。当参与拆分的单元格不止一个时，选中这些单元格，弹出的对话框中的"拆分前合并单元格"复选框被激活，选中后，可以实现把当前选中的几个单元格先合并，然后再按照要求进行拆分。

选定要合并的单元格，选择"表格"|"合并单元格"命令，即可把多个单元格合并成一个单元格。这项功能对于制作一个不规则表格很重要。

3）表格内容的编辑

可以像对待其他文字一样对表格单元格中的文字进行格式化，可以对单元格的内容进行左右对齐和垂直对齐，还可以对单元格中的内容进行排序、计算求和等运算。但同 Excel 相比，Word 更注重于文字的编辑排版而不是计算。在此不进行更多的介绍。

3. 修饰表格单元格

表格建立成功之后,往往需要修饰,包括为表格添加外框、底纹等,除对表格中的内容和表格本身参照对一般文字的修饰方式外,Word 还提供了一些现成的样式模板可以直接套用。选择"表格"|"表格自动套用格式"命令,打开如图 3-22 所示的"表格自动套用格式"对话框,选择了套用格式之后,对话框提供该种表格类别的预览效果。若 Word 所提供的样式不能满足需要,还可以通过对话框中的"新建"按钮,创建或修改表格样式。

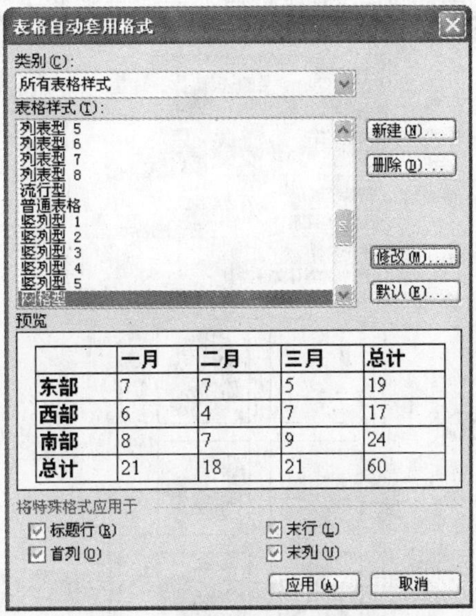

3.1.4 高级排版

字处理系统不但应该实现对文字段落的修饰,还应该提供多种方式,使制作出来的文档图文并茂,比如,可以加入图形、图片、图表、公式及艺术字等多种媒体对象,使文档的可读性大大提高。

1. 图文混排

图 3-22 "表格自动套用格式"对话框

1)插入图片

在 Word 文档中常插入的图形包括剪贴画、艺术字、自选图形、图表、绘制图形、组织结构及来自外部的.bmp、.wmf、.jpg 等文件类型的图片。这些都可以通过选择"插入"|"图片"命令来实现。常见的可插入 Word 文档中的图形、图像文件类型如表 3-1 所示。

表 3-1 常用 Word 文档可识别的图形文件

后缀名	文 件 格 式	后缀名	文 件 格 式
.bmp	位图文件	.gif	图形交换格式
.jpg	联合专家小组规范文件	.wmf	Windows 图元文件
.emf	图元文件	.png	可移植网络图形
.tiff	标志图像文件		

在 Word 文档中,有几种插入图片的方式:

(1)选择"插入"|"图片"|"剪贴画"命令。

(2)选择"插入"|"图片"|"来自文件"命令。

以插入剪贴画为例,"剪贴画"窗体如图 3-23 所示,在窗体中可以设定图片的搜索范围和图片的类型进行搜索,搜索的结果会在预览窗口中显示出来,选定满意的图形后,进行插入。

对于插入的图片,有时往往需要重新修正图片的大小以及图片的亮度等属性,这时选中所需要修改的图片,弹出如图 3-24 所示的"图片"工具栏,对图片的效果进行进一步的修改。可以修改的属性包括图片的颜色、对比度、亮度、剪裁、旋转、线型、压缩图片、文字环绕、图片格式等。

2）插入艺术字

在 Word 文档中，有时还需要插入"艺术字"，这时选择"插入"|"图片"|"艺术字"命令进行操作。"艺术字库"对话框如图 3-25 所示，显示了 Word 提供的艺术字样式，按需要选择其中的一种，对所需要的文字进行艺术字形的处理。

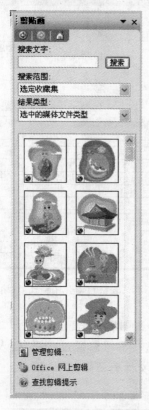

图 3-23 "剪贴画"窗体

图 3-24 "图片"工具栏

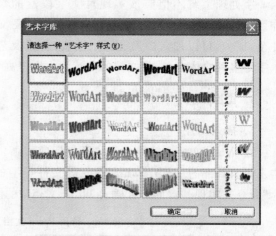

图 3-25 "艺术字库"对话框

对于插入的艺术字体，如需要做进一步的修改，可以选中该艺术字，打开"艺术字"工具栏，使用其中的按钮进行相关操作。可修改的内容包括编辑文字、设置艺术字库、设置艺术字格式、设置艺术字形状、设置艺术字的文字环绕方式、设置艺术字字母高度、设置艺术字竖排方式、设置艺术字对齐方式以及设置艺术字字形等。

3）插入文本框

文本框是一种容器，可以把文字或图形等对象放在其中，作为一个图形对象，和其他对象一起进行编辑。选择"插入"|"文本框"命令，或者单击"绘图"工具栏中的文本框和竖排文本框按钮（ ），可以进行文本框的设置。

通常，在预定的位置插入一个文本框以后，就可以输入文字。文本框被创建后，通常是一个矩形框，单击该文本框后，文本框矩形框周围会出现 8 个空心圆点，通过这些圆点，能够改变文本框的大小；右击文本框，从弹出的快捷菜单中选择"设置文本框格式"命令，打开如图 3-26 所示的"设置文本框格式"对话框，对文本框的颜色与线条、文本框大小、版式等内容进行设置。文本框的边框不能被去掉，但可以通过把边框颜色改成"无线条颜色"的方式，使边框不可见。图 3-27 是文本框横竖排放的效果。

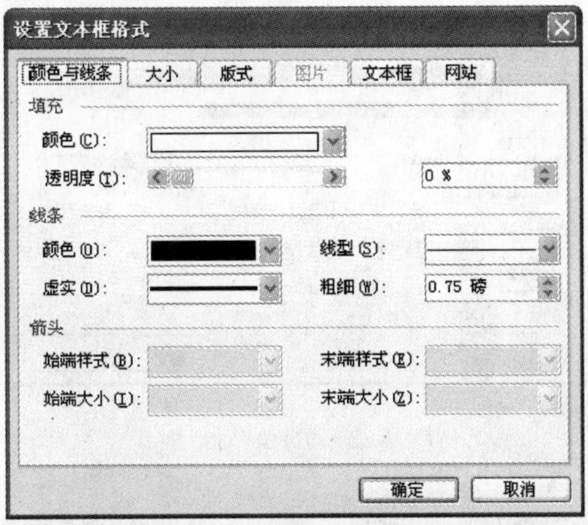

图 3-26 "设置文本框格式"对话框

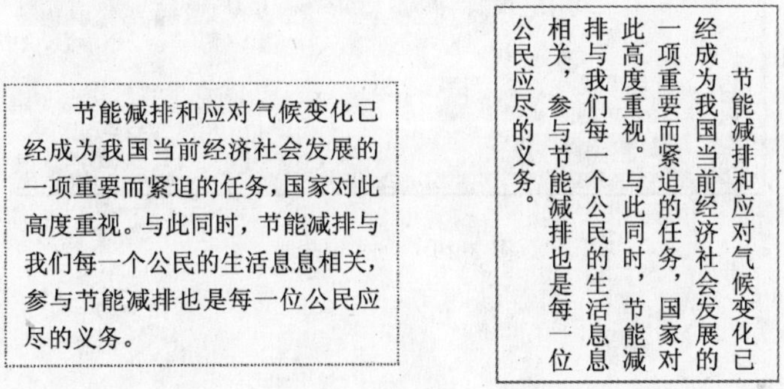

图 3-27 文本框横、竖排放效果

4) 插入公式

在编写论文和专著时,通常需要处理一些数学公式。Word 提供的"公式编辑器"可以方便地创建和编辑各种复杂的数学公式。

插入公式的方法是:选择"插入"|"对象"命令,打开如图 3-28 所示的"对象"对话框,这个对话框提供了可以嵌入在 Word 文档中的各个应用程序对象,选择"Microsoft 公式 3.0"对象,并单击"确定"按钮,则打开如图 3-29 所示的公式编辑器。

公式编辑器提供了各种数学公式的符号模板,在编辑器中单击所需的模板,就可以进行公式的输入了。

例如,创建公式 $F(y) = \int_a^b e^{-x} dx$ 采用如下步骤:

(1) 进入公式编辑器,输入"F(y)= "。

(2) 选择积分模板中的积分类型( ):

$$F(y) = \int$$

(3) 在如(2)中所示积分模板中的虚线方框内分别输入积分上下限以及被积函数,输入

图 3-28 "对象"对话框

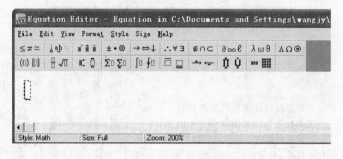

图 3-29 公式编辑器

后效果如下：

$$F(y) = \int_a^b e$$

（4）输入带上标的 e^x，则再次利用上下标模板，选取上标模式（▓），生成如下所示样式，在 e 的上标矩形框内输入上标：

$$F(y) = \int_a^b e^{\square}$$

（5）在和字符 e 平行的位置直接输入 dx，即可完成公式的制作了：

$$F(y) = \int_a^b e^x \, dx$$

5）实现图文混排

通常，Word 文档中的图片、文本框、艺术字以及公式等对象要和文档中的文字进行混排，才能显示出各种图文并茂的效果。前面介绍的图片、文本框、艺术字以及公式等对象都可以作为图形来处理，这些对象和文档中正常编辑的文字是不同的，所以它们之间存在着几种位置的关系，尤其是图片，和文字的位置可以存在于不同的层面上。

右击各种插入对象，弹出的快捷菜单中会有"设置图片格式"、"设置艺术字格式"或"设置文本框格式"等选项，选择后会打开格式对话框，单击"版式"标签，如图 3-30 所示。

对象的版式是指在对象与文字共同排版时对象和文字的位置。版式共有 5 种形式。

（1）嵌入型：表示对象的位置处于文字中间。

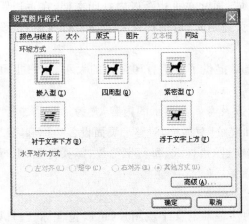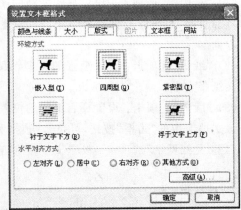

图 3-30　各类格式对话框之"版式"选项卡

(2) 四周型：文字环绕在对象周围。

(3) 紧密型：文字环绕在对象周围。

(4) 衬于文字下方：对象在下、文字在上，文字会覆盖对象。

(5) 浮于文字上方：对象在上、文字在下，对象会覆盖文字。

2. 页面排版

页面排版反映了文档的整体外观和显示输出的效果，页面排版包括页面设置、页眉和页脚设置、脚注和尾注设置等。

1) 页面设置

Word 提供的页面设置功能能够调整整个页面的布局，使文档中的内容在页内有个合理而美观的布局。选择"文件"|"页面设置"命令，打开如图 3-31 所示的"页面设置"对话框，对话框中有 4 个选项卡可供设置。

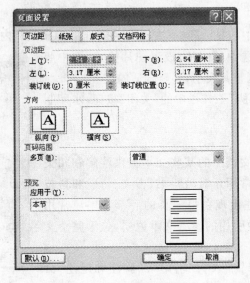

图 3-31　"页面设置"对话框

（1）"页边距"选项卡：设置打印文档的区域，通常在页边距以内打印文档，在页边距上打印页眉页脚、页码以及脚注和尾注。在设置页边距时，可根据需要增加装订线位置、设置打印方向等。

（2）"纸张"选项卡：设置纸张的类型，Word提供了常用打印纸张的大小，用户也可以自定义纸张大小。

（3）"版式"选项卡：设置页眉页脚的位置以及奇偶页显示的内容，并为每行添加行号。单击该选项卡中的"边框"按钮，可打开"边框和底纹"对话框，对整个页面设置边框和底纹。

（4）"文档网格"选项卡：设置文字排列方向、网格样式、每行字符数、每页行数、每行跨度等。

2）页眉和页脚

页眉和页脚是在每一页顶部和底部加入的注释性的文字或图片，可以包含标题、日期、页码以及文档名等信息，页眉和页脚的作用域在整个文档。选择"视图"|"页眉和页脚"命令，打开如图3-32所示的"页眉和页脚"工具栏，这时在页面顶端会出现矩形编辑区域，可对页眉进行修饰。单击工具栏中的页眉和页脚切换按钮，切换至页脚区域进行编辑。页眉和页脚区域的位置受页边距的设置影响。

图 3-32 "页眉和页脚"工具栏

建立在页眉和页脚中的文字、图片等对象，可以像一般文字或图片一样进行格式化；要取消已经设置的页眉和页脚，只需选中页眉或页脚区域，按Del键即可；要退出页眉和页脚编辑，单击工具栏中的"关闭"按钮即可。

在许多重要的文件中常常要设置文档的背景，如一些隐约可见的文字或图案，通常称之为"水印"。创建水印的方法有很多种，可以利用插入图形在某一页上设置"水印"；也可以用页眉页脚功能在文档的每一页上制作"水印"效果。利用页眉页脚制作水印的具体操作如下：

（1）选择"视图"|"页眉和页脚"命令，弹出"页眉和页脚"工具栏。

（2）单击该工具栏中的显示/隐藏文档文字按钮 隐藏文档内容。

（3）在文本中插入选中的图片，设置图片格式，选中版式为"衬于文字下方"，调整其大小，移至合适的位置。

（4）单击"页眉和页脚"工具栏中的"关闭"按钮，水印制作完成。

3）脚注和尾注

脚注和尾注用于为文档中的某些文本提供注解和相关的参考资料说明。脚注常用于对教科书、古文、诗歌和科技文章进行注释说明，脚注出现在每一页的底部。尾注常用于作者介绍、科技论文中引用的参考文献说明，位于整个文档的结尾。

选中文本内容，选择"插入"|"引用"|"脚注和尾注"命令，打开如图3-33所示的"脚注和尾注"对话框，可以分别对

图 3-33 "脚注和尾注"对话框

"脚注"和"尾注"的编号格式进行设置。

脚注和尾注由两个相互关联的部分组成：注释引用标记和相对应的注释文本。

(1) 注释引用标记：指明脚注或尾注中被引用的标记，可以是数字、字符等。

(2) 注释文本：在注释区域内的任意长度的文本。用注释分隔符来区分文本和注释。

一个脚注示例如图 3-34 所示。

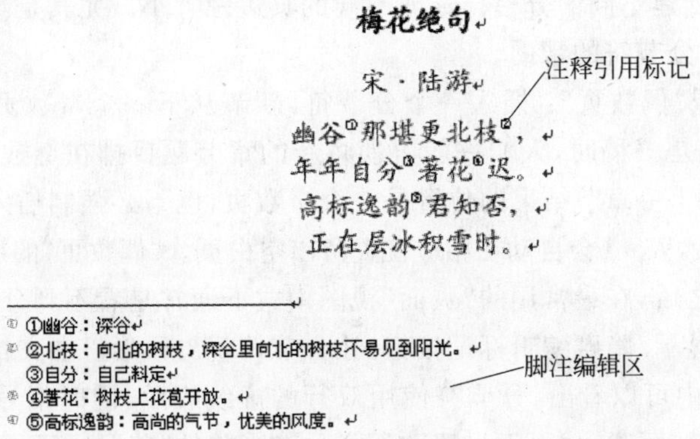

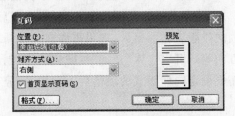

图 3-34　脚注示例

4) 分页

在制作完一篇文档后，往往需要对每一页设置页码，这时选择"插入"|"页码"命令，打开如图 3-35 所示的"页码"对话框，可以对页码位置、页码对齐方式以及是否在首页显示页码进行设置。单击"页码"对话框中的"格式"按钮，打开"页码格式"对话框，可以对页码格式中的数字格式、页码编排进行设置，并为文档设置页码。

图 3-35　"页码"对话框

5) 分节

在 Word 中，每次开启一个新的空白文档时，都可以在 Word 窗口的左下角发现"1 页 1 节"的字样。由此可以知道，在此文档中只包含一个"节"。所谓"节"，就是 Word 用来划分文档的一种方式。之所以引入"节"的概念，是因为在编辑文档的时候，有时并不是从头到尾所有的页面都采用相同的外观，这时，可用"节"在一页之内或两页之间改变文档的布局。

分节符包含以下信息：页面方向（横向或纵向）、页边距、分栏状态、纵向对齐方式、行号、页眉和页脚样式、页码、纸型大小及纸张来源。

选择"插入"|"分隔符"命令，打开"分隔符"对话框。在该对话框中列出了分节符类型选项。分节符的类型包括以下几项。

(1) 下一页：插入一个分节符，新节从下一页开始。在插入此分节符的地方，Word 会强制分页,新的"节"从下一页开始。如果要在不同页面上分别应用不同的页码样式、页眉和页脚文字,以及想改变页面的纸张方向、纵向对齐方式或者纸型,应该使用这种分节符。

(2)连续:插入一个分节符,新节从同一页开始。插入"连续"分节符后,文档不会被强制分页。但是如果"连续"分节符前后的页面设置不同,例如纸型和纸张走向等,即使选择使用"连续"分节符,Word 也会在分节符处强制文档分页。"连续"分节符的作用主要是帮助用户在同一页面上创建不同的分栏样式或不同的页边距大小。尤其是当要创建报纸样式的分栏时,更需要连续分节符的帮助。

(3)"奇数页"或"偶数页":插入一个分节符,新节从下一个奇数页或偶数页开始。在编辑长篇文稿,尤其是书稿时,人们一般习惯将新的章节题目排在奇数页,此时即可使用该分节符。注意:如果上一章节结束的位置是一个奇数页,也不必强制插入一个空白页。在插入"奇数页"分节符后,Word 会自动在相应位置留出空白页。"偶数页"的用法同上,不再赘述。

插入了分节符之后,在最常用的"页面"视图模式下通常是看不到分节符的。这时,单击"常用"工具栏上的显示/隐藏编辑标记按钮,让分节符现出原形。在文档中显示的分节符如图 3-36 所示。从图中可以看出,分节符使用双行的虚线表示,同时括号里注明了该分节符的类型。双击分节符,可弹出"页面设置"对话框,对当前的"节"进行页面设置。

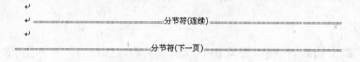

图 3-36　分节符

分节符是排版的好帮手,不过它的作用可能并不局限于我们通常所想象的那些。例如,用户可以把设定好版式的分节符保存在自动图文集中,这样在以后使用时,直接插入该自动条目即可,省去了许多烦琐的排版工作。另外,如果需要在一个新的小节运用前面某个小节的版式(例如纸型及纸张方向等),可以进入"普通"视图模式,复制包含前面小节排版信息的分节符,然后把它粘贴到需要设定同样版式的段落后。这样,新分节符上方的文字也自动遵循同样的版式。

3.1.5　制作长文档

对于一些需要由多人合作来共同编辑的长文档,Word 提供了长文档的某些编辑功能,比如,可以为文档添加目录,并且目录的内容可以跟踪文档中的相应章节的内容和页码进行更新,可以由不同的人员为文档添加自己的修改意见供原作者快速修订文档内容,可以利用主控文档管理多人编辑的长文档,等等。

1. 样式

样式是系统或用户自定义并保存的一系列排版格式,在一篇长文档中,重复地设置各个段落的格式不仅是个烦琐的工作,而且很难保证多个段落的格式完全相同。使用样式可以轻松便捷地编排具有统一格式的段落。因此,在编辑一篇长文档时,可以将文档中要用到的各种样式分别定义。Word 提供了标准样式,用户也可以根据需要定义自己的样式。

1) 创建样式

选择"格式"|"样式和格式"命令,打开如图 3-37(a)所示的"样式和格式"窗体,对所选定的文本段落做修饰。单击该窗体中的"新样式"按钮,打开如图 3-37(b)所示的"新建样式"对话框,修改各项属性值和格式。选中"添加到模板"复选框,则可创建用户满意的新样式。

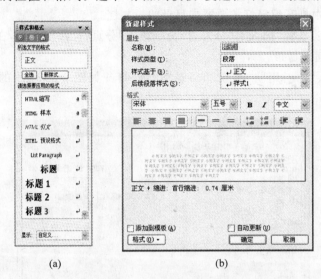

(a)   (b)

图 3-37 "样式和格式"窗体和"新建样式"对话框

2) 删除样式

用户自定义的样式可以被删除,Word 自带的样式可以从当前文档中删除,但对于其他文档该样式还继续存在。删除样式同样是通过"样式和格式"窗体进行的,选中需要删除的样式,按 Del 键即可。

2. 大纲视图与纲目结构

在写论文的时候,一般先拟定论文提纲,再完成论文内容的编写,提纲拟定的好坏直接决定了文章写作的质量高低。Word 为用户提供了能识别文章中各级标题样式的大纲视图,以方便作者对文章的纲目结构(在 Word 中,文章的纲目结构是通过不同级别的标题段落即"样式"加以控制的)进行有效的调整。

在大纲视图中调整纲目结构,主要是通过大纲视图中的"大纲"工具栏中的功能按钮来实现的,如图 3-38 所示,这些按钮在图中从左至右依次为"提升到标题1" 、"提升" (如将"标题 3"重新设为"标题 2")、"降低" (如将"标题 2"重新设为"标题 3")、"降为"正文文本" 、"上移" 、"下移" 、"展开" (将图 3-38 中标记为胖加号 的下属内容展开)、"折叠" (隐藏正文文字,只显示"标题"样式)等。

图 3-38 "大纲"工具栏

3. 制作目录

编辑 Word 文档时,使用 Word 提供的"样式"将使得添加目录的工作简化。为 Word 长文档添加目录(其实就是给出一个文档中各级标题的列表),可以使用标题"样式"或"大纲级别",这里仅介绍前者,具体操作如下:

(1) 在 Word 中打开编辑好的要添加目录的长文档。

(2) 在文档开头选择"插入"|"分隔符"命令插入"分页符"添加新页,在新页第一行输入"目录"并回车,以插入目录。

(3) 选择"插入"|"引用"|"索引和目录"命令,打开如图 3-39 所示的"索引和目录"对话框。

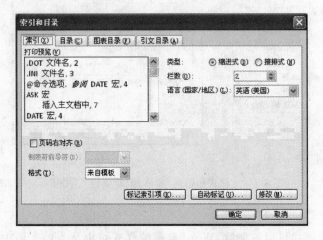

图 3-39 "索引和目录"对话框

(4) 单击"目录"标签,打开如图 3-40 所示的"目录"选项卡,单击"确定"按钮完成文档目录的插入。

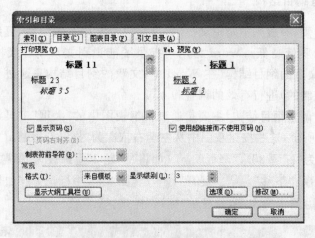

图 3-40 "索引和目录"对话框中的"目录"选项卡

4. 批注

为文稿添加批注即对文稿进行"审阅",在长文档中是经常要使用的。具体操作如下:

(1) 打开要进行审阅的文档进行审阅。

(2) 发现文档中有需要改进的地方,审阅者选中需要改进的内容。

(3) 选择"插入"|"批注"命令,被选中的文字则变成粉色底纹,在批注编辑框中输入审阅者的意见或建议即可。添加批注的例子如图 3-41 所示。

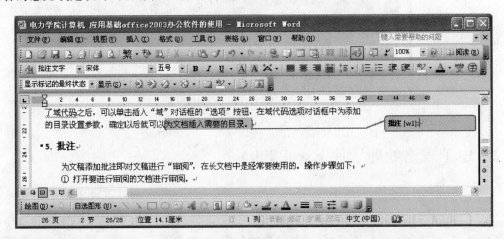

图 3-41 添加批注示例

(4) 审阅完文稿将其返回给原作者进行修改,作者打开经审阅后的文稿,只要将鼠标指针指向粉色批注区域,Word 应用程序就会提示批注意见。要重新编辑批注或者对批注进行删除,只需右击批注区域,在弹出的快捷菜单中选择相应的命令即可。

3.1.6 文档的打印

Word 文档编辑好了以后,只是保存在计算机上的一些数据信息,往往需要进一步的操作,使得编辑好的文字材料被打印成册。通常在打印输出之前,还要对当前的文档进行页面外观的检查,保证使用的打印机与系统中设置的打印机类型相一致,避免打印时出现错误。

1. 打印预览

在文档打印之前,可以通过"打印预览"的方式检查文档的页面版式设置等是否合适。选择"文件"|"打印预览"命令,观察打印后的效果。

2. 打印文档

当一切准备就绪,选择"文件"|"打印"命令或单击"格式"工具栏中的打印按钮 ,打开如图 3-42 所示的"打印"对话框。对打印机、要打印的页面范围等进行设置后,单击"确定"按钮,Word 将自动完成打印工作。

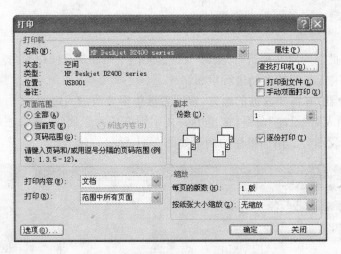

图 3-42 "打印"对话框

3.2 电子表格处理软件 Excel 2003

Excel 2003 是 Microsoft Office 2003 套装软件的重要组成部分,也是当前应用最为广泛的电子表格处理软件。本节将系统讲解 Excel 2003 的功能与应用,包括工作簿和工作表的基础知识、创建和编辑工作表、公式和函数的应用、图表和图形、数据透视表以及数据筛选和数据排序等数据管理的功能。

3.2.1 电子表格的基本操作

1. 电子表格的启动和基本概念

1) 启动 Excel 2003

启动 Excel 2003 有以下 3 种方式:

(1) 选择"开始"|"所有程序"|Microsoft Office|Microsoft Office Excel 2003 命令,打开 Excel 2003。

(2) 双击桌面快捷图标 ![] 启动 Excel 2003。

(3) 双击需要打开的 Excel 文档图标 ![] ,启动 Excel 2003 并打开该文档。

2) Excel 2003 文档窗口

Excel 应用程序启动后,出现如图 3-43 所示的文档界面。

Excel 窗口是由多种元素构成的,包括标题栏、菜单栏、"格式"工具栏和编辑栏,还有工作簿窗口。工作簿窗口又包括工作表标签、行号、列标、垂直和水平拆分框以及垂直和水平滚动条等。

3) Excel 基本概念

和 Word 字处理软件界面不同的是,Excel 包含工作簿、工作表等一系列概念。

(1) 工作簿(Book):是 Excel 用来存储工作数据的文件,以 .xls 为后缀名保存。初始

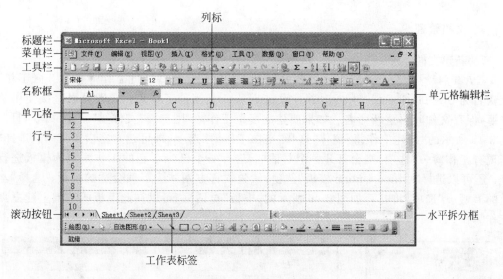

图 3-43 Excel 窗口及工作簿窗口

建立 Excel 文档时,默认文件名为 Book1.xls。

(2) 工作表(Sheet):是 Excel 界面的主体,一个工作簿默认包含 3 张工作表,以 Sheet1~Sheet3 来命名,并可以重命名,还可以根据需要增加或删除,一个工作簿最多可包含 255 张工作表。

一张工作表由若干行(1~65 536)和若干列(列号 A,…,Z,AA,AB,…,IV)共 256 列构成。

(3) 单元格:工作表中行列交叉点为单元格,Excel 文档的内容由单元格中的内容组成,输入的数据保存在单元格中。单元格中可以放置不同类型的数据。

(4) 单元格地址:每一个单元格由唯一的地址标识,在界面中的单元格地址栏中显示出当前的单元格地址,地址由单元格所在的行号和列标组成。

(5) 编辑栏:对单元格进行数据输入时,可以在单元格中直接输入数据,也可以利用界面中单元格编辑栏进行数据的输入和编辑。如图 3-44 所示是 A1 单元格进行修改和编辑时编辑栏的状态。"×"表示取消编辑栏内的输入,"√"表示输入确认,"fx"表示当前在编辑栏中使用函数。

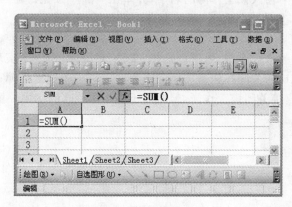

图 3-44 编辑栏

2. 文档管理

1）新建文档

Excel 启动后，会自动建立一个名为 Book1 的空白工作簿。此工作簿包含 3 张工作表，默认名为 Sheet1、Sheet2、Sheet3，并且设定 Sheet1 是当前工作表。一般可以直接使用该工作簿，保存文件时再重新命名。如果要建立多个工作簿，则选择"文件"|"新建"命令，打开如图 3-45 所示的"新建工作簿"窗体，选择"空白工作簿"选项，即可建立空白工作簿；选择"根据现有工作簿…"选项，则会打开一个对话框，选择一个已经存在的工作簿作为模板进行创建；还可以选择"Office Online 模板"选项，从微软官方网站上下载合适的模板；选择"本机上的模板…"选项，将打开如图 3-46 所示的"模板"对话框，可以在此模板的基础上建立新的工作簿。

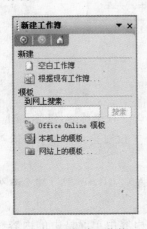

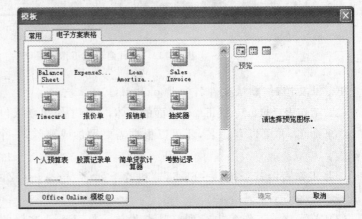

图 3-45 "新建工作簿"
窗体

图 3-46 "模板"对话框

2）打开文档

双击工作簿文件图标![图标]，可以启动 Excel 应用程序，并打开该工作簿。

3）保存文档

选择"文件"|"保存"命令，或单击工具栏上的保存按钮，可以保存当前工作簿。如果是第一次保存该工作簿，则会弹出"另存为"对话框，这时需要用户选择要保存文件的路径，以及在"文件名"文本框中输入该工作簿的名字，并单击"保存"按钮。输入工作簿的文件名时，可以不加后缀".xls"，文件被保存后，系统会自动进行添加。

4）关闭文档

关闭当前工作簿的方式有很多，可以选择"文件"|"关闭"命令来实现工作簿的关闭；也可以利用应用程序窗口的关闭按钮来关闭应用程序同时关闭该工作簿；还可以直接单击文档窗口的关闭按钮，直接关闭该工作簿，但此时不退出 Excel 的应用环境。

3.2.2 数据输入

1. 单元格的选取

创建或打开工作簿以后，接下来的工作就是对该工作簿中的数据进行输入或修改，在

Excel 中,单元格是存储数据的最小空间,输入数据和修改数据都是对单元格进行操作。在对单元格进行操作时,首先要选定单元格,选定的方式有如下几种:

1) 单个单元格的选定

单击要选择的单元格,该单元格即被粗黑边框包围,该单元格成为当前单元格。

2) 某行或某列的选定

单击工作表相应的行号或列标,即可选择一行或一列。这种选择方式在对某一行数据或某一列数据进行格式化时要用到。

3) 多个连续单元的选定(块选)

用鼠标指向选择区域的左上角第一个单元格,按动鼠标左键一直拖动到选择区域的右下角单元格;或单击选择区域左上角第一个单元格,按住 Shift 键,再单击选择区域的右下角单元格,则可以选择一矩形块区域。这种选定方式在做数据输入时有很大用途。

4) 多个不连续单元的选定

选择第一个单元格或单元格区域后按住 Ctrl 键不放,再用鼠标选择其他单元格或其他单元格区域,最后松开 Ctrl 键。这种块选方式在今后制作数据图表时会经常用到。

对于选定的区域,还可以为该范围设置一个名称,选择"插入"|"名称"|"定义"命令,为选定的块命名,也可以直接利用"名称框"来命名。这样做的好处在于可以实现在工作表中快速定位要查找的区域。

2. 输入数据

选定要输入数据的单元格或区域,就可以进行数据输入了。在 Excel 中,数据有多种类型,常见的有文本数据、数值数据、日期和时间数据,还有一些单元格中的数据需要其他单元格中的数据计算得出。这些多样的数据类型的存在使 Excel 表格中的数据可以和其他数据库管理系统进行数据联系。

1) 文本数据

文本数据包括文字、数字、字符等,在单元格中文本是靠左对齐的。有些纯数字字符,比如身份证号码、电话号码等,在对这些字符进行输入时,数字前可以加一个单引号。

2) 数值数据

Excel 的优势在于对各类数据进行计算、汇总、排序等,数值数据在 Excel 中的表现方式也有很多种,比如可以表示成一般形式,可以有小数点,可以表示成货币形式,还可以以科学记数法来表示。在单元格中数值数据是靠右对齐的,当输入的数值整数部分较长时,Excel 用科学记数法表示。

3) 日期时间数据

在建立一些报表时,往往需要输入日期和时间类型的数据,Excel 常用的日期和时间格式有 dd-mm-yy、yyyy/mm/dd、hh:mm AM 等。在输入这些数据时,可以先定义单元格的数据格式为日期或时间类型,然后按照与这些格式相匹配的某种方式输入数据就可以了。

3. 填充数据

在 Excel 中,有时需要对连续的单元格填充大量的数据,这组数据可能相同,也可能具有一系列的规律,Excel 提供了数据填充工具,可以便捷地在单元格内输入数据。

1）填充柄

当选中一个单元格或一个数据块后,该单元格的右下角将会出现一个黑点,这就是"填充柄",如图 3-47(a)所示。当将光标置于该填充柄上的黑点上时,光标将变成一个黑色实心"加号",这时按住鼠标左键向下或向左右拖动鼠标,均会实现该单元格数据按照某种规律进行填充。如图 3-47(b)所示为当鼠标拖动到指定单元格时,该单元格的值为"20072534"。

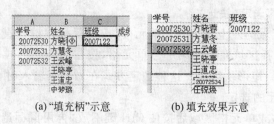

(a)"填充柄"示意　　　　(b)填充效果示意

图 3-47　填充柄

2）序列填充

图 3-47(b)之所以能够进行带序列的填充,这跟系统提供的自动填充功能分不开,一般序列是指具有某种规律或特征的数字序列,如等差数列、日期序列等,也可以通过设定,设定自定义序列。设定自定义序列的方法是:选择"工具"|"选项"命令,打开如图 3-48 所示的"选项"对话框。单击"自定义序列"标签,在"自定义序列"列表框中已经存在很多组序列,也可在"输入序列"列表框中输入自己定义的新序列,单击"添加"按钮,则新序列会自动添加到"自定义序列"列表框中。添加好新序列以后,就可以在本机的 Excel 电子表格中使用了。

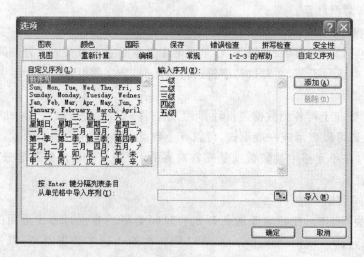

图 3-48　"自定义序列"选项卡

3）多工作表填充

在制作数据报表的过程中,多张表格往往具有相同的内容,如表头、表格式等。Excel也同样提供了多个工作表填充的功能,即实现将一张表格上的内容填充到其他表格的相同位置上。其具体操作如下：

(1) 选中要填充的区域。

(2) 按住 Ctrl 键，单击被填充的工作表。

(3) 选择"编辑"|"填充"|"至同组工作表"命令，从而完成不同工作表中数据的填充。

3.2.3 数据、表格的格式化

1. 单元格的格式化

对单元格进行格式化，包括设置单元格文字格式、对齐方式、行高、列宽以及跨行、跨列合并填充单元格等。对单元格中文字的某些格式化的方法，例如单元格文字的字体格式、对齐方式等和 Word 文档中的格式化内容相同，有些是 Excel 特有的格式化内容。

选择"格式"|"单元格格式"命令(也可在需要设置格式的单元格上右击，选择"设置单元格格式"命令)，打开"单元格格式"对话框，可以对单元格的数据格式、单元格对齐方式、字体、边框、图案等进行设置。

1) 数据

在 Excel 中，数据是表格中的基本内容，系统提供了各种数字格式，当要对某个单元格或某个区域的数据进行格式化时，可以打开如图 3-49 所示的"单元格格式"对话框。单击"数字"标签，在"数字"选项卡中选择需要设置的数据分类类型及显示形式。

如果只需要对一些数据的格式做简单的设置，也可以使用"格式"工具栏上的快捷按钮来实现。"格式"工具栏提供的样式有货币样式 、百分比样式 %、千分位分隔样式 ，、增减小数点位数 等。

2) 设置对齐方式

由于输入单元格中的数据类型不一样，在 Excel 中，各种数据类型都是按照默认的对齐方式对齐的，如文字字符左对齐、数字右对齐、逻辑和错误值居中对齐等。可以利用如图 3-50 所示"单元格格式"对话框中的"对齐"选项卡，设置各类数据的对齐方式。

图 3-49 "单元格格式"对话框之"数字"选项卡

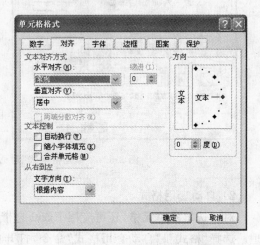

图 3-50 "单元格格式"对话框之"对齐"选项卡

在图中文本对齐方式包括水平对齐和垂直对齐。文本在单元格中如果不能完全显示，则可以设置文本控制方式，进行跨列合并以及跨行合并单元格，使单元格中的文字能够全部显示出来。并且可以选择文本的显示方向，比如竖排文本或以一定角度显示文本。如图 3-51 所示是各种对齐方式的例子。

3）行高和列宽

设置单元格的行高和列宽是对表格进行格式化的常用手段。Excel 电子表格中，单元格的宽度和高度一般有一个默认的值，在对单元格进行数据的输入时，如果数据的宽度大于单元格的宽度，往往显示出来的形式是该单元格的内容被截断，或显示出"#########"的

图 3-51　文本对齐方式示例

形式。这时，用户可以通过鼠标来调整列宽，也可以通过选择"格式"|"列"命令来对选中的单元格设置合适的列宽。

2．表格的边框与底纹处理

在制作表格时，需要对表格进行一些格式化处理，美化表格外观。对表格的处理有两种方式。

1）自定义表格的边框和底纹

选中表格中的有关单元格，选择"格式"|"单元格"命令，打开"单元格格式"对话框。单击"边框"标签，如图 3-52 所示，对选定的单元格进行外边框及内部线条的设置。一般，外边框选取线条样式通常为粗线或双线，内部线条为细线。对于底纹的设置，可单击"单元格格式"对话框中的"图案"标签，设置表格的底纹颜色。

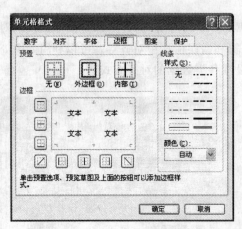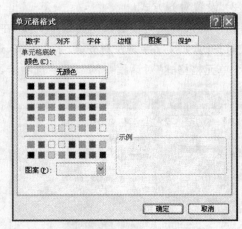

图 3-52　"单元格格式"对话框之"边框"和"图案"选项卡

2）自动套用格式

对于选定的单元格，还可应用 Excel 自带的自动套用格式，对表格进行边框和底纹的处理。选择"格式"|"自动套用格式"命令，打开如图 3-53 所示的"自动套用格式"对话框。选定要套用的表格的样式后，还可以单击"选项"按钮，分别选定要套用的某种格式元素。

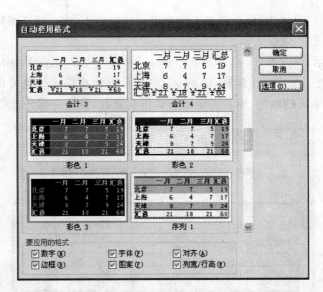

图 3-53 "自动套用格式"对话框

3.2.4 应用公式与函数

1. 公式引用

公式和函数就是数学中常用到的运算公式以及一些函数。它是由运算元素和运算符组成的。在单元格中使用公式计算的时候,必须输入等于号"="后跟具体计算公式/函数的数学表达式,按 Enter 键后,在活动单元格中得到公式/函数计算的结果。

由于在 Excel 中可以对单元格的公式进行复制或移动,这就使得在设置单元格公式的时候要考虑到公式被复制给或移动到其他单元格的情况,也即公式中引用的值的地址表示方式,包括相对引用、绝对引用和混合引用 3 种。

(1) 相对引用指在公式移动或复制时,值地址相对目的单元格发生变化。由列名行号来表示,如 B4。

(2) 绝对引用指在公式移动或复制时,值地址不随复制或移动的目的单元格的变化而变化。在列名行号前都加上 $ 符号来表示,如 A2。

(3) 混合引用指在公式移动或复制时,值地址的一部分为相对引用,一部分为绝对引用,如 A$3,$B5。

2. 公式的输入

公式是数学中的运算公式,由运算数和运算符组成,并且在单元格中输入时以"="开头。其中,运算数可以是常数,也可以是引用其他单元格的内容;运算符可以是常见的算术运算符(+、-、*、/、%、∧)和比较运算符(=、>、<、>=、=<、<>)。输入自定义公式的方式如下:

(1) 选定要输入的单元格。

(2) 输入"="。

（3）输入公式的具体内容（可以在选中的单元格中输入，也可以在编辑栏中输入）。

（4）按 Enter 键结束输入。

如图 3-54 所示，单元格 F6 的内容是 D6 * 0.3＋E6 * 0.7，则在 F6 中输入公式"＝D6 * 0.3＋E6 * 0.7"，然后按 Enter 键确认，则 F6 中显示出计算结果。也可以选择要参与运算的单元，按照公式输入的顺序，输入必要的运算符和常数，最终完成公式的输入。

| IF | ▼ × √ fx | =D6*0.3+E6*0.7 |

	A	B	C	D	E	F	G
1							
2		上海电力学院2007至2008学年第二学期选课名单表					
3		开课信息: 1300002A1 计算机应用基础					
4							
5		学号	姓名	平时	期末	总评	备注
6	1	20071578	汪翼龙	65	78	=D6*0.3+	及格
7	2	20073020	王帅	80	95	E6*0.7	
8	3	20073021	王珅绮	88	99		
9	4	20073022	邓韵	85	97		
10	5	20073023	叶怡	85	90		
11	平均分				91.8		

图 3-54　在单元格或编辑栏内直接输入公式

3. 函数的使用

Excel 还提供一些函数应用于不同的场合中。使用函数可以减少输入公式的工作量，减少出错几率。函数处理数据的方式与自己创建公式处理数据的方式是相同的。例如，需要对 A1～A5 单元格的数据进行求和，一般使用公式"＝A1＋A2＋A3＋A4＋A5"，相应地，Excel 提供函数 SUM，只要在单元格中输入函数公式"＝SUM(A1：A5)"即可，两种方式得出的计算结果是相同的。显然使用函数公式要简便得多。

函数有自己特定的语法规则，使用函数时要严格遵守。所有函数都由该函数的函数名和函数参数组成。函数名表明该函数的功能；函数参数表示参与运算的运算数，可以是常量，也可以是对其他单元格内容的引用。

Excel 引用函数有两种方式：一是选择"插入"|"函数"命令，打开如图 3-55 所示的"插入函数"对话框；二是选择"常用"工具栏中的Σ按钮，这种方式适合于进行常用的运算（如求和、求平均数、最大最小值等）。

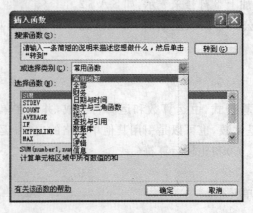

图 3-55　"插入函数"对话框

从图 3-55 中可以看出,Excel 提供的函数类别有多种,每种函数操作针对不同的对象,都有其特定的语法和用途。如图 3-56(a)所示是 AVERAGE 函数引用的例子;图 3-56(b)所示是 IF 函数使用的例子。

(a) 在单元格 E11 中使用 AVERAGE 函数

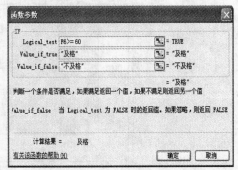

(b) IF 函数的使用及 IF"函数参数"对话框

图 3-56 函数使用的例子

如图 3-56 所示,当为某一单元格设置了公式以后,同样在总评栏中拖动 F6 单元格的填充柄向下至 F10,可以对相应单元格计算总评成绩的公式进行复制,复制后的公式随目的单元格位置的变化而变化,这时采用的是相对地址的引用方式。

3.2.5 图表的应用

在创建表格时一定要进行合理设计,因为所有表格数据组织都是为了分析数据,为管理活动提供有效的信息。用图表来描述电子表格中的数据是 Excel 提供的又一种实用工具。制作图表是为了对数据分析提供帮助,为了得到更多的管理信息,常常还需要对图表数据转置阅读,从不同的角度审视同一组数据。

1. 创建图表

在 Excel 中,建立图表的方式有两种:一种是数据源和表格位于同一张工作表中;另一种是图表单独占用一张工作表。下面介绍创建和数据源在同一张工作表的图表方法。其具体操作如下:

(1) 启动 Excel,新建一张如图 3-57 所示数据表。

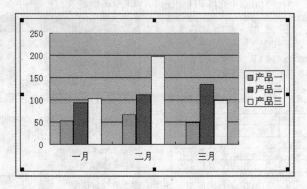

图 3-57 数据表

(2) 选中表格数据区 A3:D6,单击工具栏中的图表向导按钮 █,或选择"插入"|"图表"命令,根据图表向导,快速制作如图 3-58 所示图表。

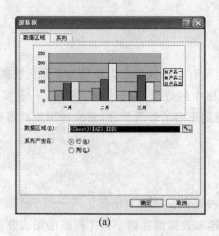

图 3-58 图表

(3) 在图表框内右击,在弹出的快捷菜单中选择"源数据"命令,打开"源数据"对话框,如图 3-59(a)所示。

(4) 在"源数据"对话框中通过将"系列产生在"设置为"行"或"列"来达到图表转置的目的。这里选中"列"单选按钮,单击"确定"按钮即可实现图表转置,如图 3-59(b)所示。

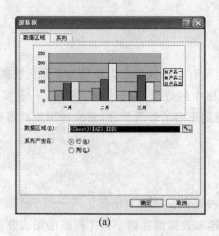

(a)

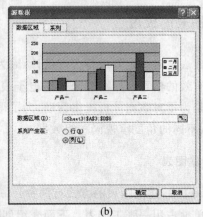

(b)

图 3-59 "源数据"对话框

2. 设置图表元素

组成图表的元素很多,根据图表向导建立了基本图表之后,还要对基于数据的图表元素根据需要重新设置和修改。图表元素包括以下几个部分。

(1) 图表标题:设定图表的标题。

(2) 分类(X)轴:表示按照数据表格的行或列进行分类。

(3) 数值(Y)轴:表示数据表格中的数据值。

(4) 图例:数据系列行或列的类型名。根据系列产生在"行"或"列"进行选择,根据选择,"行"或"列"的类型名就作为图例。它和分类(X)轴是对应的。

(5) 数据标志:除了"数值(Y)轴"可以粗略显示数值以外,在图表上添加数据标志可以精确地显示某个数据系列的值。

(6) 网格线:是图表中的 Y 轴刻度线和 X 轴分类线的总称,可以对 Y 轴数值刻度线进行进一步的划分。

(7) 数据系列:指来源于工作表中一行或一列的数值。图表中的每一组数据系列都以相同的形状、图案和颜色表示。单击这些相同的图案,可以选择某一系列数据进行删除,也可以选择工作表中的一行或一列数据,用鼠标拖至图表中,进行系列数据的添加。

图 3-60 中标明了图表及其各种组成元素。

3. 图表类型

在数据处理过程中不同的图表类型反映不同的管理目标,用直方图可以突出显示数据间差异(多少和大小)的比较情况;用线形图表可以分析数据间变化的趋势;用饼形图表可以描述数据间比例分配关系的差异。

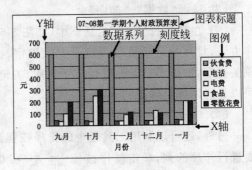

图 3-60　图表及各种组成元素

3.2.6 数据管理

1. 表格数据筛选

筛选是指按一定的条件从表格中提炼显示满足条件的数据,暂时隐藏不满足条件的数据。筛选功能是 Excel 提供的一个非常有用的数据管理工具。筛选的方法是将活动单元格移动到工作表清单的任意位置,然后选择"数据"|"筛选"命令。有两种筛选方式:自动筛选和高级筛选。

1) 自动筛选数据

(1) 选择"数据"|"筛选"|"自动筛选"命令,进入筛选清单环境。

(2) 单击"列"标记旁边的下拉箭头,出现筛选条件列表,选择筛选条件(包括全部、前10个、自定义以及该列中的所有项等)。各个筛选条件的含义如下。

* 全部:此时筛选清单列出所有的记录。

- 前10个：列出表单中前10项数据，也可以自行设定列出的数据项数，比如列出前20项、前35项等。
- 自定义：选择"自定义"选项，可以打开"自定义自动筛选方式"对话框，设定组合的筛选条件。

如果在某列的下拉列表中选定某一特定的数据，则列出与该数据相符的记录，也就是说，其列数据的数值等于选定的该列的数据的数值的所有记录将被列出来。

2）高级筛选

用户在使用电子表格数据时，经常需要查询/显示满足多重条件的信息，使用高级筛选功能进行组合查询可以弥补自动筛选功能的不足。有兴趣的读者可以查阅Excel相关资料，学习实践"高级筛选"的相关操作，在此不再赘述。

2. 数据排序

排序指的是将表格中的数据按指定列的数据（字母按顺序、数值按大小、时间按顺序）递增（升序）或者递减（降序）进行排列。下面分别介绍有关筛选与排序的实现方法。

利用菜单功能进行排序的具体操作如下：

（1）选定所要排序的表格数据。

（2）选择"数据"|"排序"命令。

（3）在打开的"排序"对话框中（如图3-61所示）设定排序方法，排序的时候可以设定主要关键字、次要关键字、第三关键字，即按多重条件进行排序，每个关键字排序的时候可以是递增或是递减的。

（4）单击"确定"按钮进行排序。

图3-61 "排序"对话框

另外，还可以利用工具栏中的排序按钮进行排序，选中要进行排序的列，单击排序按钮 ↓↑ ↑↓ 可以进行降序、升序排列。

在进行排序时，如果选定的排序区域不够完整，Excel会进行排序警告。

3. 分类汇总

分类汇总是数据分析显示的重要手段。分类汇总提供了大量的公式和函数。在对数据进行分类汇总之前，应该将数据整理规范。

以教师基本情况表为例，如图3-62所示，同一个职称的教师可能出现在分散的几行或者说几条记录中。为了汇总同一个职称的人数，需要先将这些记录进行整理使同一职称的教师记录紧接在一起。最方便快捷的方法就是对这些表格数据（记录）按照职称进行排序。创建简单分类汇总的方式如下：

（1）选中要汇总的表格，选择"数据"|"分类汇总"命令，打开如图3-63所示的"分类汇总"对话框。

（2）在"分类字段"下拉列表框中选择要进行分类的字段，此处选择"Title"字段。

（3）"汇总方式"有多种，因为要求统计的是人数，所以在此选择"计数"方式。

（4）在"选定汇总项"列表框中选中Title，则汇总的结果将在这一列显示出来。

TeacherCode	TeacherName	AcadCode	Sex	Age	EnterDate	Title	Telephone
01010101	刘炎林	03	男	50	23800	教授	63478923
01010102	王玉顺	02	女	42	31395	副教授	63243223
01010103	黎念青	01	男	40	34643	副教授	23478923
01010104	陈志明	09	男	55	24420	讲师	63243923
01010105	任炎慈	11	女	60	21169	教授	54323923
01010106	王语锋	02	男	40	29448	副教授	63432342
01010107	梅维锋	03	男	24	37240	助教	52346887
01010108	郭泉	05	男	25	36864	助教	63655444
01010109	杨正栋	08	男	52	23719	教授	63478923
01010110	刘振伟	06	女	35	36517	讲师	67793358
01010111	杨靖康	09	男	40	25795	副教授	63546546
01010112	郑震俊	04	男	42	35780	副教授	65445443
01010113	周晓宇	02	男	49	21638	副教授	67798825
01010114	温青青	05	女	32	33017	讲师	67793324
01010115	刘一君	04	男	26	35672	助教	63458929
01010116	潘佳	05	女	58	22303	副教授	63432233
01010117	黄蓉	13	女	36	28389	副教授	63478445

图 3-62　教师基本情况表图　　　　　　　　图 3-63　"分类汇总"对话框

（5）单击"确定"按钮，完成汇总操作，结果如图 3-64 所示。

	TeacherCode	TeacherName	AcadCode	Sex	Age	EnterDate	Title	Telephone
3	01010103	黎念青	01	男	40	34643	副教授	23478923
4	01010106	王语锋	02	男	40	29448	副教授	63432342
5	01010111	杨靖康	09	男	40	25795	副教授	63546546
6	01010112	郑震俊	04	男	42	35780	副教授	65445443
7	01010113	周晓宇	02	男	49	21638	副教授	67798825
8	01010102	王玉顺	02	女	42	31395	副教授	63243223
9	01010116	潘佳	05	女	58	22303	副教授	63432233
10	01010117	黄蓉	13	女	36	28389	副教授	63478445
11							副教授 计数	8
12	01010104	陈志明	09	男	55	24420	讲师	63243923
13	01010110	刘振伟	06	女	35	36517	讲师	67793358
14	01010114	温青青	05	女	32	33017	讲师	67793324
15							讲师 计数	3
16	01010101	刘炎林	03	男	50	23800	教授	63478923
17	01010109	杨正栋	08	男	52	23719	教授	63478923
18	01010105	任炎慈	11	女	60	21169	教授	54323923
19							教授 计数	3
20	01010107	梅维锋	03	男	24	37240	助教	52346887
21	01010108	郭泉	05	男	25	36864	助教	63655444
22	01010115	刘一君	04	男	26	35672	助教	63458929
23							助教 计数	3
24							总计数	17

图 3-64　分类汇总结果

　　除以上简单分类汇总之外，还可以创建多级分类汇总，在此不再详述，感兴趣的同学可以查阅相关 Excel 资料。

4. 数据透视表

　　分类汇总适用于按照一个字段进行分类，并对一个或多个字段进行汇总。如果要对多个字段进行分类汇总，则需要用 Excel 提供的数据透视表完成。利用"数据透视表"向导，可以对已有表格中的数据进行交叉制表和汇总。

仍以教师表为例,建立数据透视表,分别统计在教师中每项职称中男、女同志所占的人数。

(1) 单击要创建数据透视表的数据列表中的任一单元格,选择"数据"|"数据透视表和数据透视图"命令,打开"数据透视表和数据透视图向导"对话框。

(2) 根据向导,选定要创建透视表的数据源,并确定透视表所在的位置,然后单击"布局"按钮,打开如图 3-65 所示的"数据透视表和数据透视图向导——布局"对话框。

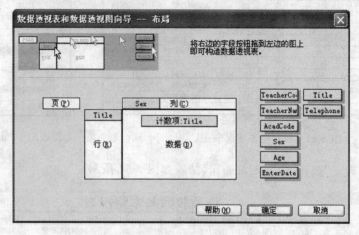

图 3-65 "数据透视表和数据透视图向导——布局"

(3) 在对话框中拖动要分类汇总的字段,分别到"行"和"列",这里选择"Title"到"行","Sex"字段到"列";仍然以"Title"的计数为"数据(D)"。

(4) 单击"确定"按钮,即在新的工作表中生成数据透视表,如图 3-66 所示,同时,出现"数据透视表字段列表"和"数据透视表"工具栏,这时可以根据需要对行列字段进行添加,还可以拖动相应字段到"请将页字段拖至此处"的位置,设置页标识。

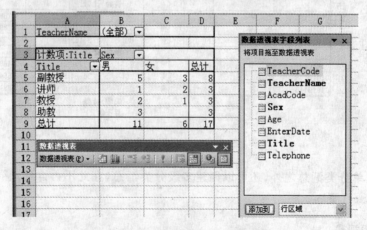

图 3-66 可以再次修改的透视表

(5) 最后生成的数据透视表如图 3-67 所示,这时,每个字段区域都有一个下拉按钮🔽,单击该按钮可以看见该字段中所有的数据值。

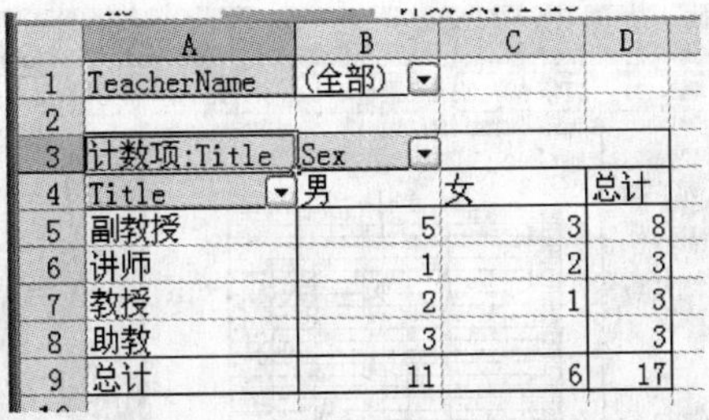

	A	B	C	D
1	TeacherName	(全部)		
2				
3	计数项:Title	Sex		
4	Title	男	女	总计
5	副教授	5	3	8
6	讲师	1	2	3
7	教授	2	1	3
8	助教	3		3
9	总计	11	6	17

图 3-67 最后生成的数据透视表

3.2.7 数据表格打印

1. 页面设置

选择"文件"|"页面设置"命令,打开如图 3-68 所示的"页面设置"对话框,包含"页面"、"页边距"、"页眉/页脚"、"工作表"4 个选项卡。

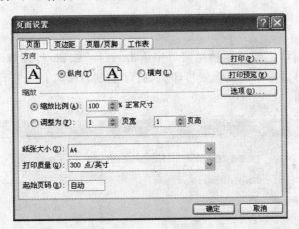

图 3-68 "页面设置"对话框

(1)"页面"选项卡:对打印方向、打印比例以及纸张大小、起止页码等进行设置。

(2)"页边距"选项卡:对表格在纸张上的位置进行设置,包括左右边距、上下边距以及页眉页脚的边界距离。

(3)"页眉/页脚"选项卡:对页眉、页脚进行设置。

(4)"工作表"选项卡:对打印的内容区域、打印标题、打印顺序等进行设置。

2. 打印预览

打印之前,可以预览打印效果,进行打印预览的方式很多,常用的是单击"常用"工具栏上的打印预览按钮,或选择"文件"|"打印预览"命令,打开如图 3-69 所示的打印预览窗口,在预览时可以通过"缩放"按钮将页面放大或缩小,通过"设置"按钮对页面重新进行设置。

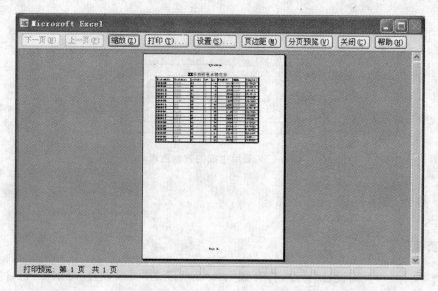

图 3-69   打印预览窗口

3. 打印

在"页面设置"对话框或打印预览窗口中单击"打印"按钮,打开如图 3-70 所示的"打印内容"对话框,在该对话框中可以设置打印机、打印范围、打印内容、打印份数等。然后单击"确定"按钮开始打印。

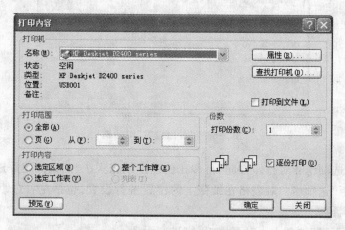

图 3-70   "打印内容"对话框

3.3   多媒体演示文稿软件 PowerPoint 2003

PowerPoint 是 Microsoft Office 的一个组件,使用 PowerPoint 可以创建内容丰富、形象生动、图文并茂、层次分明的幻灯片,而且可以将制作的幻灯片在计算机上演示或发布到网站浏览。作为一个表达观点、传递信息、展示成果的强大工具,PowerPoint 在社会上得到了广泛应用。本节介绍演示软件的常用功能和基本使用方法。

3.3.1 演示文稿的制作

1. 演示文稿的启动和基本概念

1) 启动 PowerPoint 2003

可以通过以下 3 种方式启动 PowerPoint 2003：

(1) 选择"开始"|"所有程序"|Microsoft Office|Microsoft Office Powerpoint 2003 命令，打开 PowerPoint 2003。

(2) 双击桌面快捷图标 启动 PowerPoint 2003。

(3) 双击需要打开的 Excel 文档图标 ，启动 PowerPoint 2003 并打开该文档。

2) PowerPoint 2003 文档窗口

PowerPoint 应用程序启动后，出现如图 3-71 所示的文档界面。界面中除了前面介绍的 Office 组件常见的菜单栏、"常用"工具栏、"格式"工具栏等界面元素外，还有组成 PowerPoint 自身的元素，包括大纲窗格、幻灯片窗口、备注窗口。

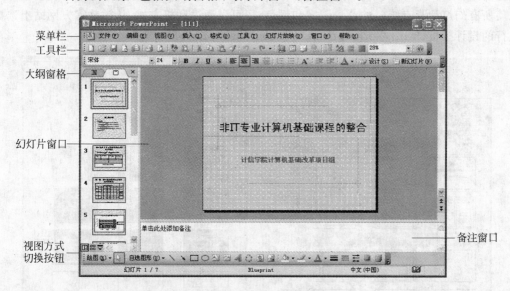

图 3-71 PowerPoint 窗口界面

从文档的设计到最终播放，有 3 种视图方式，这 3 种视图方式是由"视图方式切换"按钮进行控制。

(1) 普通视图：可在该种视图模式下对某一张幻灯片进行内容的设计和修改，版面的设计，各种图形对象、声音对象的插入，以及动画的设置，等等。

(2) 幻灯片浏览视图：在该种视图下，可以对整个演示文稿进行审阅，可以复制、移动、剪切幻灯片，还可以设置每张幻灯片的放映时间、动画切换方式等。

(3) 幻灯片放映视图：可以对设计好的每张演示文稿进行放映，每张幻灯片占据整个桌面。单击幻灯片，可以实现幻灯片的播放；右击某张幻灯片，从弹出的快捷菜单中选择"结束放映"命令，可以退出幻灯片放映视图。

3) 基本概念

演示文稿是一个文档,文档由若干张幻灯片组成,每张幻灯片上有文字、表格、图形以及声音,文档的扩展名为.ppt,文档经过设计,可以通过幻灯进行播放。

(1) 幻灯片版式。

PowerPoint 提供了多种幻灯片版式,供设计者设计幻灯片时选择,每一种版式都是一种幻灯片设计的布局,这种布局实际上是由一系列的对象组成的,包括文本框、图形对象、表格对象等。PowerPoint 主要提供四类版式:文字版式、内容版式、文字和内容版式及其他版式。当插入一张新幻灯片,或选择"格式"|"幻灯片版式"命令,会自动打开如图 3-72 所示的"幻灯片版式"窗体,这时可根据需要选择添加适合的版式。

版式设计是幻灯片制作中的一个重要环节,一个好的布局会有一个好的演示效果,通过在演示文稿中安排各个对象的位置,可以更好地吸引观众的注意力。

(2) 幻灯片设计。

幻灯片设计和版式是不同的概念,"幻灯片设计"是在版式确定的情况下,对演示文档的背景图案、配色方案以及动画方案进行设置。PowerPoint 提供的应用设计模板有多种,可以选择"格式"|"幻灯片设计"命令,会打开如图 3-73 所示的"幻灯片设计"窗体,模板设计可以使所有幻灯片具有统一的背景图案和颜色,还可以通过联机方式,从微软官方网站上选择流行的设计模板(http://office.microsoft.com/zh-cn/templates)。

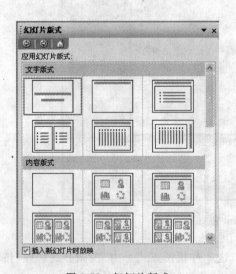

图 3-72　幻灯片版式

图 3-73　幻灯片设计

(3) 备注页。

在制作演示文稿时,应用程序窗口提供了一个"备注窗口"区域,供演讲者对重要的幻灯片做更深入的讲解时使用。备注的内容在演示文稿放映时不显示,但它可以单独地打印输出。选择"视图"|"备注页"命令,也可以对当前幻灯片进行备注说明。

2. 创建演示文稿的过程

根据用户的不同需要,PowerPoint 提供了多种新文稿的创建方式,常用的有"根据设计

模板"、"根据内容提示向导"、"根据现有演示文稿"等方式。如图 3-74 所示,当选择"文件"|"新建"命令时,打开"新建演示文稿"窗体。无论采用何种方式制作演示文稿,只要新建一张幻灯片,则系统就会打开"幻灯片版式"窗体,然后就可以制作幻灯片了。

创建演示文稿的具体操作如下:

(1) 选择幻灯片的版式。

(2) 进行文字的输入、编辑,包括设置文字格式,插入图片、声音等对象。设置文字、图片格式的方法和其他工具软件中的设置方法相同。

(3) 进行幻灯片设计,包括设置幻灯片背景图案、颜色设置、幻灯片中对象的动画播放顺序等。

(4) 保存演示文稿。和其他工具软件中的保存方式相同,在此不再赘述。

(5) 演示文稿打包。将演示文稿复制到 CD,以便在没有 PowerPoint 的机器上进行播放,使当前的 PPT 文档具有兼容性。选择"文件"|"打包"命令,打开如图 3-75 所示的"打包成 CD"对话框,即可实现打包文件的制作。打包后,会生成打包演示文档文件夹,在该文件夹内选择文件名为"pptview"的应用程序,双击该文件即播放演示文稿。

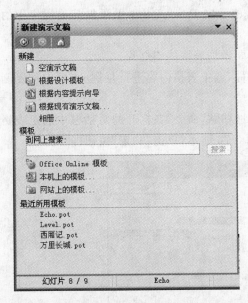

图 3-74　新建演示文稿

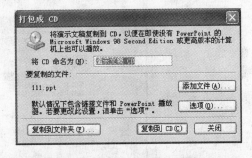

图 3-75　"打包成 CD"对话框

3.3.2　演示文稿的编辑

为了制作图文并茂、有声有色的幻灯片,可以在幻灯片中插入多媒体对象,并给各个对象设置多样的动画效果。用户在建立幻灯片时通过选择"幻灯片版式"为各种插入对象提供了占位符,根据选择的版式,插入各种图片、图表,在文本框中输入文字等。此外,在 PowerPoint 中还提供了插入声音和视频、动作、超链接等功能。

1. 文本框

在演示文稿中存在两种字符类型:字符文字和图形文字。图形文字包括文本框、艺术字或自选图形中的文字。

在演示文稿中输入的文字都是在文本框这种容器中被编辑、修改和格式化的。自选图形被添加上文字后自动转换为文本框,输入的文字可随图形移动或旋转。

在添加一张新幻灯片时,在文字版式中选择相应的版式后,就可以在文本框中输入文字。当自定义幻灯片的版式时,选择"插入"|"文本框"命令,选择"水平"或"垂直"文本框的式样,创建文本框,并设置文本框格式,向文本框中添加文字。

文本框作为承载文字的容器,在演示文稿中设置播放效果时起到了重要的作用。

2. 创建表格

在 PowerPoint 中创建表格有以下几种方式:

(1) 在"幻灯片版式"中,选择一种表格幻灯片版式创建表格。

(2) 选择"插入"|"表格"命令创建表格。

(3) 通过导入其他程序中的表格来创建表格。

可以添加到 Microsoft PowerPoint 中的其他程序中的表格包括 Microsoft Word 表格、Microsoft Excel 工作表或 Microsoft Access 表格。向 PowerPoint 中添加其他程序中的表格的具体操作如下:

(1) 打开 PowerPoint 应用程序,定位到需要添加表格的幻灯片。

(2) 打开被复制的其他程序表格所在的文件,选中表格内容进行复制(本例中被复制的为 Word 表格)。

(3) 在 PowerPoint 中,选择"编辑"|"选择性粘贴"命令,在打开的对话框中选定表格对象(此处为"Microsoft Word 文档 对象"),如图 3-76 所示,单击"确定"按钮即可。

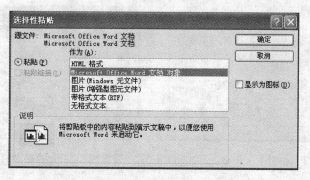

图 3-76 "选择性粘贴"对话框

注意:在"选择性粘贴"对话框中有两种粘贴方式,即粘贴和粘贴链接。粘贴即嵌入对象,粘贴后的对象与源程序文件失去联系;粘贴链接即链接对象,粘贴后的对象会随源程序文件的变动而同步变动,与源文件存在超链接关系。

无论采用哪种方式,在演示文稿上创建表格对象以后,都可以对表格进行修饰。如果 PowerPoint 表格是在 PowerPoint 中直接创建的,通过"表格和边框"工具栏进行修饰,或选择"格式"|"设置表格格式"命令设置表格格式;如果 PowerPoint 表格是通过其他应用程序导入的,则选择"编辑"|"对象"命令设置对象格式。

3. 创建图表

在 3.2 节中讲到图表可以更加直观地反映数据间的各种关系,帮助用户分析表格数据。在演示文稿中使用图表可以帮助讲演者给听众一个直观的视觉效果。在 PowerPoint 中创建图表的方式有以下几种:

(1) 在"幻灯片版式"中,选择图表幻灯片版式实现在幻灯片中添加图表的功能。

(2) 选择"插入"|"图表"命令,或单击工具栏中的插入图表按钮直接插入图表。插入图表后出现"数据表"窗体,如图 3-77 所示,用户可以在其中直接编辑图表数据。

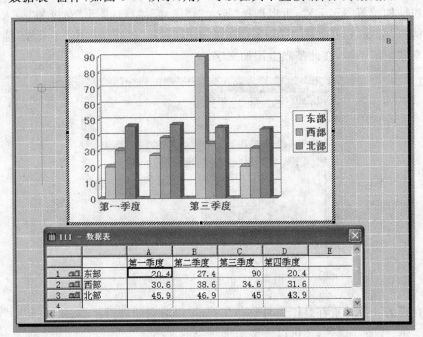

图 3-77 "数据表"窗体

(3) 选择"编辑"|"导入文件"命令选择要插入的图表。

右击插入的图表对象,从弹出的快捷菜单中选择各命令进行图表修饰,包括更改图表类型、数据系列格式等。

4. 插入图片

选择"插入"|"图片"命令,则二级菜单包括插入的对象有"剪贴画"、"来自文件"、"新建相册"、"自选图形"及"艺术字"等选项。主要有以下三类图形对象。

1) 图片

PowerPoint 提供的可插入的图片类型很多,如剪贴画、照片文件等。Microsoft 的剪辑库中提供了丰富的剪贴画图片资料。

(1) 选择"插入"|"图片"|"剪贴画"命令,可以根据关键字搜索本地剪辑库提供的图片,也可以从 Office 官方网站上查找图片添加到演示文稿中。

(2) 选择"插入"|"图片"|"来自文件"命令,打开"插入图片"对话框,可以根据选择的路

径在本地机上选择要插入的图片对象进行插入。

（3）选择"插入"|"图片"|"新建相册"命令，可以选择多个图片对象，制作"相册"演示文稿。

2）艺术字

正如 Microsoft Office 其他应用软件一样，在 PowerPoint 演示文稿中也可以插入"艺术字"，插入的方法及修饰艺术字体的方法在 Word 章节中已经介绍，在此不再赘述。

3）图形和组织结构

制作演示文稿时，往往需要添加一些图形元素，在一些特定场合下，还需要在演示文稿中绘制组织结构图等图形元素，可以选择"插入"|"图片"|"自选图形"命令和"插入"|"图片"|"组织结构图"命令，打开如图 3-78 所示的"自选图形"和"组织结构图"工具栏，选择要添加的图形元素和组织结构，在此基础上添加文字。

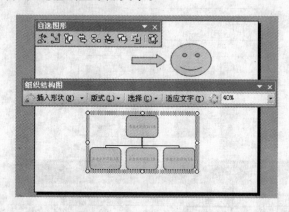

图 3-78　图形工具栏及示例

以上介绍的 3 种元素都是作为对象存在的，可以对它们进行移动、复制、删除等操作，也可以设置颜色、线条等属性，还可以调整图形对象的大小。

5. 插入声音和视频文件

为了使演示文稿具有多媒体的效果，往往需要在演示文稿中添加一些音乐或视频，还可以添加一些 Flash 动画，使制作出来的文档声情并茂。PowerPoint 软件支持多种格式的媒体，比如 mpeg、avi 等视频格式，wav、midi 等多种音频格式。

1）插入声音文件

应用系统提供了多种插入声音的方式，选择"插入"|"影片和声音"命令，可以看到二级菜单中显示出的选项有"剪辑管理器中的声音"、"文件中的声音"、"播放 CD 乐曲"以及"录制声音"。以插入"文件中的声音"为例，介绍插入声音的方法。

（1）准备好声音文件（＊.mid、＊.wav 等格式）。

（2）选中需要插入声音文件的幻灯片，选择"插入"|"影片和声音"|"文件中的声音"命令，打开"插入声音"对话框，如图 3-79 所示，定位到上述声音文件所在的文件夹，选中相应的声音文件，单击"确定"按钮返回。

（3）系统会弹出如图 3-80 所示的提示框，根据需要单击其中相应的按钮，即可将声音文件插入到幻灯片中（幻灯片中显示出一个小喇叭符号）。

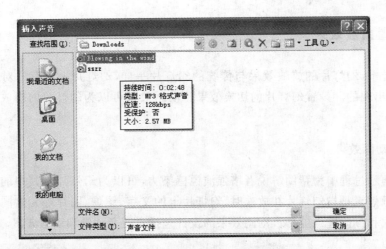

图 3-79 "插入声音"对话框

2) 插入视频文件

应用系统提供两种方式插入视频文件:一是使用"剪辑管理器中的影片",这时可以打开相应的"剪贴画"对话框,选择剪辑库中的视频文件进行插入;二是选择"插入"|"影片和声音"|"文件中的影片"命令,准备好视频文件,选中相应的幻灯片,然后仿照上面"插入声音文件"的操作,将视频文件插入到幻灯片中。

3) 插入 Flash 动画

选择"视图"|"工具栏"|"控件工具箱"命令,打开"控件工具箱"工具栏,如图 3-81 所示。

图 3-80 提示框

图 3-81 "控件工具箱"工具栏

(1) 单击工具栏上的其他控件按钮,在弹出的下拉列表框中选择 Shockwave Flash Object 选项,这时鼠标变成了细十字线状,按住左键在工作区中拖拉出一个矩形框(此为后来的播放窗口)。

(2) 将鼠标移至上述矩形框右下角成双向拖拉箭头时,按住左键拖动,将矩形框调整至合适大小。

(3) 右击上述矩形框,在弹出的快捷菜单中选择"属性"命令,打开"属性"窗口,如图 3-82 所示,在 Movie 选项后面的文本框中输入需要插入的 Flash 动画文件名及完整路径,然后关闭"属性"窗口。

(4) 单击幻灯片放映视图按钮,就可以观看 Flash 动画效果了。

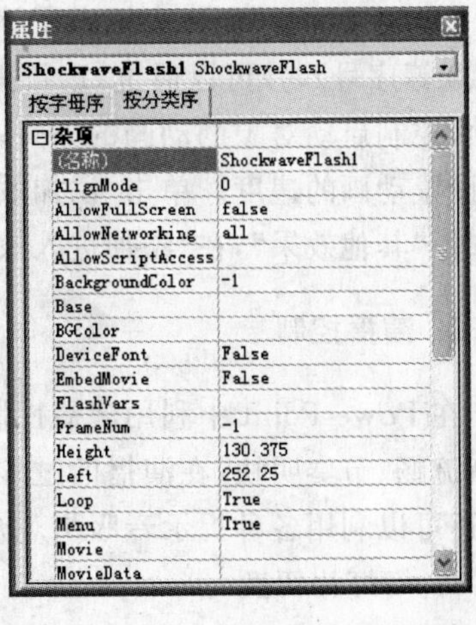

图 3-82 Flash 动画对象"属性"窗口

3.3.3 设置播放效果

默认情况下,幻灯片的放映效果与传统的幻灯片一样,幻灯片上所有的对象都是静态的,都是同时出现的。设置幻灯片的切换效果和动画效果可以为幻灯片的播放增添生动活泼的效果。

1. 设置动画效果

幻灯片演示过程中为帮助解说者增强演说感染力,可以为幻灯片及其中的对象设置动画效果。动画效果是指幻灯片在放映时,幻灯片上的文字、图像、图片等元素同时或先后以各种运动方式和方向进入屏幕。动画效果的设计包括自定义动画和动画方案。

1) 动画方案

动画方案是 PowerPoint 2003 自带的动画设计效果,选择"幻灯片放映"|"动画方案"命令,打开如图 3-83 所示的"幻灯片设计"窗体,在窗体中选择一种动画方案,如图 3-83 所示选定了"弹跳",则幻灯片演示文稿播放的效果图是:每张幻灯片以"向右推出"方式出现;幻灯片标题"弹跳"出现;正文"展开"出现。这种效果可以应用于选定的幻灯片,也可以应用于该演示文稿的所有幻灯片。

2) 自定义动画

有时某张幻灯片在播放时,需要精确地安排该幻灯片上所有对象(包括标题、正文、图片等)的出现次序和出现时的特定效果,这时,可以自定义动画。启动如图 3-84 所示的"自定义动画"窗体有两种方式:

(1) 选择"幻灯片放映"|"自定义动画"命令。

(2) 右击某一对象,从弹出的快捷菜单中选择"自定义动画"命令。

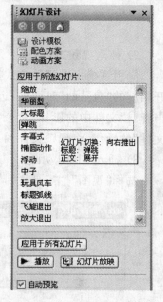

图 3-83 "幻灯片设计"窗体

"自定义动画"窗体中标识了该张幻灯片上的各种对象的出现次序(如图 3-84(a)所示 0、1、2 等序号),并可以通过"重新排序"选项对对象出现的次序重新排序;通过设置"开始"选项,控制启动对象的动画的方式;设置"方向"选项,设置对象出现的方位;设置"速度"选项,设置动画的速度。单击"添加效果"按钮,可以对对象的进入方式等进行设置,还可以通过选择"其他效果",在"添加进入效果"对话框中设置对象进入的方式。

2. 演播控制

在 PowerPoint 中利用演播控制可以实现理想的放映速度、放映方式,使整个讲解过程清晰流畅、节奏明快,在演播的过程中,演示文稿内容重点突出、层次分明,观众能够把握重点,还可以利用各种提示音吸引观众的注意力。

1) 幻灯片切换

幻灯片放映过程中可以设定各张幻灯片的停留时间。选择"幻灯片放映"|"幻灯片切

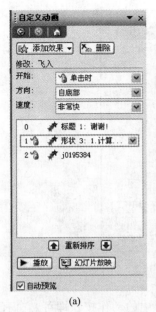

(a)

(b)

(c)

图 3-84　"自定义动画"窗体

换"命令,在如图 3-85 所示的"幻灯片切换"窗体中选择幻灯片切换的方式,选中"每隔"复选框,设置幻灯片的停留时间(此处设为 6 秒),即为该张幻灯片设置了定时放映。选中"单击鼠标时"复选框,则在鼠标单击时切换。要设置成连续放映,则单击"应用于所有幻灯片"按钮即可。

2) 幻灯片页面演播控制

幻灯片页面演播控制包括幻灯片定时放映、连续放映和循环放映。选择"幻灯片放映"|"设置放映方式"命令,打开如图 3-86 所示的"设置放映方式"对话框,在该对话框中选中"循环放映,按 ESC 键终止"复选框,单击"确定"按钮即可。

3) 排练计时

在实际演讲过程中,可以通过排练计时功能来实现幻灯片按实际需要时间进行自动切换,这既可以免去讲演者因手工控制放映切换而被固定在计算机旁边不能与听众进行"更亲密"的交流,又可以帮助讲演者控制演讲速度,把握演说时间。选择"幻灯片放映"|"排练计时"命令,幻灯片立刻进入放映计时状态,讲演者开始演习,演习的过程中通过手工方式来实现对

图 3-85　"幻灯片切换"窗体

象动画和幻灯片的切换,讲解完了之后,整个演讲过程中各张幻灯片所需的放映时间以及整个演示文稿的放映时间被自动记录下来,以后,在选择"幻灯片放映"|"观看放映"命令或单击键盘上的 F5 键进行幻灯片放映时,将按照排练时间自动切换幻灯片。

4) 交互功能

在演示文稿的编辑过程中,可以通过动作按钮、超级链接等功能实现交互式文稿,在幻灯片放映过程中就可以通过这些交互功能实现幻灯片的定向跳转链接。

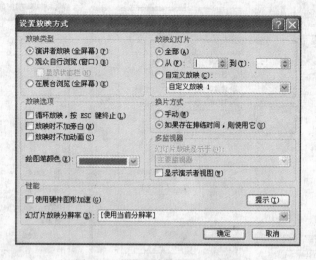

图 3-86 "设置放映方式"对话框

要放置动作按钮,选择"幻灯片放映"|"动作按钮"子菜单中的动作按钮即可,它们已经由软件事先设置好了跳转方式,当然用户可以右击动作按钮,在弹出的快捷菜单中选择"动作设置"命令自行修改。

设置超链接的方法很简单,右击要设置超链接的文字、图片等,从弹出的快捷菜单中选择"超链接"命令,设置超链接的链接目标即可。

在幻灯片放映的过程中,假设需要在幻灯片上进行一些补充勾画以帮助听众理解,可以使用"绘图笔"。在幻灯片上右击,从弹出的快捷菜单中选择"指针选项"子菜单的"绘图笔"命令,鼠标指针会变成一只绘图笔,讲演者可以使用它进行绘图。

5)自定义放映

使用幻灯片自定义放映功能,可以有选择地放映某一份演示文稿中的幻灯片,并且被选中的幻灯片将保留原来设置的动画效果。方法如下:

(1)打开演示文稿,进入 PowerPoint 应用程序窗口。

(2)选择"幻灯片放映"|"自定义放映"命令,打开"自定义放映"对话框,如图 3-87 所示,单击"新建"按钮。

(3)在打开的如图 3-88 所示的"定义自定义放映"对话框中,在"幻灯片放映名称"文本框中输入"自定义放映 2",在"在演示文稿中的幻灯片"列表框中选中要被自定义放映的幻

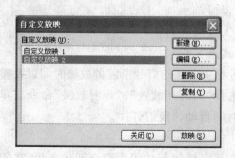

图 3-87 "自定义放映"对话框

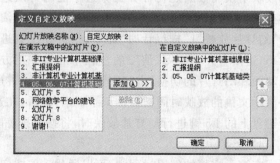

图 3-88 "定义自定义放映"对话框

灯片,单击"添加"按钮,则被选中的幻灯片出现在"在自定义放映中的幻灯片"列表框中(要删除错选的幻灯片,在"在自定义放映中的幻灯片"列表框中选中它,单击"删除"按钮即可),单击"确定"按钮。

(4) 在"自定义放映"对话框中选中要放映的自定义放映(这里是"自定义放映 2"),单击"放映"按钮即可实现自定义放映。

3.3.4　利用母版统一风格

1. 母版与幻灯片风格

幻灯片母版是用来存储关于模板信息的特殊幻灯片。利用母版可以使整个演示文稿的风格统一,就像使用了内容提示向导或设计模板一样,文稿中的每张幻灯片标题样式、正文文本样式及背景等都是一致的。

幻灯片母版包括标题母版(影响应用标题版式的所有幻灯片)、幻灯片母版(影响除标题版式外的所有幻灯片)。

2. 创建母版

创建母版可以自己设计母版的样式(包括字形、背景等),也可以在已有母版上进行修改。最方便的方法是在已有母版的基础上进行修改,步骤如下:

(1) 打开或新建一个演示文稿,选择"视图"|"母版"命令中的"幻灯片母版"命令,进入"幻灯片母版"视图,如图 3-89 所示。

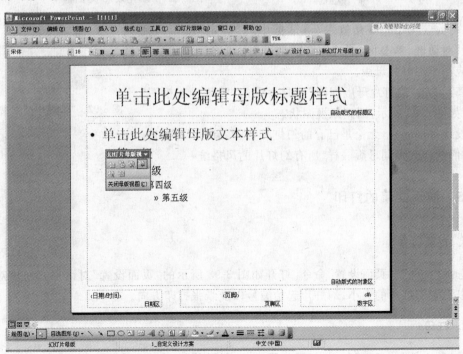

图 3-89　"幻灯片母版"视图

（2）选中要修改格式的项目或对象进行修饰，假设这里希望将标题样式中的字设置成红色字体，则选中标题，选择"格式"|"字体"命令，打开"字体"对话框，将标题中的字体设置成红色。

（3）如果想为母版设置图片背景，选择"格式"|"背景"命令，在如图 3-90 所示的"背景"对话框中，选择下拉列表框中的"填充效果"命令，打开如图 3-91 所示的"填充效果"对话框，在该对话框中，可以选择不同的选项卡，选择要作为背景的各种图片、图案、纹理等效果，为母版设置背景填充。

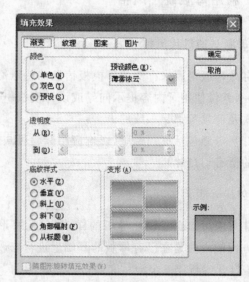

图 3-90 "背景"对话框   图 3-91 "填充效果"对话框

（4）通过单击"填充效果"对话框中的"确定"按钮回到"背景"对话框，单击"全部应用"或"应用"按钮将设定的填充效果应用于幻灯片母版。

（5）单击"幻灯片母版视图"工具栏中的"关闭母版视图"按钮，如图 3-92 所示，回到原视图状态。

图 3-92 "幻灯片母版视图"工具栏

设计好母版后，无论是已有的幻灯片，还是新插入的幻灯片，它们的样式都同母版一样，所有幻灯片的风格统一。

3.3.5 演示文稿的打印

1. 页面设置

选择"文件"|"页面设置"命令，打开如图 3-93 所示的"页面设置"对话框。在该对话框中可以设置幻灯片的大小、幻灯片起始编号以及纸张打印方向。

2. 打印

选择"文件"|"打印"命令，打开如图 3-94 所示的"打印"对话框。在"打印机"选项组中

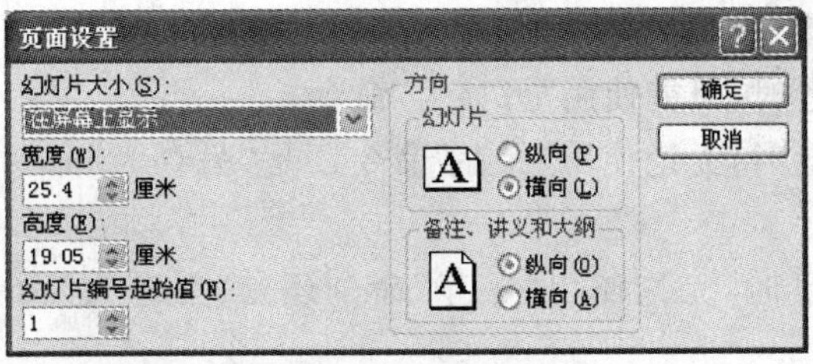

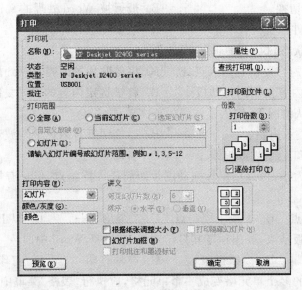

图 3-93 "页面设置"对话框

图 3-94 "打印"对话框

的"名称"下拉列表框中显示要连接的打印机型号,单击"属性"按钮,可以在"打印机属性"对话框中对所选打印机的属性进行设置。在"打印范围"选项组中可以设置要打印的范围。如果选择部分幻灯片进行打印,则要在"幻灯片"后面的文本框中输入打印的幻灯片编号。在"份数"选项组中可以设置打印的份数。在"打印内容"下拉列表框中选择具体的打印内容。可以选择的打印内容有幻灯片(每页打印一张幻灯片)、讲义(每页可以打印 2、3、4、6、9 张幻灯片)、大纲视图(演示文稿的大纲)和备注页(幻灯片的备注)。

习题

一、选择题(请选择一个正确答案)

1. 当选定文档中的非最后一段,进行有效的分栏操作后,必须在_____视图才能看到分栏的结果。

A. 普通　　　　　 B. 页面　　　　　　 C. 大纲　　　　　 D. Web 版式

2. 在 Word 中的"插入"|"图片"命令不可插入_____。

A. 公式　　　　　 B. 剪贴画　　　　　 C. 艺术字　　　　 D. 自选图形

3. 每一个 Office 应用程序的菜单中都有"保存"命令和"另存为"命令,以下概念中正确的是_____。

A. 当文档首次存盘时,只能使用"保存"命令

B. 当文档首次存盘时,只能使用"另存为"命令

C. 当文档首次存盘时,无论使用"保存"命令还是"另存为"命令,都会出现"另存为"对话框

D. 当文档首次存盘时,无论使用"保存"命令还是"另存为"命令,都会出现"保存"对话框

4. Word"文件"菜单底端列出的几个文件名是_____。

A. 用于文件的切换　　　　　　　　B. 最近被 Word 处理的文件名

C. 表示这些文件已打开　　　　　　D. 表示正在打印的文件名

5. 在文本编辑状态,执行"编辑"|"复制"命令后,_____。

A. 将被选定的内容复制到插入点处　　B. 将剪贴板的内容复制到插入点处

C. 将被选定的内容复制到剪贴板　　　D. 将被选定内容的格式复制到剪贴板

6. 在 Word 默认情况下,输入了错误的英文单词时,会_____。

A. 系统铃响,提示出错　　　　　　B. 在单词下有绿色下划波浪线

C. 在单词下有红色下划波浪线　　　D. 自动更正

7. 要调整图片大小,可以用鼠标拖动图片四周任一控制点,但只有拖动_____,才能使图片等比例缩放。

A. 左或右控制点　　B. 上或下控制点　　C. 4 个角之一　　　D. 以上答案都不对

8. 文档编辑排版结束,要想预览其打印效果,应选择 Word 中的_____功能。

A. 打印预览　　　　B. 模拟打印　　　C. 屏幕打印　　　D. 打印

9. 要将表格中的多个单元格变成一个单元格,应执行"表格"菜单中的_____命令。

A. 删除单元格　　B. 合并单元格　　C. 拆分单元格　　D. 绘制表格

10. 若某单元格中的公式为"＝IF("教授"＞"助教",TRUE,FALSE)",其计算结果为_____。

A. TRUE　　　　　　B. FALSE　　　　　C. 教授　　　　　D. 助教

11. 如果将 B3 单元格中的公式"＝C3＋$D5"复制到同一工作表的 D7 单元格中,该单元格公式为_____。

A. ＝C3＋$D5　　B. ＝D7＋$E9　　C. ＝E7＋$D9　　D. ＝E7＋$D5

12. 如果某单元格输入＝"计算机文化"&"Excel",结果为_____。

A. 计算机文化 & Excel　　　　　　B. "计算机文化"&"Excel"

C. 计算机文化 Excel　　　　　　　D. 以上答案都不对

13. Excel 是一种_____软件。

A. 文字处理　　　　B. 数据库　　　　C. 演示文稿　　　D. 电子表格

14. 要在当前工作表(Sheet1)的 A2 单元格中引用另一个工作表(如 Sheet4 中 A2 到 A7 单元格的和),则在当前工作表的 A2 单元格输入的表达式应为_____。

A. ＝SUM(Sheet!A2:A7)　　　　　B. ＝SUM(Sheet4!A2:Sheet4!A7)

C. ＝SUM(Sheet4A2:A7)　　　　　D. ＝SUM(Sheet4A2:Sheet4A7)

15. 当前工作表上有一学生情况数据列表(包含学号、姓名、专业三门主课成绩等字段),如欲查询专业的每门课的平均成绩,以下最合适的方法是_____。

A. 数据透视表　　　B. 筛选　　　　　C. 排序　　　　　D. 建立图表

16. 为了取消分类汇总的操作,必须_____。

A. 执行"编辑"|"删除"命令

B. 按 Del 键

C. 在分类汇总对话框中单击"全部删除"按钮

D. 以上答案都不对

17. 在 Excel 中,"排序"对话框中需要选择 3 个关键字及排序方式,其中_____。

A. 3 个关键字都必须选择　　　　　　B. 3 个关键字都不必选择

C. 主要关键字必须选择　　　　　　　D. 主、次关键字必须选择

18. 以下关于"选择性粘贴"命令的使用,不正确的说法是_____。

A. "粘贴"命令与"选择性粘贴"命令中的"全部"选项功能相同

B. "粘贴"命令与"选择性粘贴"命令之前的"复制"或"剪切"操作的操作方法完全相同

C. "复制"、"剪切"和"选择性粘贴"命令完全可以用鼠标的拖曳操作来完成

D. 使用"选择性粘贴"命令可以将一个工作表中的选定区域进行行、列数据位置的转置

19. PowerPoint 中,在打印幻灯片时,一张 A4 纸最多可打印_____张幻灯片。

A. 任意　　　　　　B. 3　　　　　　　C. 6　　　　　　　D. 9

20. 在 PowerPoint 中,提供的视图显示方式有_____。

A. 普通、幻灯片浏览、大纲　　　　　　B. 普通、幻灯片浏览、幻灯片放映

C. 普通、幻灯片放映、大纲　　　　　　D. 幻灯片浏览、幻灯片放映、大纲

21. 幻灯片间的动画效果通过"幻灯片放映"菜单的_____命令来设置。

A. 动作设置　　　B. 自定义动画　　　C. 动画方案　　　D. 幻灯片切换

22. 打印幻灯片范围 4~9,16,21,表示打印的是_____。

A. 幻灯片编号为第 4 到第 9、第 16、第 21

B. 幻灯片编号为第 4 到第 9、第 16、第 21 到最后

C. 幻灯片编号为第 4 到第 9、第 16 到第 21

D. 幻灯片编号为第 4 到第 9、第 16、第 21 到当前幻灯片

23. 在幻灯片放映中,下面表述正确的是_____。

A. 幻灯片的放映必须是从头到尾全部放映

B. 循环放映是对某张幻灯片循环放映

C. 幻灯片放映必须要有大屏幕投影仪

D. 在幻灯片放映前根据使用者的不同,有 3 种放映方式可供选择

24. 为了使得在每张幻灯片上有一张相同的图片,最方便的方法是通过_____来实现。

A. 在幻灯片母版中插入图片　　　　　B. 在幻灯片中插入图片

C. 在模板中插入图片　　　　　　　　D. 在版式中插入图片

25. PowerPoint 演示文稿的默认扩展名是_____。

A. PTT　　　　　　B. XLS　　　　　　C. PPT　　　　　　D. DOC

二、填空题

1. 对建立的表格,默认状态下为细的单线,要设置为双线,通过_____命令进行

设置。

2. 如果要裁剪图片,可以通过单击"图片"工具栏的_____按钮,然后用鼠标拖动图片的四周控制点;如果要将图片恢复为源图片的效果,可以通过单击"图片"工具栏的_____按钮。

3. 进入"公式编辑器 Equation 3.0"是通过单击_____命令来实现的;在典型方式安装时,"公式编辑器 Equation 3.0"_____安装。

4. 段落缩进排版最快的方法是通过拖动标尺上的缩进符来设置。首行缩进应拖动_____;悬挂缩进应拖动_____;左缩进应拖动_____;右缩进应拖动_____。

5. 对表格加边框线,可通过_____命令,也可通过_____工具栏的_____按钮来实现。

6. 在 Excel 中,对数据列表进行分类汇总以前,必须先对作为分类依据的字段进行_____操作。

7. 函数 AVERAGE(A1：A3)相当于用户输入的_____公式。

8. 函数 COUNT(B2：D3)的返回值是_____。(其中第 2 行的数据均为数值,第 3 行的数据均为文字。)

9. 要将一个工作簿中的一张工作表移动或复制到另一个工作簿中,首先必须同时打开源和目标工作簿,然后拖曳或者用_____命令进行。

10. 要选中不连续的多个区域,按住_____键配合鼠标操作。

11. 创建演示文稿可以通过_____、_____、_____3 种方式实现。

12. PowerPoint 2000 中提供了 4 种视图方式显示演示文稿,它们是_____、_____、_____和_____。

13. 设置超链接有_____、_____两种方式,主要区别是_____。

14. 要停止正在放映的幻灯片,只要按_____键即可。

15. 要使幻灯片根据预先设置好的"排练计时"时间不断重复放映,需要在_____对话框中进行设置。

三、简答题

1. 简述剪贴板的作用。

2. 简述文本框的使用方法。

3. 怎样设置段落的格式?

4. 如何生成长文档中的目录?

5. 简述"节"的概念。

6. 在 Excel 中输入公式有哪些方法? 如何使用 IF 函数?

7. 简述 Excel 中图表生成的过程。

8. 分类汇总有哪些用途? 数据透视表有什么作用?

9. 在 PowerPoint 中如何制作动画?

10. 幻灯片版式和幻灯片设计有什么区别?

第 4 章　计算机网络

人类已步入信息社会。在信息社会初期阶段,计算机应用涉及政治、经济、科技、军事、生活等几乎人类社会生活的一切领域,这称得上一次"计算机革命"。发展至今,社会中不同单位和个人之间要沟通信息,孤立单机的使用已越来越不适应需要,日益强烈的需求引发了"网络革命"。"网络革命"为信息高速公路和信息社会奠定了坚实的基础,这也是衡量一个国家科学技术水平的重要标志。

4.1　计算机网络的基本概念

"网络"这个词早在大型机时代就有了,但是直到 PC 普及之后,才得到迅速的发展。这是因为随着计算机应用的深入,特别是家用计算机越来越普及,众多用户希望能共享信息资源,也希望各计算机之间能互相传递信息,因此,计算机技术迅速向网络化方向发展。

计算机网络是将分布在不同地理位置的计算机设备联成一个网,进行高速数据通信,实现资源(包括硬件、数据和软件)共享和分布处理。计算机网络是计算机技术与通信技术相结合的产物,它包括计算机软硬件、网络系统结构以及通信技术等内容。

4.1.1　计算机网络的形成与发展

计算机网络出现的历史不长,它的形成和发展大致可以分为 4 个阶段。

1. 第一代计算机网络——以单计算机为中心的联机终端网络

20 世纪 50 年代,美国麻省理工学院林肯实验室开始为美国空军设计称为 SAGE 的半自动化地面防空系统。该系统分为 17 个防区,每个防区的指挥中心装有两台 IBM 公司的 AN/FSQ-7 计算机,通过通信线路与防区内各雷达观测站、机场、防空导弹和高射炮阵地的终端连接,形成联机计算机系统。SAGE 系统最先采用了人-机交互作用的显示器,研制了小型计算机形式的前端处理机,制定了 1600bps 的数据通信规程,并提供了高可靠性的多路径选择算法。这个系统最终于 1963 年建成,被认为是计算机技术和通信技术结合的先驱。

在这种"主机-终端"系统中,终端不具备自主处理数据的能力,仅仅完成简单的输入、输出功能,所有数据处理和通信处理任务均由主机完成,主机可以同时处理多个远方终端的请求,负荷重,效率也较低。第一代计算机网络如图 4-1 所示。用今天对计算机网络的定义来看,主机-终

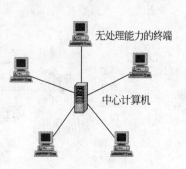

无处理能力的终端

中心计算机

图 4-1　第一代计算机网络

端系统只能称得上是计算机网络的雏形,还算不上是真正的计算机网络,但这一阶段进行的计算机技术与通信技术相结合的研究,成为计算机网络发展的基础。

2. 第二代计算机网络——计算机-计算机网络

20世纪60年代中到70年代中,随着计算机技术和通信技术的进步,将多个单处理机联机终端网络互联起来,形成了以多处理机为中心的网络,为用户提供服务。此外,为了减轻主机的负荷,使其专注于计算任务,专门设置了通信控制处理机(Communication Control Processor,CCP)负责与终端的通信,而主机间的通信由CCP的中继功能间接进行。由CCP组成的传输网络称为通信子网,是网络的内层;网上主机负责数据处理,是计算机网络资源的拥有者,它们组成了网络的资源子网,是网络的外层。它们以通信子网为核心,以资源子网为目的,这类计算机网络是第二代计算机网络,如图4-2所示。美国的ARPANET就是典型的代表,ARPANET为Internet的产生和发展奠定了基础。

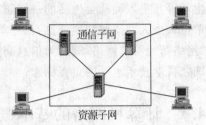

图4-2 第二代计算机网络

3. 第三代计算机网络——网络体系结构和协议标准化的计算机网络

20世纪70年代中期开始,许多计算机生产商纷纷开发出自己的计算机网络系统并形成各自不同的网络体系结构。例如IBM公司的系统网络体系结构(SNA)、DEC公司的数字网络体系结构(DNA)。这些网络体系结构有很大的差异,无法实现不同网络之间的互联,因此网络体系结构与网络协议的国际标准化成了迫切需要解决的问题。1977年国际标准化组织(International Standards Organization,ISO)提出了著名的开放系统互连参考模型(OSI/RM),形成了一个计算机网络体系结构的国际标准。尽管因特网上使用的是TCP/IP协议,但OSI/RM对网络技术的发展产生了极其重要的影响。第三代计算机网络的特征是全网中所有的计算机遵守同一种协议,强调以实现资源(硬件、软件和数据)共享为目的,如图4-3所示。

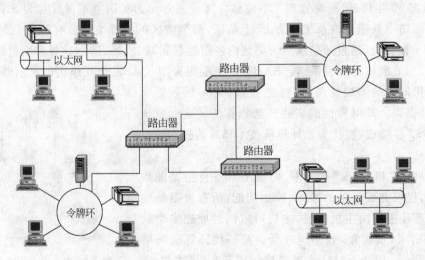

图4-3 第三代计算机网络

4. 第四代计算机网络——高速化和综合化的计算机网络

从 20 世纪 90 年代开始,因特网实现了全球范围的电子邮件、WWW、文件传输、图像通信等数据服务的普及,但电话和电视仍各自使用独立的网络系统进行信息传输。人们希望利用同一网络来传输语音、数据和视频图像,因此提出了宽带综合业务数字网(B-ISDN)的概念。这里宽带的意思是指网络具有极高的数据传输速率,可以承载大数据量的传输;综合是指信息媒体,包括语音、数据和图像,可以在网络中综合采集、存储、处理和传输。由此可见,第四代计算机网络的特点是综合化和高速化,如图 4-4 所示。支持第四代计算机网络的技术有异步传输模式(Asynchronous Transfer Mode,ATM)、光纤传输介质、分布式网络、智能网络、高速网络、互联网技术等。人们对这些新的技术注以极大的热情和关注,正在不断深入地研究和应用。

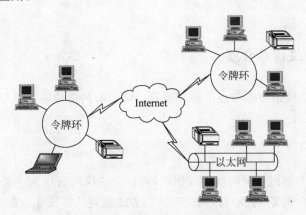

图 4-4 第四代计算机网络

因特网技术的飞速发展以及在企业、学校、政府、科研部门和千家万户的广泛应用,使人们对计算机网络提出了越来越高的要求。未来的计算机网络应能提供目前电话网、电视网和计算机网络的综合服务;能支持多媒体信息通信,以提供多种形式的视频服务;具有高度安全的管理机制,以保证信息安全传输;具有开放统一的应用环境、智能的系统自适应性和高可靠性,网络的使用、管理和维护将更加方便。总之,计算机网络将进一步朝着"开放、综合、智能"方向发展,必将对未来世界的经济、军事、科技、教育与文化的发展产生重大的影响。

4.1.2 计算机网络的定义

1. 计算机网络的定义

在计算机网络发展的不同阶段,人们对计算机网络的理解和侧重点不同,因而提出了不同的定义。从目前计算机网络现状来看,以资源共享观点将计算机网络定义为:计算机网络就是将处于不同地理位置的相互独立的计算机,通过通信设备和线路按一定的通信协议连接起来,以达到资源共享目的的计算机互联系统。如图 4-5 所示,这些设备通过连接实现资源的共享。

2. 计算机网络与多用户系统

按上述的定义,如图 4-1 所示的早期的面向终端的计算机网络实际上不能称为计算机网络,因为那时的终端不是具备独立功能的计算机,只能称为联机系统,也就是通常的多用户系统。

多用户系统与计算机网络的区别是:在多用户系统中的终端一般不具备单独的数据处理能力,而仅仅用做用户的输入/输出设备,因而也被称为"哑终端",它们靠主机 CPU 为每个用户划分的时间片来执行终端用户的应用程序;在系统软件方面,多用户系统采用集中式管理,所有的资料和文件都在主机里,因此安全保密性好,也较少受到计算机病毒的攻击;但是系统的全部数据处理和通信管理的重担都落在主机上,当连接到主机的终端过多时,必然导致主机负担过重,系统响应速度下降。

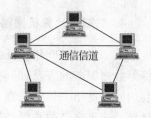

图 4-5 计算机网络

4.1.3 计算机网络传输介质

传输介质是连接网络中各节点的物理通路。常用的网络传输介质有双绞线、同轴电缆、光纤电缆与无线介质。

1. 双绞线

双绞线由两根、4 根或 8 根绝缘导线组成,两根为一线对而作为一条通信链路。为了减少各线对之间的电磁干扰,各线对以均匀对称的方式螺旋状扭绞在一起。

局域网中所使用的双绞线分为两类:屏蔽双绞线(Shielded Twisted Pair,STP)和非屏蔽双绞线(Unshielded Twisted Pair,UTP)。

屏蔽双绞线由外部保护层、屏蔽层与多对双绞线组成。非屏蔽双绞线则没有屏蔽层,仅由外部保护层与多对双绞线组成。双绞线的结构如图 4-6 所示。

根据传输特性的不同,局域网中常用的双绞线可以分为 5 类。目前典型的以太网中,非屏蔽双绞线因为其价格低廉,安装、维护方便和不错的性能而被广泛采用,常用的有第三类、第四类与第五类非屏蔽双绞线,简称为三类线、四类线与五类线,尤其以五类线使用为多。

2. 同轴电缆

同轴电缆由内导体、外屏蔽层、绝缘层及外部保护层组成。同轴电缆可连接的地理范围较双绞线更宽,可达几千米至几十千米,抗干扰能力也较强,使用与维护也方便,但价格较双绞线高。同轴电缆的结构如图 4-7 所示。

图 4-6 屏蔽双绞线和非屏蔽双绞线的结构　　　图 4-7 同轴电缆的结构

3. 光纤电缆

光纤电缆简称为光缆。一条光缆中包含多条光纤。每条光纤是由玻璃或塑料拉成极细的能传导光波的细丝,外面再包裹多层保护材料构成。光纤通过内部的全反射来传输一束经过编码的光信号。光缆因其数据传输速率高、抗干扰性强、误码率低及安全保密性好的特点,是一种最有前途的传输介质。目前,光纤主要有单模光纤和多模光纤两种。单模光纤的传输性能优于多模光纤,但价格也较昂贵。

4. 无线传输介质

最常用的无线传输介质有微波、红外线、无线电、激光和卫星。无线传输介质的带宽最多可以达到几十 Mbps,如微波为 45Mbps,卫星为 50Mbps。室内传输距离一般在 200m 以内,室外为几十千米至上千千米。无线传输是网络的重要发展方向之一,其主要缺点是容易受到障碍物、天气和外部环境的影响。

4.1.4 计算机网络的分类

根据网络的某一特性对计算机网络进行分类的分类方法是多种多样的,下面对其中主要的方法加以介绍。

1. 按网络规模分类

按照网络的规模,可以将网络分为局域网、城域网和广域网。网络的规模是以网上相距最远的两台计算机之间的距离来衡量的。

1)局域网(Local Area Network,LAN)

局域网覆盖有限的地域范围,其地域范围一般不超过几十千米。局域网的规模相对于城域网和广域网而言较小。局域网常在公司、机关、学校、工厂等有限范围内,将本单位的计算机、终端以及其他的信息处理设备连接起来,实现办公自动化、信息汇集与发布等功能。

2)广域网(Wide Area Network,WAN)

广域网也称为远程网。它可以覆盖一个地区、国家,甚至横跨几个洲而形成国际性的广域网络。目前大家熟知的因特网就是一个横跨全球、可公共商用的广域网络。除此之外,许多大型企业以及跨国公司和组织也建立了属于内部使用的广域网络。

3)城域网(Metropolitan Area Network,WAN)

城域网所覆盖的地域范围介于局域网和广域网之间,一般从几十千米到几百千米。城域网是随着各单位大量局域网的建立而出现的。同一个城市内各个局域网之间需要交换的信息量越来越大,为了解决它们之间的信息高速传输问题,提出了城域网的概念,并为此制定了城域网的标准。

值得注意的是,计算机网络因其覆盖地域范围的不同,它们所采用的传输技术也是不同的,因而形成了各自不同的网络技术特点。

2. 按资源共享方式分类

按照资源共享方式,可以将网络分为对等网和客户/服务器网络。

1)对等网

在计算机网络中,倘若每台计算机的地位平等,都可以平等地使用其他计算机内部的资源,每台机器磁盘上的空间和文件都成为公共财产,这种网络就称为对等网。对等网非常适合于小型的、任务轻的局域网,例如在普通办公室、家庭、游戏厅、学生宿舍内建立的对等局域网。

2)客户/服务器网络

如果网络所连接的计算机较多,在 10 台以上且共享资源较多时,就需要考虑专门设立一个计算机来存储和管理需要共享的资源,这台计算机称为文件服务器,其他的计算机称为工作站,工作站里的资源就不必与他人共享。如果想与某人共享一份文件,就必须先把文件从工作站复制到文件服务器上,或者一开始就把文件安装在服务器上,这样其他工作站上的用户才能访问到这份文件。这种网络称为客户/服务器(Client/Server)网络。

3. 按通信传输技术分类

如前所述,计算机网络中根据节点之间链路的连接方式不同可分为共享链路和点-点链路,这两种不同的链路对应两种不同的通信信道——广播通信信道和点-点通信信道。在广播通信信道中,多个节点共享一个公用通信信道,即所有节点均利用公用信道来发送(广播)数据,并从公用信道上接收数据。而在点-点通信信道中,一条链路只能连接一对节点,对于没有直接链路的两个节点,需要通过中间节点来转发。很显然,对于两种不同的通信信道,在传输数据时,需要采用不同的传输技术,即广播(Broadcast)方式与点-点(Point-to-Point)方式。根据网络所使用的传输技术,计算机网络也就可以分为广播式网络(Broadcast Networks)和点-点式网络(Point-to-Point Networks)两类。

1)广播式网络

广播式网络中,所有节点都利用一个公共通信信道来"广播"和"收听"数据。但到底应该由谁来接收数据呢? 通过在发送的数据分组中附带上发送节点的地址(源地址)和接收节点的地址(目的地址),"收听"到该分组的节点都进行将目的地址与本节点地址相比较的操作。如果数据分组的目的地址与本节点地址相同,则表示是发给本节点的数据被接收,其他所有"收听"的节点将丢弃该数据分组。

2)点-点式网络

点-点式网络中,每条链路连接一对节点。如果两个节点之间有直接链路,则可以直接发送和接收数据。如果两个节点之间没有直接链路,它们之间就要通过中间节点来转发数据,传输过程中,由于网络链路结构可能是复杂的,因此中间节点上的接收、存储、路由、转发操作是必不可少的。

点-点式网络与广播式网络的重要区别之一是前者采用数据分组存储、转发与路由选择技术,而后者不需要。

4. 按网络的拓扑结构分类

如果去掉网络单元的物理意义,把网络单元看做节点,把连接各节点的通信线路看做连线,这样采用拓扑学的观点看计算机网络可以说是由一组节点和连线组成的几何图形,拓扑图形中的节点和连线的几何位置就是计算机网络的拓扑结构。计算机网络的拓扑结构类型较多,常见的主要有总线型、星形、环形、树形、全互联型和不规则型等。

1)总线型网络拓扑结构

由一条高速共用总线连接若干个节点所形成的网络拓扑结构如图 4-8 所示,称为总线型网络拓扑结构。在总线型网络中,所有节点连接到一条共享的传输介质上,任何一个节点的信息都可以沿着总线向两个方向传送,并可被总线上任一个节点所接收,这种方式称为广播通信方式。局域网技术中的以太网就是典型的总线型拓扑结构的例子。

2) 环形网络拓扑结构

环形拓扑结构中的节点通过点-点通信线路首尾连接构成闭合环路。环中数据沿一个方向逐节点传送,当一个节点使用链路发送数据时,其余的节点也能先后"收听"到该数据,如图 4-9 所示。环形拓扑结构简单,传输延时确定,但环路的维护复杂。IBM 令牌环网是典型的环形拓扑结构。

3) 星形网络拓扑结构

星形拓扑结构中的各节点通过点-点通信线路与中心节点连接。除中心节点外,任何两节点之间没有直接链路,所有数据传输都要经过中心节点的控制和转发,中心节点控制全网的通信,如图 4-10 所示。星形拓扑结构简单,易于组建和管理。例如,以集线器为中心的局域网是最常见的星形网络拓扑结构。但中心节点的高可靠性是至关重要的,中心节点的故障可能造成整个网络瘫痪。

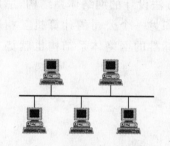
图 4-8 总线型网络拓扑结构

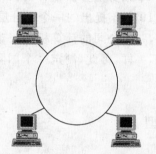
图 4-9 环形网络拓扑结构

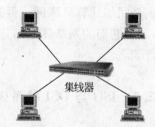
集线器
图 4-10 星形网络

4) 树形网络拓扑结构

树形拓扑结构可以看成是星形拓扑的扩展。树形拓扑结构中,节点具有层次。全网中有一个顶层的节点,其余节点按上、下层次进行连接,数据传输主要在上、下层节点之间进行,同层节点之间数据传输时要经上层转发,如图 4-11 所示。树形拓扑结构适合于一个单位的局域网组建,以实现信息的汇集、转发和管理的要求。

5) 网状网络拓扑

网状拓扑结构中两两节点之间的连接是任意的,如图 4-12 所示。网状拓扑的主要优点是系统可靠性高,数据传输快,特别是任意两节点之间都连接专用链路的情况。但是网状拓扑结构建网费用高昂,控制复杂,目前常用于广域网中。

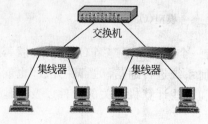
交换机
集线器   集线器
图 4-11 树形网络

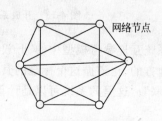
网络节点
图 4-12 网状网络

4.2 计算机网络通信协议

4.2.1 网络通信协议概述

计算机网络最基本的功能就是将分别独立的计算机系统互联起来,使它们之间能够互相通信。通信双方需要进行对话,就必须遵守双方都认可的规则,而在计算机网络中将计算机之间通信所必须遵守的规则、标准或约定统称为网络协议。网络协议是计算机网络的核心问题,由于计算机网络是相当复杂的系统,相互通信的两个计算机系统必须高度协调工作才行,而这种"协调"是相当复杂的。为了设计这样复杂的网络,人们提出将网络"分层"的方法,将庞大而复杂的问题转化为若干较小的局部问题,以便解决。随着网络的分层,将通信协议也分为层间协议,计算机网络的各层和层间协议的集合称为网络体系结构。从 20 世纪 70 年代起,世界上许多著名的计算机公司纷纷推出自己的网络体系结构,如美国 IBM 公司于 1974 年提出的世界上第一个以分层方法设计的网络体系结构,凡是遵循 SNA 的设备可以进行互联;DEC 公司于 1975 年提出的一个以分层方法设计的网络体系结构,适用于该公司的计算机联网。但是,一个公司的计算机却很难和另一个公司的计算机互相通信,因为它们的网络体系结构不一样,因此,制定一个国际标准的网络体系结构也就势在必行了。

4.2.2 ISO 与 OSI 参考模型

1. OSI 参考模型的层次

国际标准化组织(ISO)从 1978 年开始,经过几年的工作,于 1983 年正式发布了最著名的 ISO 7498 标准,它就是开放系统互连参考模型(OSI/RM),如图 4-13 所示。

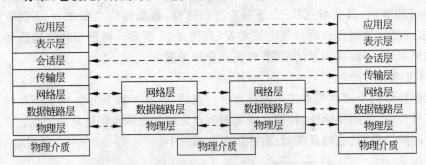

图 4-13 开放系统互连参考模型(OSI/RM)结构

开放系统互连参考模型中的"开放"是指一个系统只要遵循 OSI 标准,就可以和位于世界上任何地方的、也遵循这个标准的其他任何系统进行通信。强调"开放"也就是说系统可以实现"互联"。这里的系统可以是计算机、和这些计算机相关的软件以及其他外部设备等的集合。

OSI/RM 采用的是分层的体系结构。它定义了网络体系结构的七层框架,最下层为第一层,依次向上,最高层为第七层。从第一层到第七层分别命名为物理层、数据链路层、网络层、传输层、会话层、表示层和应用层,分别用英文字母 PH、DL、N、T、S、P 和 A 表示。

2. OSI/RM 各层的主要功能和协议

OSI/RM 定义了每一层的功能以及各层通过"接口"为其上层所能提供的"服务"。

1) 物理层(physical layer)

物理层是 OSI 模型的最低层或第一层。它包括物理网络介质,如电缆、连接器、转发器。物理层协议产生及检测电压以便收发携带数据的信号。物理层能设定数据发送速率并监测数据错误率,但不提供错误校验服务。

2) 数据链路层(data link layer)

数据链路层是 OSI 模型的第二层,控制网络层与物理层之间的通信。它的主要功能是将网络层接收到的数据分割成特定的可被物理层传输的帧。

帧是用来移动数据的结构包,它不仅包括原始(未加工)数据,或称有效载荷,还包括发送方和接收方的网络地址以及纠错和控制信息。其中的地址确定了帧将发送到何处,而纠错和控制信息则确保帧无差错到达。

为了更充分理解数据链路层的概念,暂且假设计算机如同人类一样进行通信。如果你处在一个挤满学生、嘈杂的大教室里,你想向教师提一个问题:"老师,双绞线和光纤都是传输介质,它们各有什么优缺点?"在这个例子中,你是发送方(处于一个繁忙的网络中),你指定了接收方,即老师,就像数据链路层定位网络中的另一台计算机一样;除此之外,你将你的想法格式化成一个问题,正如数据链路层将数据格式化为可被接收计算机理解的帧一样。

如果教室里很嘈杂以至于老师只听到问题的一部分,那将会怎么样呢?例如,他可能听到"双绞线的缺点?"这种错误也将会发生在网络通信中(由于电子干扰或电线问题)。数据链路层的工作及时发现丢失的信息并要求第一台计算机重发信息,正如在教室中,老师会说:"对不起,请重复一遍好吗?"数据链路层通过纠错进程完成这一任务。

通常,发送方的数据链路层将等待来自接收方对数据已正确接收的应答信号。假如发送方不能获得这一应答信号,它的数据链路层将给出指令以重发该信息。数据链路层并不试图找出在发送时出现了什么错误。

在一个嘈杂的教室或一个繁忙的网络中可能存在的另一个通信问题是有大量通信请求。例如,在即将下课时,可能马上就有 20 个人问了老师 20 个不同的问题。当然,他不可能同时注意所有的人,他可能说,"请一个一个来",然后指定一个提问题的学生。这种情形类似于数据链路层对物理层的处置。网络上一个节点(例如服务器)可能接收多个请求,每个请求包含多个数据帧。数据链路层控制信息流量,以允许网络接口卡正确处理数据。

数据链路层的功能独立于网络和它的节点所采用的物理层类型,它也不关心是否正在运行 Word、Excel 或使用 Internet。

3) 网络层(network layer)

网络层是 OSI 模型的第三层,其主要功能是将网络地址翻译成对应的物理地址,并决定如何将数据从发送方路由到接收方。例如,一个计算机有一个网络地址 192.168.10.12(若它使用的是 TCP/IP 协议)和一个物理地址 0060973E97F3。以教室为例,这种编址方案就好像说"张老师"和"身份证号是 120102560418092 的中国公民"是一个人一样。即使在中国还有其他许多教师也叫"张老师",但只有一个人的身份证号是120102560418092。在你的教室范围内只有一个张老师,因此当叫"张老师"时,回答的人一定不会弄错。

网络层通过综合考虑发送优先权、网络拥塞程度、服务质量以及可选路由的花费来决定从一个网络中节点 A 到另一个网络中节点 B 的最佳路径。在网络中,"路由"是基于编址方案、使用模式以及可达性来指引数据的发送。网络层协议还能补偿数据发送、传输以及接收设备能力的不平衡性。为完成这一任务,网络层对数据包进行分段和重组。分段是指当数据从一个能处理较大数据单元的网络段传送到仅能处理较小数据单元的网络段时,网络层减小数据单元大小的过程。这个过程就如同将单词分割成若干可识别的音节给正学习阅读的儿童使用一样。重组过程就是重新构成被分段的数据单元。类似地,当一个孩子理解了分开的音节时,他会将所有音节组成一个单词,也就是将部分重组成一个整体。

4）传输层（transport layer）

传输层主要负责确保数据可靠、顺序、无错地从 A 点传输到 B 点（A、B 点可能在,也可能不在相同的网络段上）。因为如果没有传输层,数据将不能被接收方验证或解释,所以传输层常被认为是 OSI 模型中最重要的一层。传输协议同时进行流量控制或是基于接收方可接收数据的快慢程度规定适当的发送速率。

除此之外,传输层按照网络能处理的最大尺寸将较长的数据包进行强制分割。例如,以太网（一种广泛应用的局域网类型）无法接收大于 1500B 的数据包。发送方节点的传输层将数据分割成较小的数据片,同时对每一数据片安排一序列号,以便数据到达接收方节点的传输层时,能以正确的顺序重组。该过程称为排序。

再以教室为例来理解排序的过程。假设你提问题,"老师,双绞线和光纤都是传输介质,它们各有什么优缺点?"但是吴老师接收到的信息则是"光纤都是传输介质,优缺点,老师,它们各有什么,双绞线和"。显然,数据片的排序错误会在很大程度上影响网络通信。在网络中,传输层发送一个 ACK（应答）信号以通知发送方数据已被正确接收。如果数据有错,传输层将请求发送方重新发送数据。同样,假如数据在一给定时间段未被应答,发送方的传输层也将认为发生了数据丢失从而重新发送这些数据。

5）会话层（session layer）

会话层负责在网络中的两节点之间建立和维持通信。术语"会话"指在两个实体之间建立数据交换的连接,常用于表示终端与主机之间的通信。所谓终端,是指几乎不具有自己的处理能力或硬盘容量,而只依靠主机提供应用程序和数据处理服务的一种设备。会话层的功能包括建立通信链接,保持会话过程通信链接的畅通,同步两个节点之间的对话,决定通信是否被中断以及通信中断时决定从何处重新发送。会话层通过决定节点通信的优先级和通信时间的长短来设置通信期限。就此而论,会话层如同一场辩论竞赛中的评判员。例如,如果你是一个辩论队的成员,有两分钟的时间阐述公开的观点,在 90 秒后,评判员将通知你还剩下 30 秒。假如你试图打断对方辩论成员的发言时,评判员将要求你等待,直到轮到你为止。最后,会话层监测会话参与者的身份以确保只有授权节点才可加入会话。

6）表示层（presentation layer）

表示层如同应用程序和网络之间的翻译,在表示层,数据按照网络能理解的方案进行格式转化,这种格式转化的结果也因所使用网络的类型不同而不同。表示层管理数据的解密与加密,如系统口令的处理。如果在 Internet 上查询银行账户,使用的就是一种安全连接。

账户数据在发送前被加密,在网络的另一端,表示层将对接收到的数据解密。除此之外,表示层协议还对图片和文件格式信息进行解码和编码。

7) 应用层(application layer)

应用层负责对软件提供接口以使程序能享用网络服务。术语"应用层"并不是指运行在网络上的某个特别应用程序,如 Microsoft Word 应用层提供的服务包括文件传输、文件管理以及电子邮件的信息处理。例如,如果在网络上运行 Microsoft Word,并选择打开一个文件,该请求将由应用层传输到网络。

在 OSI/RM 中,各层的数据单位使用了各自的名称:物理层传送的是"比特流",即 0、1 代码串,数据单位为比特;数据链路层的数据单位为帧;网络层的数据单位为分组;传输层、会话层、表示层和应用层的数据单位为报文。

在发送方,数据从上层流动到下层。一个"报文"可能被分割成多个小的数据片段,每个数据片段加上相应的协议控制信息,即报头,封装形成"分组",每个分组加上必要的协议控制信息而形成"帧"。这就是"封装"的过程。在接收方,则正好是一个反向的过程,即逐层剥去协议控制信息,并进行重新组装,以还原数据。从这里也可以看出报文、分组、帧之间的关系。

4.2.3 TCP/IP 参考模型

OSI/RM 的网络体系结构与协议没有能发展成为一种国际标准。在现实的网络世界中,由于 Internet 在全世界的飞速发展,Internet 上采用的 TCP/IP 协议已经成为事实上的标准,TCP/IP 协议的广泛应用对网络技术的发展产生了重要的影响。

TCP/IP 协议起源于 ARPANET。ARPANET 是美国国防部于 1969 年赞助研究的世界上第一个采用分组交换技术的计算机网络。该网络使用点到点的租用线路,逐步地将数百所大学、政府部门的计算机连接起来,这也就是 Internet 的前身。随着卫星通信系统与通信网的发展,从 1982 年开始,ARPANET 上采用了一簇以 TCP 和 IP 协议为主的新的网络协议,不久,又由此定义了 TCP/IP 参考模型(TCP/IP Reference Model)。

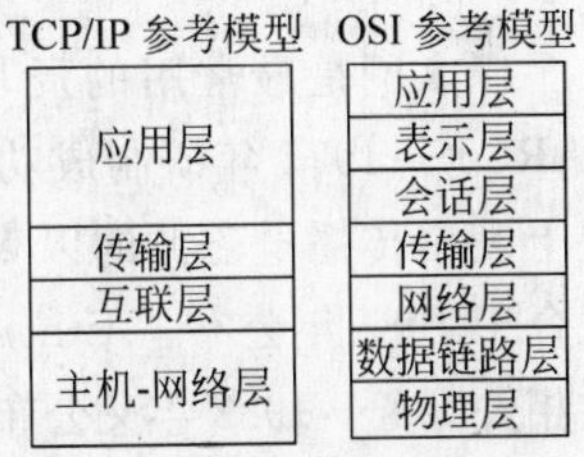

TCP/IP 参考模型包括 4 个层次,从上往下依次为应用层、传输层、互联层、主机-网络层。为了便于理解模型中各层的含义,图 4-14 给出了 TCP/IP 参考模型与 OSI 参考模型的层次对应关系。

TCP/IP 参考模型	OSI 参考模型
应用层	应用层
	表示层
	会话层
传输层	传输层
互联层	网络层
主机-网络层	数据链路层
	物理层

图 4-14 TCP/IP 参考模型和 OSI 参考模型

在 TCP/IP 参考模型中,没有专门设计对应于 OSI/RM 表示层、会话层的分层。各层的功能简述如下。

(1) 应用层:对应于 OSI/RM 模型中的会话层、表示层和应用层。它不仅包括 OSI/RM 会话层以上 3 层的所有功能,还包括应用程序,所以 TCP/IP 模型比 OSI/RM 更简洁、更实用。它能为用户提供若干应用程序调用。

(2) 传输层:对应于 OSI/RM 的传输层。它实现端-端(进程-进程)无差错通信。由于该层中使用的主要协议是 TCP 协议,因此又称为 TCP 层。

（3）互联层：对应于 OSI/RM 的网络层。它负责对独立传送的数据分组进行路由选择，以保证可以发送到目的主机。由于该层中使用的是 IP 协议，因此又称为 IP 层。

（4）主机-网络层：对应于 OSI/RM 的物理层、数据链路层及一部分的网络层功能。它负责将数据发送到指定的网络上。主机-网络层直接面向各种不同的通信子网。目前常用的以太网、令牌环网等局域网和 X.25 分组交换网等广域网都可以通过本层接口接入。

4.3　局域网

4.3.1　局域网概述

局域网（Local Area Network，LAN）是指那些覆盖一个有限的地理范围，如一个办公室、一幢大楼或几幢大楼之间的地域范围的计算机网络系统，适用于机关、学校、公司、工厂等单位。从硬件角度看，局域网是由计算机、网络适配器、传输媒体以及其他连接设备组成的集合体；从软件角度看，局域网在网络操作系统的统一调度下给网络用户提供文件、打印、通信等软硬件资源共享服务功能。局域网是结构复杂程度最低的计算机网络，也是目前应用最广泛的一类网络。

局域网的出现使计算机网络的威力获得更充分的发挥，在很短的时间内计算机网络就深入到各个领域。因此，局域网技术是目前非常活跃的技术领域，各种局域网层出不穷，并得到广泛应用，极大地推进了信息化社会的发展。

4.3.2　以太网

1. IEEE 802.3 标准系列

以太网是最常用的局域网。它是美国施乐（Xerox）公司的 PaloAlto 研究中心（简称 PARC）于 1975 年研制成功的。开始以无源的电缆作为总线来传递数据帧，并以曾经在历史上表示传播电磁波的以太（Ether）来命名。此后，美国的 DEC、Intel 和 Xerox 这 3 家公司联合于 1985 年公布了 Ethernet 技术规范（V1.0 版），并共同研究生产和销售 Ethernet 产品，提供相关服务。1982 年又公布了 V2.0 版。此规范后来被 IEEE 802 接受，成为 IEEE 802.3 标准的基础。根据以太网使用的不同的传输介质又发展为多种物理层标准，形成了 IEEE 802.3 标准系列，如图 4-15 所示。

图 4-15　IEEE 802.3 以太网标准系列

从图 4-15 可以看出，各种类型的以太网的介质访问控制层（MAC）是相同的，不同之处表现在物理层，包括拓扑结构和传输介质的不同。学习局域网，首先要了解局域网的介质访问控制（MAC）方法和相应的物理层标准。对于以太网，要了解 CSMA/CD 机制和以太网定义的物理层标准。

2. IEEE 802.3 标准的介质访问控制(MAC)方法

目前,局域网中应用最多的是基带总线局域网——以太网(Ethernet)。在以太网中没有集中控制的节点,任何节点都可以不事先预约而发送数据。节点以"广播"方式把数据发送到公共传输介质——总线上,网中所有节点都能"收听"到发送节点发送的数据信号。这种机制下,"冲突"是不可避免的,必须有一种介质访问控制方法来进行控制,这种方法就是载波监听多路访问/冲突检测(Carrier Sense Multiple Access with Collision Detection,CSMA/CD),它是一种随机争用型介质访问控制方法。

CSMA/CD 是以太网的核心技术。其控制机制可以形象地描述为:先听后发,边听边发,冲突停止,延迟重发。具体的方法是:在总线型局域网中,任一节点在发送数据前,首先要监听总线是忙状态还是闲状态。如果总线是忙状态,表示总线上已有数据在传输,此时不能发送;如果总线空闲,则可以发送。尽管实行了发送数据前的"监听"操作,但也存在几乎相同的时刻有两个或两个以上节点发送数据的情况,并由此而引发冲突,因此节点必须一边发送数据,一边进行冲突检测。一旦在发送数据过程中检测到有冲突发生,节点应立即停止发送数据。本次传输无效,随机延迟后重新开始发送。

CSMA/CD 介质访问控制方法可以有效地控制多节点对共享总线传输介质的访问,方法简单,易于实现,在网络通信负荷较低时表现出较好的吞吐率与延迟特性。但是当网络通信负荷增大时,由于冲突增多,网络吞吐率下降,传输延迟增加,解决的方法是扩展带宽和采用交换技术。

所有以太网的 MAC 层是相同的,即采用相同的介质访问控制方法,但从图 4-15 可以看出,物理层具有多种不同的标准。IEEE 802.3 标准在物理层为多种传输介质确定了相应的物理层标准,据此也就组成了多种不同类型的以太网。

3. 10Base-T 以太网

10Base-T 以太网是双绞线以太网,其中的 T 表示双绞线星形网,采用 3 类或 5 类非屏蔽双绞线 UTP,双绞线最大长度为 100m,两端使用 RJ-45 接口。由于非屏蔽双绞线构建的以太网结构简单,造价低廉,维护方便,因而应用广泛。采用非屏蔽双绞线组建 10Base-T 标准以太网时,集线器(Hub)是以太网的中心连接设备,其结构如图 4-16 所示。

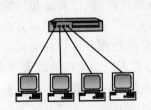

图 4-16 10Base-T 以太网物理上的星形结构

4. 100Base-T 以太网

100Base-T 以太网是保持 10Base-T 局域网的体系结构与介质控制方法不变,设法提高局域网的传输速率。它对于目前已大量存在的以太网来说,可以保护现有的投资,用户只需将 10Mbps 的网卡和集线器更换为 100Mbps 的网卡和集线器(或交换机)即可,因而获得广泛应用。快速以太网的数据传输速率为 100Mbps,保留了 10Base-T 的所有特征,但采用了若干新技术,如减少每比特的发送时间,缩短传输距离,采用新的编码方法等。IEEE 802 委员会为快速以太网建立了 IEEE 802.3u 标准,包括 100Base-TX(采用 5 类非屏蔽双绞线)、100Base-T4(采用 3 类非屏蔽双绞线)、100Base-FX(采用光缆)。

5. 千兆位以太网(Gigabit Ethernet)

千兆位以太网在数据仓库、电视会议、3D 图形与高清晰度图像处理方面有着广泛的应用前景。千兆位以太网的传输速率比快速以太网提高了 10 倍,数据传输速率达到 1000Mbps,但仍保留了 10Base-T 以太网的所有特征。IEEE 802 委员会为千兆位以太网建立了 IEEE 802.3z 标准,包括 1000Base-T(采用 5 类非屏蔽双绞线)、1000Base-CX(采用屏蔽双绞线)、1000Base-LX(采用单模或多模光纤)、1000Base-SX(采用多模光纤)。

4.3.3 无线局域网

随着便携式计算机等可移动网络节点的应用越来越广泛,传统的固定连线方式的局域网已不能方便地为用户提供网络服务,而无线局域网因其可实现移动数据交换,成为了近年来局域网一个崭新的应用领域。

IEEE 802.11 为无线局域网标准,该标准的介质访问控制方法不使用载波监听多路访问/冲突检测(CSMA/CD),而是使用载波监听多路访问/冲突避免(CSMA/CA)方法。无线局域网中采用的传输介质有两种:无线电波和红外线,其中,无线电波按国家规定使用某些特定频段,如我国一般使用 2.4~2.4835GHz 的频率范围。

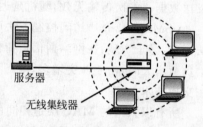

服务器

无线集线器

图 4-17 无线集线器接入型的
无线局域网拓扑结构

无线局域网可以有多种拓扑结构形式。图 4-17 表示一种常用的无线集线器接入型的拓扑结构。

4.3.4 以太网的组网技术

组建一个局域网需要考虑计算机设备、网络拓扑结构、传输介质、操作系统和网络协议等诸多问题。下面介绍一个以服务器/客户机模式工作的 10Base-T 以太网的组网方法。

如前所述,10Base-T 以太网是采用以集线器(Hub)为中心的物理星形拓扑结构。组建 10Base-T 以太网使用的基本硬件设备包括服务器、工作站、带有 RJ-45 接口的以太网卡、集线器、3 类或 5 类非屏蔽双绞线(UTP)和 RJ-45 连接头。非屏蔽双绞线通过 RJ-45 连接头与网卡和集线器相连。网卡与集线器之间的双绞线最大长度为 100m。

10Base-T 以太网典型的物理结构如图 4-18 所示。

下面对组网中的主要设备加以简要说明。

1. 服务器

服务器是整个网络系统的核心,它能为工作站提供服务和管理网络,常选用性能和配置较高的 PC 来担任。可通过软件设置成文件服务器、打印服务器等。一般的局域网中最常

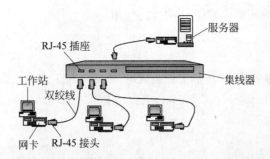

图 4-18　以服务器/客户机模式工作的 10Base-T 以太网的网络结构

用的是文件服务器。

2. 工作站

工作站是接入网络的设备，一般性能的 PC 即可作为工作站来使用。

3. 网卡

网卡是网络接口卡（Network Interface Card，NIC）的简称。网卡的一端通过插件方式连接到局域网中的计算机上，另一端通过 RJ-45 接口连接到 3 类或 5 类双绞线上。

对于专用服务器，需要选用价格较贵、性能较高的服务器专用网卡。但对一般用户，多选用普通工作站网卡。按照网卡的传输速率，可分为 10Mbps 网卡、100Mbps 网卡、10Mbps/100Mbps 自适应网卡（同时支持 10Mbps 与 100Mbps 的传输速率，并能自动检测出网络的传输速率）、1000Mbps 网卡。

注意：上述的普通工作站网卡又称为标准以太网卡，仅适用于台式计算机。便携式计算机联网时所使用的是另一种标准的网卡，即 PCMCIA 网卡。PCMCIA 网卡的体积大小和信用卡相似，目前常用的有双绞线连接和细缆连接两种。它仅能用于便携式计算机。

4. 局域网集线器

集线器是 10Base-T 局域网的基本连接设备。网中所有计算机都通过非屏蔽双绞线连接到集线器，构成物理上的星形结构。一般的集线器用 RJ-45 端口连接计算机，通常根据集线器型号的不同可以配有 8、12、16、24 个端口；为了向上扩展拓扑结构，集线器往往还配有可以连接粗缆的 AUI 端口或可以连接细缆的 BNC 端口，甚至是光纤连接端口。

从节点到集线器的非屏蔽双绞线最大长度为 100m，如果局域网的范围不超过该距离并且规模很小，则用单一集线器即可构造局域网；如果局域网的范围超过该距离或者是联网的节点数超过单一集线器的端口数，则需要采用多集线器级联的结构，或者是采用可堆叠式集线器，如图 4-19 所示。

5. RJ-45 接头

RJ-45 是专门用于连接非屏蔽双绞线（UTP）的设备，因其用塑料制作又被称为水晶头。它可以连接双绞线、网卡和集线器，它的

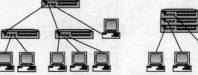

(a) 多集线器级联结构　　(b) 堆叠式集线器结构

图 4-19　多集线器级联结构和堆叠式集线器结构

个头虽小,但在组建局域网中起着十分重要的作用。

6. 局域网操作系统

如前所述,当采用服务器/客户机工作模式时,服务器和工作站上要安装相应的操作系统,例如服务器上可采用 Windows 2000 Server,工作站上可采用 Windows 2000 Professional。

7. 网络协议

局域网中可使用的通信协议包括 TCP/IP、IPX/SPX 和 NetBEUI 共 3 种。由于 TCP/IP 是因特网中使用的协议,几乎所有的操作系统都支持它,所以局域网中使用得最多。IPX/SPX(网际包交换/顺序包交换)是 Novell 公司的网络操作系统 NetWare 中使用的协议。

4.4 Windows 的资源共享和信息访问

Windows 提供了在局域网环境下实现资源的共享和信息的访问,这是 Windows 所提供的网络功能之一。下面介绍如何在局域网环境下使用资源的共享和信息的访问。

4.4.1 添加网络共享服务

如果希望 Windows 计算机提供资源共享,必须为 Windows 的计算机安装服务组件,否则不能将资源共享。

安装"Microsoft 网络文件和打印机"服务组件的具体操作如下:

(1) 在"控制面板"窗口中双击"网络和拨号连接"图标。

(2) 右击"本地连接"图标,在弹出的快捷菜单中选择"属性"命令,在打开的"本地连接 属性"对话框中单击"安装"按钮,出现"选择网络组件类型"对话框。

(3) 在该对话框中选中"服务"选项后单击"添加"按钮,弹出"选择网络服务"对话框,如图 4-20 所示。

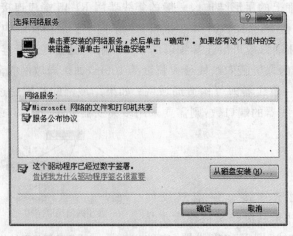

图 4-20 "选择网络服务"对话框

（4）在如图 4-20 所示的对话框中选择"Microsoft 网络的文件和打印机共享"选项，单击"确定"按钮。

如图 4-21 所示的对话框表示已安装了"Microsoft 网络的文件和打印机共享"服务组件。

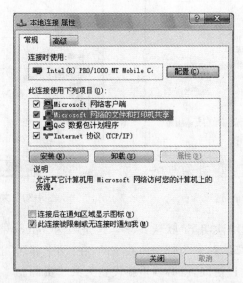

图 4-21　已安装了"Microsoft 网络的文件和打印机共享"的属性对话框

4.4.2　共享某台计算机的资源

1. 文件和文件夹的共享

共享文件或文件夹的具体操作如下：

（1）打开"资源管理器"，右击准备共享的文件或文件夹，从弹出的快捷菜单中选择"共享"命令。

（2）在"共享"选项卡中选中"共享此文件夹"单选按钮，并输入共享名（"网上邻居"看到的名字）、连接的用户数，如图 4-22 所示。如果在共享名后增加一个 $ 符号，则表明这个共享资源是隐藏的共享资源，通过"网上邻居"看不到该共享资源，但可以通过在资源管理器的地址栏中写出共享资源所在的路径来访问，访问格式为"\计算机名\共享名$"。

（3）单击"权限"按钮，设置能够访问共享文件夹的用户、计算机、工作组。在访问权限中根据安全要求可选中"完全控制"、"更改"或"读取"3 种不同级别，这是 Windows 提供的 3 种共享级访问权限控制。图 4-23 表示允许 Everyone 用户对共享资源进行"读取"操作。

① 完全控制权限：允许用户进行读取、更改、删除操作。

② 更改权限：允许用户进行读取、更改操作。

③ 读取权限：允许用户进行读取操作。

2. 共享驱动器

设置共享驱动器的方式和共享文件夹的方式类似，但是其"共享名"文本框中已经填入

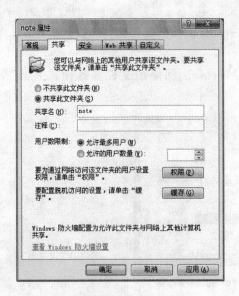

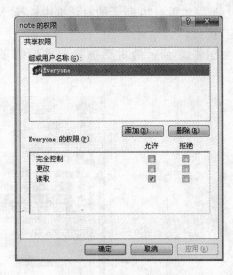

图 4-22 "共享"选项卡　　　　　　　图 4-23　共享权限设置

了"c＄",在"注释"文本框中注明了"默认共享",这是因为 Windows 安装好的系统中,每个驱动器都是默认的共享驱动器,是为管理而共享的,在"网上邻居"上看不到这些驱动器。要想将某个驱动器供其他用户访问,就必须重新设置为共享资源。

设置方法如下:

(1) 右击要共享的驱动器,选择"属性"命令,在驱动器的"属性"对话框中的"共享"选项卡中单击"新建共享"按钮,如图 4-24 所示。

(2) 在"共享名"文本框中输入要使用的共享驱动器名称(如图 4-25 所示),设置"用户数限制"。

(3) 单击"权限"按钮,设置可以访问的用户以及相应的访问权限。

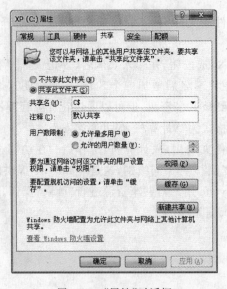

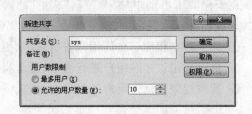

图 4-24 "属性"对话框　　　　　　　图 4-25 "新建共享"对话框

3. 共享一台打印机与安装网络打印机

打印机共享使得不同用户可以共享一台打印机。在打印机服务器上设置共享打印机的具体操作如下：

(1) 将打印机安装到一台计算机上，并安装好打印机驱动程序，这台计算机也称为打印机服务器。

(2) 双击"控制面板"中的"打印机"图标。

(3) 右击欲共享的打印机图标，选择"共享"命令，在弹出的打印机"属性"对话框中选中"共享这台打印机"单选按钮，输入共享名，如图 4-26 所示。

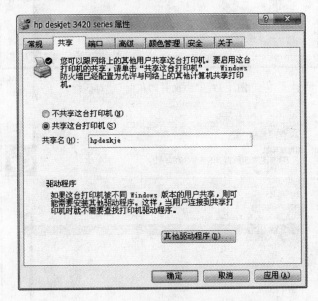

图 4-26 打印机"属性"对话框"共享"选项卡

在打印机服务器上设置打印机为共享资源后，需要在使用网络共享打印机的计算机上安装网络打印机，具体操作如下：

(1) 双击"控制面板"中的"打印机"图标。

(2) 在"打印机"对话框中双击"添加打印机"图标，并单击"下一步"按钮。

(3) 选中"网络打印机或连接到其他计算机的打印机"单选按钮（如图 4-27 所示），单击"下一步"按钮。

(4) 可以直接输入打印机的共享网络名称，也可以单击"下一步"按钮浏览查找网络共享打印机图标。图 4-28 表示通过浏览选择共享打印机。

在"打印机"窗口中即可看到所添加的网络打印机图标。

4.4.3 访问共享资源

1. 通过"网上邻居"访问共享资源

在 Windows 系统桌面上双击"网上邻居"图标，可以查询整个网络上的计算机、磁盘和

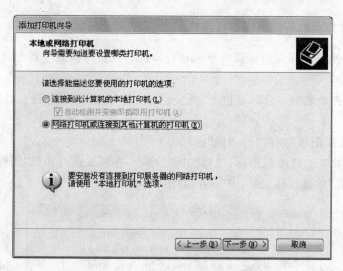

图 4-27 "添加打印机向导"对话框

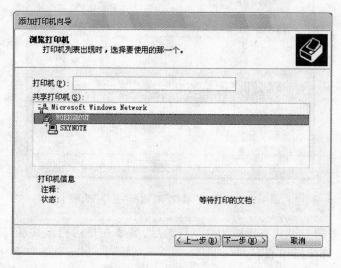

图 4-28 浏览打印机

设备,具体操作如下:

(1)双击"网上邻居"图标,可以浏览工作组中的所有计算机。如图 4-29 所示表示在"网上邻居"上所看到的工作组和邻近的计算机。

(2)双击某个计算机图标,可以查看该计算机上的共享文件和打印机信息。如图 4-30 所示显示了计算机 Skynote 上的共享资源。

2. 通过映射网络驱动器共享资源

为了更方便地使用其他计算机的文件和设备,可以将其他计算机的驱动器、文件夹、设备等映射为本地计算机的一个网络驱动器。这样,使用其他计算机的资源就像使用本地资源一样方便。

图 4-29　工作组中的计算机

图 4-30　访问计算机"Skynote"中的资源

映射的具体操作如下：

（1）双击"网上邻居"图标，在"网上邻居"窗口中选择并打开目标计算机。

（2）右击共享的文件夹图标，从弹出的快捷菜单中选择"映射网络驱动器"命令，打开"映射网络驱动器"对话框。如图 4-31 所示表示映射某个计算机的共享资源。

（3）在该对话框中选择驱动器盘符，单击"完成"按钮即可。在本地计算机中可以看到增加了一个"驱动器"，这个驱动器叫"虚拟驱动器"。

（4）若想断开网络驱动器，在"资源管理器"窗口中右击网络驱动器图标，从弹出的快捷菜单中选择"断开网络驱动器"命令。

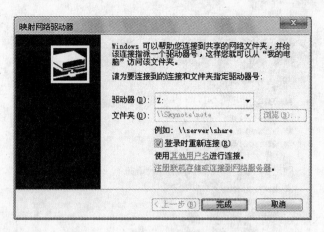

图 4-31 "映射网络驱动器"对话框

3. 快速搜索网络上的计算机

通过"搜索"命令搜索局域网上的计算机,可以快速访问网络上的计算机及共享资源。
搜索的具体操作如下:

(1) 在"开始"菜单中选择"搜索"命令。

(2) 在"搜索结果"窗口中选择"计算机"搜索选项。

(3) 在"计算机名"文本框中输入要查找的计算机名。图 4-32 是搜索计算机名为"Skynote"的网络计算机。

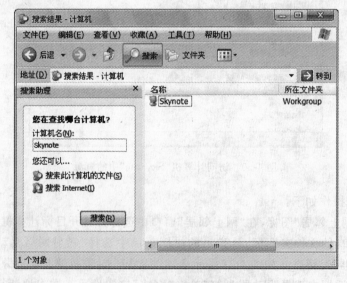

图 4-32 搜索网络上的计算机

(4) 单击"搜索"按钮即可搜索到名为"Skynote"的计算机,并可访问"Skynote"的共享资源。

4.5 Internet 基础

4.5.1 Internet 发展和结构

1. 什么是 Internet

Internet(因特网)是指全球范围内的计算机系统联网。它是世界上最大的计算机网络，是一个将全球成千上万的计算机网络连接起来而形成的全球性计算机网络系统。它使得各网络之间可以交换信息或共享资源。Internet 源于美国国防部互联网，即 ARPANET。1983 年后，ARPANET 分为军用和民用两个领域，再加上美国国家科学基金会建立的通信网络，使得普通科技人员也能利用该网络。随着 TCP/IP 协议的发展与完善，世界各国的网络均以 TCP/IP 协议连接到该网络上，逐渐发展形成目前规模宏大的 Internet。对于 Internet 普通用户而言，Internet 拥有不计其数的网络资源，用户可以从 Internet 上获得所需的信息。目前世界上已有 150 多个国家和地区联网，连接的大型主机就有几百万台，微机则有数千万台。

2. Internet 的层次结构

Internet 采用一种层次结构，即由 Internet 主干网、国家或地区主干网、地区网或局域网以及主机或服务器按层次构成。目前，主干网是美国高级网络和服务公司(Advanced Network and Services，ANS)所建设的 ANSNET。各个国家和地区建设的主干网接入 ANSNET，如我国的四大互联网：中国教育科研网(CERNET)、中国公用计算机互联网(ChinaNET)、中国金桥网(GBNET)和中国科技网(CSTNET)。各个地区的区域网接入国家和地区主干网，各单位的局域网接入地区的区域网，而内部主机和服务器则直接联到局域网上，从而构成 Internet 一种层次化的树形结构。

4.5.2 Internet 的服务

目前，Internet 已发展成为连接全球数以万计局域网的最大的计算机网络系统。在该网络上，用户可以尽享网上信息。这里简要介绍 Internet 提供的服务类型，包括人们最熟悉的电子邮件(E-mail)、新闻组(News Group)、文件传输、远程登录(Telnet)、电子公告板(BBS)，以及 Internet 提供的其他丰富多彩的服务。

1. 网络信息浏览

Internet 的服务是通过支持 WWW 网页技术的网络浏览器实现的，Internet 用户使用网络浏览器能够轻松地访问 WWW 上的信息。它使用超文本链接技术将 Internet 中的资源互相联系起来。通过链接可以浏览 WWW 网页、FTP 服务器的文件目录等。正是 WWW 的出现推动了互联网的迅猛发展，它将 Internet 的优点发挥得淋漓尽致。

2. 电子邮件

电子邮件(E-mail)是人们在 Internet 上广泛使用的信息传递工具,几乎每天都有几千万人通过 Internet 收发电子邮件。电子邮件是目前世界上最有效的信息交换手段之一,因为它与其他通信方式相比具有费用低、速度快、准确性好、交互能力强的特点。电子邮件是伴网而生的,随着它的功能的完善与发展,必将成为未来社会最有力的通信方式。

3. 新闻组

新闻组(News Group)是因特网提供的一项重要服务。最大的新闻组服务器具有 40 000 多个专题讨论区,每个区又有成百上千个讨论话题。它就像一个巨大的商品超市,只要是你感兴趣的,都能在这里找到。因特网上有上千个新闻服务器,分布在世界各地。它能够随时更换消息,任何一条发送到新闻组服务器上的消息在几分钟后就能传遍全球,所以最新的资料及动态新闻往往都出自新闻组。参加了新闻组后,不仅可以阅读新闻,还可以选择感兴趣的话题发言,讲述自己的意见。新闻组提供的服务完全是交互性的。如果有什么技术问题需要解决的话,只要发送信息到新闻组,就会在最短的时间内得到网友的解答。

4. 文件传输

文件传输协议(File Transfer Protocol,FTP)是 Internet 上一种常用的网络应用工具,其基本功能是实现计算机间的文件传输。FTP 由支持文件传输的众多符合国际标准的规定所构成。Internet 用户可以通过 FTP 连接到远程计算机,并在该计算机上查看文件资源以及将所感兴趣的资源(如计算机应用软件、图像文件等)复制到用户计算机中。同时,用户也可将自己计算机中的资源复制到远程计算机中。在 Internet 中,有些计算机专门用来存放各种类型的资源,并且免费提供 FTP 服务,用户只要使用电子邮件地址作为口令并使用匿名账号,便可登录到这些 FTP 服务器上并获取所需的资源。这类 FTP 服务器称为匿名 FTP 服务器。而另一种 FTP 服务器称为非匿名服务器,若用户想访问这类服务器,需要预先在该服务器上注册,才能为用户提供 FTP 服务。

5. 远程登录

远程登录(Telnet)指一台计算机远程连接到另一台计算机上,并在远程计算机上运行自己系统的程序,从而共享计算机网络系统的软件和硬件资源。远程登录使登录到远程计算机的用户在自己的计算机上操作,而在远程计算机上响应,并且将结果返回到自己的计算机上。当然,同 FTP 服务一样,用户必须从欲登录主机的网络管理员那里申请账号并取得口令,才能成为该计算机资源的合法用户。

6. 电子公告板

电子公告板(Bulletin Board System,BBS)与一般街头和校园内的公布栏性质相同,只不过 BBS 是通过计算机来传播或取得消息的。早期的 BBS 都是一些计算机爱好者在自己的家里通过一台计算机、一个调制解调器、一部或两部电话连接起来的,同时只能接受一两个人访问,内容也没有什么严格的规定,以讨论计算机或游戏问题为多。后来 BBS 逐渐进人 Internet,出现了以 Internet 为基础的 BBS,政府机构、商业公司、计算机公司也逐渐建立起自己的 BBS,使 BBS 迅速成为全世界计算机用户交流信息的园地。这些站点都通过专线连接到 Internet 上,用户只要连接到 Internet 上,通过 Telnet 就可以进入这些 BBS。这种方式使同时可以上站的用户数大大增加,使多人之间的直接讨论成为可能。国内许多大学的 BBS 都是采用这种方式,如最著名的可能就是清华大学的"水木清华"(bbs. tsinghua. edu. cn)。

7. 其他丰富多彩的服务

Internet 提供的丰富多彩的服务还有网上看新闻、读报纸、看杂志,网上天气预报,火车、飞机航班订票,网上旅游,网上交易,网上宣传,网上求学,网上图书馆,网上购物,网上听音乐、看电视、看电影,网上人才市场与网上求职,网上求医以及网上游戏等。

4.5.3　Internet 接入

1. Internet 服务提供者(ISP)

Internet 服务提供者(Internet Service Provider,ISP) 能为用户提供 Internet 接入服务,它是用户接入 Internet 的入口点。另一方面,ISP 还能为用户提供多种信息服务,如电子邮件服务、信息发布代理服务等。

ISP 和 Internet 相联,它位于 Internet 的边缘,用户借助 ISP 便可以接入 Internet。目前,各个国家和地区都有自己的 ISP。我国的四大互联网运营机构 ChinaNET、CERNET、CSTNET、GBNET 在全国的大中型城市都设立了 ISP,例如,ChinaNET 的"163"服务,CERNET 对各大专院校及科研单位的服务等。除此之外,还有许多由四大互联网延伸出来的 ISP。

从用户角度来看,只要在 ISP 成功申请到账号,便可成为合法的用户而使用 Internet 资源。用户的计算机必须通过某种通信线路连接到 ISP,再借助于 ISP 接入 Internet。用户计算机通过 ISP 接入 Internet 的示意图如图 4-33 所示。

用户计算机和 ISP 的通信线路可以是电话线、高速数据通信线路、本地局域网等。下面就目前常用的接入技术加以简单介绍。

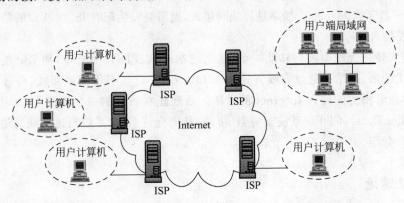

图 4-33　用户计算机通过 ISP 接入 Internet 的示意图

2. Internet 接入技术

1）使用调制解调器接入

使用调制解调器接入是通过电话网络接入 Internet。这种方式下用户计算机通过调制解调器和电话网相联。这是目前家庭上网的常用方法。调制解调器负责将主机输出的数字信号转换成模拟信号，以适应于电话线路传输；同时，也负责将从电话线路上接收的模拟信号转换成主机可以处理的数字信号。常用的调制解调器的速率是 28.8Kbps 和 33.6Kbps，也有的达到 56Kbps。

电话拨号方式下，通过点-点协议（PPP）上网是常见的方法。用户通过拨号和 ISP 主机建立连接后，就可以访问 Internet 上的资源。

2）xDSL 接入

DSL 是 Digital Subscriber Line（数字用户线）的缩写。xDSL 技术是基于铜缆的数字用户线路接入技术。字母 x 表示 DSL 的前缀可以是多种不同的字母。xDSL 利用电话网或 CATV 的用户环路。经 xDSL 技术调制的数据信号叠加在原有话音或视频线路上传送，由电信局和用户端的分离器进行合成和分解。

ASDL（Asymmetric Digital Subscriber Line，非对称数字用户线）是 20 世纪末开始出现的宽带接入技术，目前已得到广泛应用。ADSL 接入充分利用现有的大量的市话用户电缆资源，可同时提供传统业务和各种宽带数据业务，两类业务互不干扰。用户接入方便，仅需要安装一台 ASDL 调制解调器即可，下行速率可以达到 8Mbps，上行速率接近 1Mbps。

3）DDN、X.25、帧中继等专线方式接入

许多种类的公共通信线路如 DDN、X.25、帧中继等都支持 Internet 的接入，这些专线连接方式通信效率高，误码率低，但价格也相对昂贵，比较适合公司、机构、单位使用。用这种连接方式时，用户需要向电信部门申请一条 DDN 数字专线，并安装支持 TCP/IP 协议的路由器和数字调制解调器。

4）ISDN 接入

ISDN（Integrated Service Digital Network，综合业务数字网）通过对电话网进行数字化改造，实现双向传输数字信号，提供数据、声音和图像等多种信息传输服务。ISDN 向家庭或小型单位提供的基本速率可达 128Kbps。用户计算机接入 Internet 时，需要一块 ISDN 网卡或一台 ISDN 数字式 Modem。如果是局域网接入，则需要安装配有 ISDN 接口的路由器。

5）无线接入

无线接入使用无线电波将移动端系统（笔记本电脑、PDA、手机等）和 ISP 的基站（base station）连接起来，基站又通过有线方式接入 Internet。它具有不需要布线、可移动等优点，是目前一种很有潜力的接入 Internet 的方法。目前正在研制的一个标准是 CDPD（Cellular Digital Packet Data），CDPD 系统支持 IP 协议，从而允许 IP 端系统通过无线通道和 IP 基站互相交换 IP 分组。

4.5.4 IP 地址

Internet 采用 TCP/IP 协议。所有联入 Internet 的计算机必须拥有一个网内唯一的地

址,以便相互识别,就像每台电话机必须有一个唯一的电话号码一样。Internet 上计算机拥有的这个唯一地址称为 IP 地址。

1. IP 地址结构

Internet 目前使用的 IP 地址采用 IPv4 结构,层次上采用按逻辑网络结构划分。一个 IP 地址划分为两部分:网络地址和主机地址。网络地址标识一个逻辑网络,主机地址标识该网络中的一台主机,如图 4-34 所示。

网络地址	主机地址

图 4-34 IP 地址的结构

IP 地址由 Internet 网络信息中心(NIC)统一分配。NIC 负责分配最高级 IP 地址,并给下一级网络中心授权在其自治系统中再次分配 IP 地址。在国内,用户可向电信公司、ISP 或单位局域网管理部门申请 IP 地址,这个 IP 地址在 Internet 中是唯一的。如果是使用 TCP/IP 协议构成局域网,可自行分配 IP 地址,该地址在局域网内是唯一的,但对外通信时需经过代理服务器。

需要指出的是,IP 地址不仅标识主机,还标识主机和网络的连接。TCP/IP 协议中,同一物理网络中的主机接口具有相同的网络号,因此当主机移动到另一个网络时,它的 IP 地址需要改变。

IP 协议为每一个网络接口分配一个 IP 地址。如果一台主机有多个网络接口,则要为其中的每个接口都分配一个 IP 地址。但同一主机上的多个接口的 IP 地址没有必然的联系。路由器往往连接多个网络,对应于每个所连的网络都分配一个 IP 地址,所以路由器也有多个 IP 地址。

2. IP 地址分类

IPv4 结构的 IP 地址长度为 4B(32b),根据网络地址和主机地址的不同划分,将 IP 地址划分为 A、B、C、D、E 共 5 类,A、B、C 是基本类,D、E 类作为多播和保留使用,如图 4-35 所示。

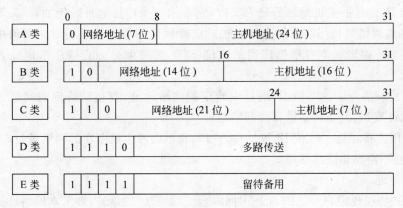

图 4-35 IP 地址的分类

(1) A 类地址:由于其网络地址所占位数少,而主机地址所占位数多,所以它适用于拥有大量主机的大型网。7 位网络地址表示 A 类网络中最多可拥有 127 个网络,而 24 位主机地址表示 A 类网络中最多可容纳 2×23 台主机。

（2）B 类地址：由于其网络地址和主机地址分别占 14 位和 16 位，所以它适用于中型网。14 位网络地址表示 B 类网络中最多可拥有 2×23 个网络，而 16 位主机地址表示每个 B 类网络中最多可容纳 2×15 台主机。

（3）C 类地址：由于其网络地址和主机地址分别占 21 位和 8 位，所以它适用于小型网。21 位网络地址表示 C 类网络中最多可拥有 2×20 个网络，而 8 位主机地址则表示每个 C 类网络中最多可容纳 2×7 台主机。

（4）D 类地址：用于多路传送，是一种比广播地址稍弱的形式，支持多路传送技术。

（5）E 类地址：用于将来的扩展之用。

IP 地址的 32 位通常写成 4 个十进制的整数，每个整数对应 1B。这种表示方法称为"点分十进制表示法"。例如，一个 IP 地址可表示为 202.116.12.11。

根据点分十进制表示方法和各类地址的标识，可以分析出 IP 地址的第 1 个字节，即头 8 位的取值范围：A 类为 0～127，B 类为 128～191，C 类为 192～223。因此，从一个 IP 地址直接判断它属于哪类地址的最简单方法是，判断它的第 1 个十进制整数所在范围。下面列出了各类地址的起止范围。

A 类：1.0.0.0～126.255.255.255（0 和 127 保留作为特殊用途）

B 类：128.0.0.0～191.255.255.255

C 类：192.0.0.0～223.255.255.255

D 类：224.0.0.0～239.255.255.255

E 类：240.0.0.0～247.255.255.255

3. 特殊 IP 地址

1）网络地址

当一个 IP 地址的主机地址部分为 0 时，它表示一个网络地址。例如，202.115.12.0 表示一个 C 类网络。

2）广播地址

当一个 IP 地址的主机地址部分为 1 时，它表示一个广播地址。例如，145.55.255.255 表示一个 B 类网络"145.55"中的全部主机。广播地址的给定代表同时向网络中的所有主机发送消息。广播地址本身根据广播的范围不同，又可细分为直接广播地址和有限广播地址。

（1）直接广播地址：32 位 IP 地址中给定的网络地址，直接对给定的网络进行广播发送。这种地址直观，但必须知道目的网络地址。

（2）有限广播地址：32 位 IP 地址均为"1"，表示向源主机所在的网络进行广播发送，即本网广播，它不需要知道网络地址。

3）"0"地址

TCP/IP 协议规定，32 位 IP 地址中网络地址均为"0"的地址，表示本网络。

4. 子网（subnet）和子网掩码（mask）

从 IP 地址的分类可以看出，地址中的主机地址部分最少有 8 位，显然对于一个网络来说，最多可连接 254 台主机（全 0 和全 1 地址不用），这往往容易造成地址浪费。为了充分利用 IP 地址，TCP/IP 协议采用了子网技术。子网技术把主机地址空间划分为子网和主机两部分，使得网络被划分成更小的网络——子网。这样一来，IP 地址结构则由网络地址、子网地址和主机地址三部分组成，如图 4-36 所示。

网络地址	子网地址	主机地址

图 4-36　采用子网的 IP 地址结构

当一个单位申请到 IP 地址以后，由本单位网络管理人员来划分子网。子网地址在网络外部是不可见的，仅在网络内部使用。子网地址的位数是可变的，由各单位自行决定。为了确定哪几位表示子网，IP 协议引入了子网掩码的概念。通过子网掩码将 IP 地址分为两部分：网络地址、子网地址部分和主机地址部分。

子网掩码是一个与 IP 地址对应的 32 位数字，其中的若干位为 1，另外的位为 0。IP 地址中，和子网掩码为 1 的位相对应的部分是网络地址和子网地址，和为 0 的位相对应的部分则是主机地址。

对于 A 类地址，对应的子网掩码默认值为 255.0.0.0；对于 B 类地址，对应的子网掩码默认值为 255.255.0.0；对于 C 类地址，对应的子网掩码默认值为 255.255.255.0。

将 IP 地址和相应的子网掩码进行与运算，就得到网络地址和子网地址；而把 IP 地址和子网掩码的反码进行与运算，得到主机地址。例如，已知一个 IP 地址为 131.65.12.86，相对应的子网掩码为 255.255.255.224。显然，这是一个 B 类地址，其网络地址为 131.65，子网地址和主机地址一起构成 12.86。将子网掩码写成二进制数为 11111111.11111111.11111111.11100000，可知第 3 个字节 8 位和第 4 个字节前 3 位共计 11 位为 1，表示它是子网部分。IP 地址中的 12.86 写成二进制数，取其前 11 位 $(00001100010)_2$ 表示子网地址，后 5 位 $(10110)_2$ 表示主机地址，如图 4-37 所示。

000011.01000001	00001100.01010110		B 类地址 131.65.12.86
111111.11111111	11111111.111	00000	子网掩码中子网地址 11 位

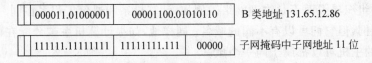

图 4-37　利用子网掩码划分子网示例

建立子网掩码时，首先确定需要创建的子网个数，即网段数，再据此确定需要从地址空间中截取多少位作为子网地址。截取两位，考虑到避免全 0 和全 1 的组合，可划分两个网段；截取 3 位，可划分 6 个网段。例如，对于一个 C 类网络，如果需要将其划分成 5 个网段，则需要截取 IP 地址中第 4 个字节的前 3 位作为子网地址，与其相对应的子网掩码为 255.255.255.244，二进制数表示为 11111111.11111111.11111111.11100000。

4.5.5　域名

采用数字表示的 IP 地址不便于记忆，也不能反映主机的相关信息，从 1985 年起，Internet 在 IP 地址的基础上开始向用户提供域名系统（Domain Name System，DNS）服务，即用名字来标识接入 Internet 的计算机，例如上海电力学院的 WWW 网站域名是

www.shiep.edu.cn。DSN 包括 3 个组成部分：域名空间、域名服务器、解析程序。

1. 域名的层次结构

Internet 域名具有层次型结构，整个 Internet 划分成几个顶级域，每个顶级域规定了一个通用的顶级域名。顶级域名分为两大类：一般的和国家的。一般的域名分配如表 4-1 所示。国家的顶级域名采用两个字母缩写形式来表示一个国家或地区。例如，cn 代表中国，us 代表美国，jp 代表日本，uk 代表英国，ca 代表加拿大等。

表 4-1　Internet 顶级域名组织模式分配

顶级域名	com	edu	gov	int	mil	net	org
分配情况	商业组织	教育机构	政府部门	国际组织	军事部门	网络支持中心	各种非赢利性组织

Internet 网络信息中心（NIC）将顶级域名的管理授权给指定的管理机构，由各管理机构再为其子域分配二级域名，并将二级域名管理授权给下一级管理机构，依此类推，构成一个域名的层次结构。由于管理机构是逐级授权的，因此各级域名最终都得到网络信息中心（NIC）的承认。

Internet 中主机域名也采用一种层次结构，从右至左依次为顶级域名、二级域名、三级域名等，各级域名之间用"."隔开。每一级域名由英文字母、符号和数字构成。总长度不能超过 254 个字符。主机域名的一般格式为：

……. 四级域名. 三级域名. 二级域名.顶级域名

如上海电力学院的 WWW 网站域名为 www.shiep.edu.cn，其中，cn 代表中国（China），edu 代表教育（education），shiep 代表上海电力学院（Shanghai University of Electric and Power），www 代表提供 WWW 信息查询服务。

域名遵循组织界限而不是物理网络。例如，计算机系和通信工程系在同一幢楼，并且共用同一个局域网，但它们可以有不同的域名；同样地，如果计算机系被分配在两幢不同的楼中，两幢楼中的主机可以都属于同一个域。

2. 我国的域名结构

我国的顶级域名 cn 由中国互联网信息中心（CNNIC）负责管理。顶级域名 cn 按照组织模式和地理模式被划分为多个二级域名。对应于组织模式的包括 ac、com、edu、gov、net、org；对应于地理模式的是行政区代码。表 4-2 列举了我国二级域名中对应于组织模式的分配情况。

表 4-2　我国二级域名对应于组织模式的分配

二级域名	ac	com	edu	gov	net	org
组织模式	科研机构	商业组织	教育机构	政府部门	网络支持中心	各种非赢利性组织

中国互联网信息中心（CNNIC）将二级域名的管理权授予下一级的管理部门进行管理。例如，将二级域名 edu 的管理授权给 CERNET 网络中心。CERNET 网络中心又将 edu 域

划分成多个三级域,各大学和教育机构均注册为三级域名,按学校管理需要可以再分成多个四级域,并对四级域名进行分配。

3. 域名解析和域名服务器

域名相对于主机的 IP 地址来说,更方便于用户记忆,但在数据传输时,Internet 上的网络互联设备却只能识别 IP 地址,不能识别域名,因此,当用户输入域名时,系统必须能够根据主机域名找到与其相对应的 IP 地址,即将主机域名映射成 IP 地址,这个过程称为域名解析。

为了实现域名解析,需要借助于一组既独立又协作的域名服务器(DNS)。域名服务器是一个安装有域名解析处理软件的主机,在 Internet 中拥有自己的 IP 地址。

Internet 中存在着大量的域名服务器,每台域名服务器中都设置了一个数据库,其中保存着它所负责区域内的主机域名和主机 IP 地址的对照表。由于域名结构是有层次性的,域名服务器也构成一定的层次结构,如图 4-38 所示。

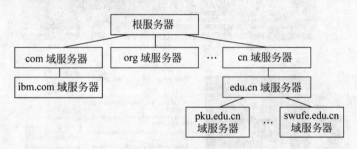

图 4-38　域名服务器的层次结构

当某个应用进程需要通过域名访问目的主机时,由于网络层只能识别 IP 地址,因此它必须首先将目的主机的域名转换为对应的 IP 地址。于是应用进程首先将待转换的域名放在 DNS 请求报文中,发给本地域名服务器。域名服务器在自己存储的映射表中查找,如果没有找到,则将该 DNS 请求报文转发给某一个顶级域名服务器,顶级域名服务器根据待查找的域名把请求转发给相应的子域域名服务器。如此重复,直至某一级域名服务器找到对应的 IP 地址后,将其封装在 DNS 报文中,最终到达发出请求的应用进程,然后应用进程就可以用 IP 地址和目的主机进行通信了。

4.6　Internet 的应用

4.6.1　WWW 浏览器

上网浏览是 Internet 上应用最广泛的一种服务。人们上网,有一半以上的时间都是在与各种网页打交道。网页上可以显示文字、图片,还可以播放声音和动画。它是 Internet 上目前最流行的信息发布方式。许多公司、政府部门和个人都在 Internet 上建立了自己的网页。

访问网页要用专门的浏览器软件。常用的浏览器有微软公司的 Internet Explorer(简称 IE)、谷歌浏览器、傲游浏览器等。它们的使用方法几乎相同。下面以中文版 IE 为例,介绍怎样浏览网页。

运行 IE 浏览器后,输入网址"http://www.shiep.edu.cn",然后按 Enter 键,就进入了上海电力学院的网页,如图 4-39 所示。学会看网页,就能接触到 Internet 的大部分信息。

1. IE 窗口组成

IE 窗口各组成部分如图 4-39 所示。

图 4-39　上海电力学院主页

(1). Web 网页标题栏。

(2). 菜单栏:提供"文件"、"编辑"、"查看"、"收藏夹"、"工具"、"帮助" 6 个菜单项,实现对 WWW 文档的保存、复制、属性设置等多种功能。

(3). 工具栏:提供常用菜单命令的功能按钮。

(4). 地址栏:显示当前页的标准化 URL 地址。要访问其他站点,输入该站点的网址,并按 Enter 键确认。

(5). 工作区:在图 4-39 的主页上可看到"学院概况"、"人才培养"、"空中桥梁"等超链接分类项。在工作区中部是近期的超级链接项,也称为超链接,其中包括名字文本和网页地址。把鼠标移动到其中一个项目上,鼠标指针变为手形,单击该项名称,即可链接到该网页,浏览其中内容。在一个页面上可以含有世界任何地方的网页的超级链接。

(6). 状态栏:显示当前操作的状态信息。

有时在页面传送过程中可能会在某个环节发生错误,导致该页面显示不正确或下载过程发生中断。此时可单击刷新按钮,再次向存放该页面的服务器发出请求,重新浏览该页面的内容。下载网页时,如果网络传输速度过慢,或者页面的信息量很大,为避免等待时间过长,可单击停止按钮或按 Esc 键停止传送。也可以设置关闭图形和动画选项以加快网页的浏览速度,其具体操作如下:

(1) 选择"工具"|"Internet 选项"命令,打开"Internet 选项"对话框。

(2) 单击"高级"标签,在"多媒体"选项组下清除"在网页中播放动画"、"在网页中播放声音"复选框,如图 4-40 所示。

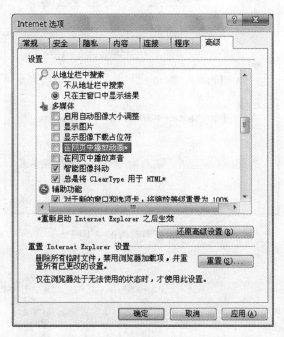

图 4-40 设置"多媒体"选项组

完成设置后,单击工具栏的刷新按钮,会发现页面下载速度明显加快,但取消了图片、声音、动画等信息,也失去了许多网页浏览的乐趣。

2. 如何使用 IE 快速查看信息

要提高浏览速度,尽快获得所需要的信息,除了前面提到的去掉多媒体选项以外,还有其他应用方法,下面简单介绍加快浏览的方法。

(1) 设置起始页面地址。可以把经常光顾的页面设为每次浏览器启动时自动连接的网址。选择"工具"|"Internet 选项"命令,打开"Internet 选项"对话框。单击"常规"标签,在"主页"选项组中的地址文本栏中输入选定的网址,如图 4-41 所示。

(2) 把网址添加到收藏夹。对于感兴趣的站点,不必费心记住它的域名,只要在访问该页的时候选择"收藏夹"|"添加到收藏夹"命令,待下次连接 Internet 以后,单击收藏按钮打开收藏夹,就可以在收藏夹中查找自己要访问的站点名字。例如,访问新浪网 http://www.sina.com.cn,页面载入后,选择"收藏夹"|"添加到收藏夹"命令,待下一次链接进入主页后,单击收藏按钮,在收藏夹中选择"新浪",即可进入该主页,如图 4-42 和图 4-43 所示。

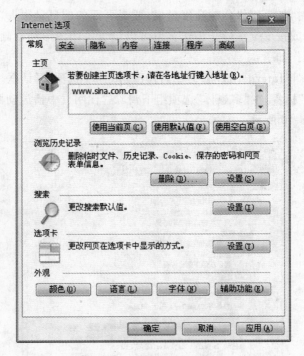

图 4-41　设置启动时的主页网址

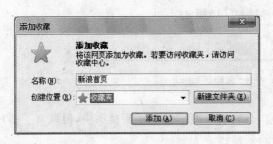

图 4-42　将新浪网加入收藏夹

图 4-43　在收藏夹中查找网页

（3）利用历史记录栏浏览。通过查询历史记录也可找到曾经访问过的网页。输入过的 URL 地址将保存在历史列表中，历史记录中存储了已经打开过的 Web 页的详细资料。借助历史记录，用按日期或按站点等查看方法，就可以快速找到以前访问过的网页。其具体操作如下：

① 在工具栏上单击历史按钮，窗口左边出现历史记录栏，其中列出了最近几天或几星期内访问过的网页和站点的链接。

② 单击查看按钮旁的下拉箭头，弹出一个下拉式菜单，其中有 4 个选项，可以选择按日期、按站点、按访问次数和按当天的访问顺序来查找所需的站点或网页。

③ 单击选中的网页的图标，打开该网页，如图 4-44 所示。

（4）脱机浏览。把某个 Web 页设为可脱机浏览的方式。"脱机浏览"是"文件"菜单中的选项，利用脱机浏览功能，可使得以后不必连接 Internet 或无法连接 Internet 时也可以浏览该页内容。

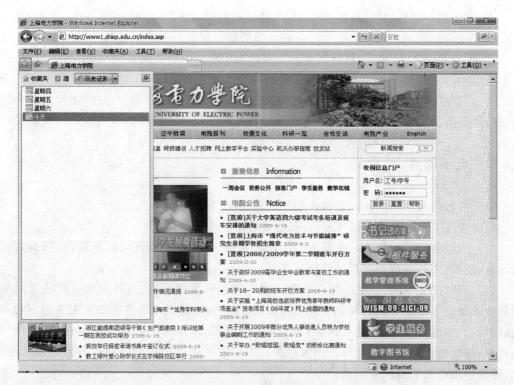

图 4-44　利用历史记录查找网页

　　（5）保存网页文件。使用"文件"菜单中的"另存为"命令可将当前页的信息保存在本地磁盘上。选择"文件"|"另存为"命令，打开"保存网页"对话框，如图 4-45 所示。在"保存类型"下拉列表框中有 4 种保存类型可供选择。

图 4-45　"保存网页"对话框

① Web 页,全部:保存页面 HTML 文件和所有超文本(如图像、动画、图片等)信息。

② Web 档案,单个文件:把当前页的全部信息保存在一个扩展名为.htm 的文件中。

③ Web 页,仅 HTML:只将页面的文字内容保存为一个扩展名为.html 的文件。

④ 文本文件:将页面的文字内容保存为一个文本文件。

若要保存网页某个位置的图片,右击该图片,从弹出的快捷菜单中选择"图片另存为"命令,打开"保存"对话框,选择路径和保存类型,就可以把图片保存为位图文件或 GIF 文件。

4.6.2 电子邮件

电子邮件已经在 Internet 上被人们广泛地应用,它具有以下几个特点:

(1) 发送速度快。如给国外发信,只需要若干秒或几分钟。

(2) 信息多样化。电子邮件发送的信件除普通文字内容外,还可以是软件、数据,甚至是录音、动画、电视等各类多媒体信息。

(3) 收发方便,高效可靠。与电话通信或邮政信件发送不同,发件人可以在任意时间、任意地点通过发送服务器(SMTP)发送 E-mail,收件人通过当地的接收邮件服务器(POP3)收取邮件。也就是说,无论什么时候,只要收件人打开计算机登录到 Internet,检查自己的收件箱,接收服务器就会把邮件送到收件箱。如果电子邮件因地址不对或其他原因无法递交,服务器就会把它退回发信人。

由于 E-mail 是直接寻址到用户的,而不是仅仅到计算机,所以个人的名字或有关说明也要编入 E-mail 地址中。电子邮箱地址的组成如下:

用户名@电子邮件服务器名

它表示以用户名命名的邮箱是建立在符号"@"后面说明的电子邮件服务器上,该服务器就是向用户提供电子邮政服务的"邮局"机。例如,softwareye2009@126.com 表示在网易服务器上申请的邮箱。

下面以网易的免费邮箱为例,说明如何使用邮箱发送、接收邮件。

1. 申请邮箱

(1) 进入中国最大的免费邮箱申请网站(http://www.126.com),如图 4-46 所示。

(2) 单击主页中的"立即注册"按钮,进入服务条款页面,查看服务条款规定,单击"同意"按钮后,进入下一个页面,如图 4-47 所示。

(3) 按页面提示输入用户名及出生日期,用户名的长度为 6~20 位,可以是数字、字母、小数点、下划线,必须以字母开头,如图 4-47 所示。然后单击"下一步"按钮,进入下一页面,按页面提示填入必要的个人资料,如图 4-48 所示,最后单击"确定"按钮。

(4) 注册成功后,就能进入邮件服务网页收发电子邮件了。

2. 用浏览器收发邮件

(1) 启动 IE 浏览器,在地址栏输入"http://www.126.com",进入登录邮箱页面,如图 4-46 所示。在"用户名"文本框中输入用户名,在"密码"文本框中输入密码。单击"登录"按钮后,进入邮件服务网页,如图 4-49 所示。

图 4-46　网易免费邮箱申请主页

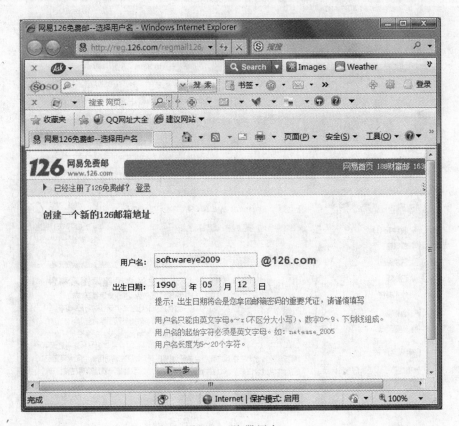

图 4-47　注册用户

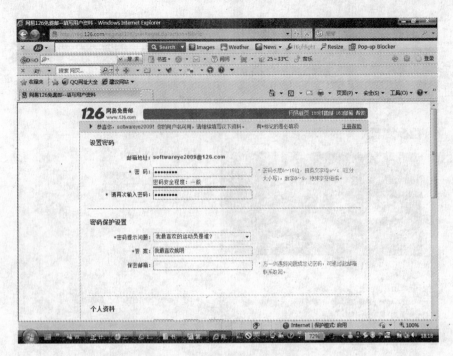

图 4-48　邮箱相关信息设置

图 4-49　邮件服务页面

（2）撰写电子邮件时，单击图 4-49 中的"写信"按钮，进入写新邮件页面，如图 4-50 所示。

图 4-50　写信页面

（3）按图 4-50 所示填入需要的内容。如果需要添加其他文档（如 DOC 文件、动画、声音等多媒体文件）作为附件发送，单击"添加附件"按钮，选择需要发送的附件，完成后单击"发送"按钮即可。

（4）要收邮件时，只需单击图 4-49 中的"收信"按钮，进入"收件箱"页面，单击需要打开的主题，即可打开该邮件进行阅读或回复。

3．电子邮件软件 Foxmail 的使用

用户可以通过本地机安装的电子邮件应用程序收发邮件，其中最常用的软件是微软公司的 Outlook Express 和国产软件 Foxmail（免费共享软件）。

Foxmail 是专门为中国用户量身定做的电子邮件软件，其本身非常小巧，但邮件处理功能却非常出色。通常在正确安装 Foxmail 应用程序后，该程序快捷图标会出现在桌面上，双击 Foxmail 图标，进入 Foxmail 工作界面，如图 4-51 所示。

1）在 Foxmail 中新建账户

使用 Foxmail（或 Outlook）收发邮件，需要了解一点邮件服务器的概念。

在 Internet 上有很多处理电子邮件的计算机，它们就像是一个个邮局，采用存储-转发方式为用户传递电子邮件。从计算机发出的邮件要经过多个这样的"邮局"中转，才能到达

图 4-51　Foxmail 工作界面

最终的目的地。这些 Internet 的"邮局"称做电子邮件服务器。

　　和用户最直接相关的电子邮件服务器有两种类型：发送邮件服务器（SMTP 服务器）和接收邮件服务器（POP3 服务器）。发送邮件服务器遵循的是 SMTP（Simple Message Transfer Protocol，简单邮件传输协议），其作用是将用户编写的电子邮件转交到收件人手中。接收邮件服务器采用 POP3 协议，用于将其他人发送给用户的电子邮件暂时寄存，直到用户从服务器上将邮件取到本地机上阅读。E-mail 地址中"@"后跟的电子邮件服务器就是一个 POP3 服务器名称。

　　通常，同一台电子邮件服务器既完成发送邮件的任务，又能让用户从它那里接收邮件，这时 SMTP 服务器和 POP3 服务器的名称是相同的。但从根本上看，这两个服务器没有什么对应关系，可以在使用中设置成不同的。

　　在 Foxmail 中新建账户的具体操作如下：

　　（1）打开 Foxmail，选择"邮箱"|"新建邮箱账户"，打开新建账户向导对话框，如图 4-52 所示，填入电子邮件地址等信息后，单击"下一步"按钮。

　　（2）在如图 4-53 所示页面中填入邮件服务器的名称，单击"下一步"按钮，完成设置。

　　如果需要修改邮箱的设置，只需在如图 4-51 所示的 Foxmail 页面中右击需要修改的邮箱，从弹出的快捷菜单中选择"属性"命令，在打开的如图 4-54 所示的对话框中修改相关信息即可。

　　2）编写新邮件

　　在图 4-51 中单击"撰写"按钮，打开新邮件的撰写窗口，如图 4-55 所示，在对应框中填入相应的内容，然后单击"发送"按钮，完成新邮件的撰写和发送操作。如果当前用户机工作

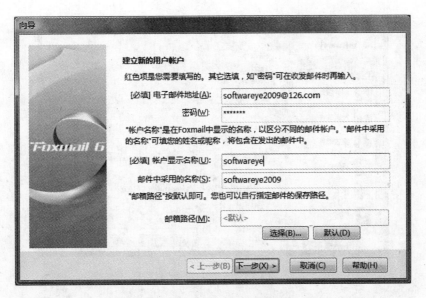

图 4-52　在 Foxmail 中新建账户

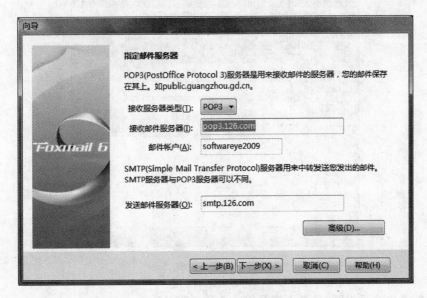

图 4-53　配置邮件服务器信息

在网络断开的状态,此发送操作将该邮件放置到"发件箱"中待进一步发送。单击主界面工具栏上的"发送"按钮,系统连接发送邮件服务器,将目前"发件箱"中的待发邮件发送出去,一旦发送成功,"发件箱"中的邮件转移到"已发送邮件箱"中。

　3) 邮件的接收与发送

　　一旦有新邮件到达,新邮件被放置在"收件箱"文件夹中,未阅读的邮件将以未拆封的信封图标表示,单击任意一个新邮件即可阅读其具体内容。

　　在邮件阅读完后,通常有两种处理操作:回复和转发邮件。

　（1）邮件回复:选中要回复的邮件,单击工具栏中的"回复"按钮,打开回复邮件窗口,

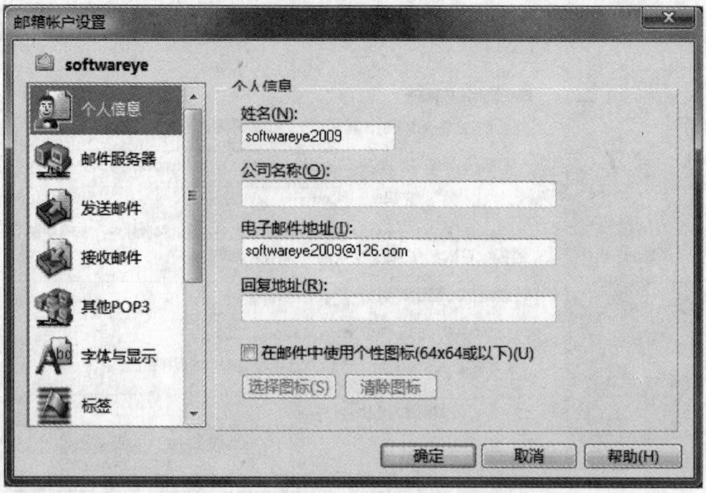

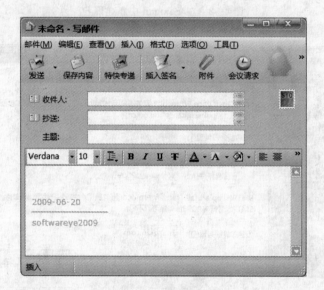

图 4-54 "邮箱账户设置"对话框

图 4-55 新邮件窗口

此过程与邮件的编写相同,只是不需要输入收件人地址。

（2）邮件转发：单击工具栏中的"转发"按钮,打开转发邮件窗口,其中邮件的标题和内容已经写好,只需填写收件人的地址,也可以在"正文"框中为转发邮件补充一些说明,该功能完成将转给第三方。

4）多账号的邮件管理

对于拥有多个邮件地址的用户而言,可以利用邮件工具软件提供的邮件管理功能,对不同邮件地址的邮件分类存放。

如图 4-51 所示的 Foxmail 界面中,Foxmail 同时管理了 3 个邮件账号。

4.6.3　通过 Internet 搜索信息

　　要查询某个相关信息但不知道信息所在的网址时，可以通过"搜索引擎"快速检索到信息所在的网址。使用搜索引擎工具，当用户输入要搜索的信息关键字后，可检索出与关键字相关的信息文件名及其所在的主机 IP 地址和网址，并可以将查询到的信息下载到本地计算机上。

　　下面介绍目前使用最广泛的百度搜索引擎的使用：

　　(1) 在浏览器地址栏中输入百度的 URL"http://www.baidu.com"，打开百度的主页。

　　(2) 在文本框中输入要搜索的信息关键字，例如"计算机应用基础"，如图 4-56 所示，然后单击"百度一下"按钮，就开始在互联网上搜索和"计算机应用基础"相关的信息，搜索结果如图 4-57 所示。

图 4-56　百度搜索引擎

　　(3) 可以进行多关键字的搜索，例如在搜索栏中输入关键字"计算机基础　精品课程"，表示搜索计算机基础中的精品课程信息。

　　(4) 可以在搜索时减除一些无关资料，以利于缩小查询范围，例如在搜索栏中输入搜索关键字"计算机应用基础－精品课程"，表示搜索除了精品课程外的计算机应用基础的相关信息。

　　(5) 还可以搜索指定类型的文件，例如搜索关键字为"计算机应用基础 filetype：ppt"，表示搜索"计算机应用基础"信息中的 Microsoft PowerPoint 文件；也可搜索其他类型的文件，如"filetype：doc"表示搜索 Microsoft Word 文件。

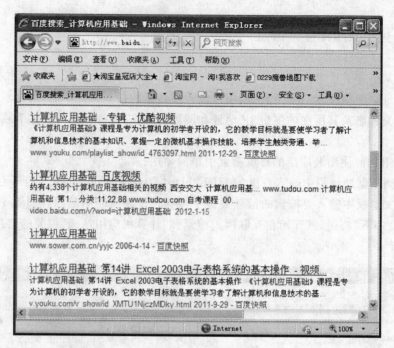

图 4-57　百度搜索结果

4.6.4　利用文件传输服务上传、下载文件

除了可以利用浏览器、搜索引擎等下载文件外,还可以通过专用的文件传输服务(FTP)系统传输文件。

1. 借助浏览器访问匿名 FTP 服务器

允许匿名登录的 FTP 服务器是用做公共服务的,用户不必专门向服务器管理员申请账号,就可以享受服务器提供的免费软件资源。

(1)在浏览器的地址栏中输入"ftp://ftp.sjtu.edu.cn"(上海交通大学的 FTP 地址),如图 4-58 所示,显示匿名 FTP 服务器的文件。

(2)右击要下载的文件,从弹出的快捷菜单中选择"复制到文件夹"命令,并选择要下载的本机路径,单击"确定"按钮即可。

2. 使用专用的图形用户界面的 FTP

专用的图形界面的 FTP 工具,如 MS_FTP、CuteFTP、LeapFTP、Server-U,其界面风格和使用方法大同小异,这些图形界面 FTP 工具支持断点续传的功能,即可从断点开始继续上传和下载。下面以 CuteFTP 为例说明其使用过程。

1)与 FTP 服务器建立连接

启动 CuteFTP 工作界面,如图 4-59 所示,选择 File|New|FTP Site 命令,进入如图 4-60 所

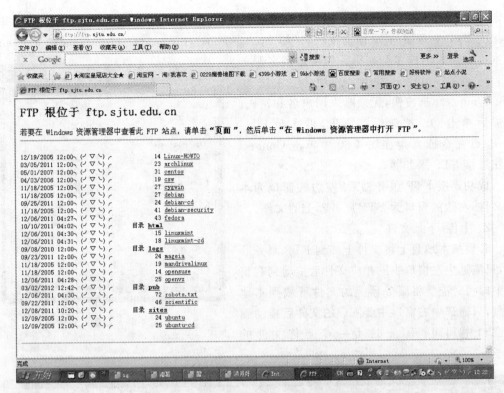

图 4-58　借助浏览器访问匿名 FTP 服务器

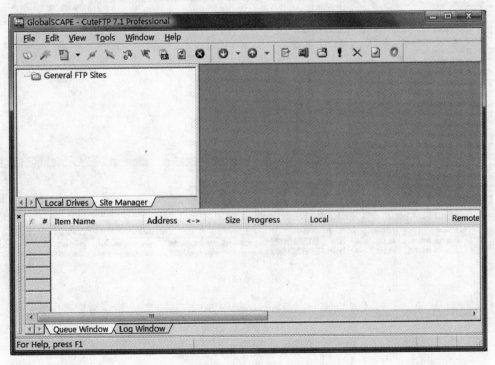

图 4-59　CuteFTP 工作界面

示窗口,在 Label 文本框中输入需要建立的站点的名称,在 Host address 文本框中输入需要连接的 FTP 服务器的 IP 地址或域名(如 ftp. tsinghua. edu. cn),在 Username 和 Password 文本框中输入用户名和密码。如果是匿名服务器,则在 Login method 选项组中选中 Anonymous 单选按钮,无须输入用户名和密码。完成后单击 OK 按钮保存设置,再选择 File | Connect 命令或直接在图 4-60 中单击 Connect 按钮连接 FTP 服务器。

成功连接 FTP 服务器后,左边的窗口为本地文件,右边的窗口为 FTP 服务器上的文件。

2) 上传、下载文件

若要从本地盘上将文件上传到 FTP 服务器上,只需选中左窗口中的相应文件后拖动到右窗口中即可;若要将服务器上的文件下载到本地磁盘,只需选中右窗口中要下载的文件后拖动到左窗口中即可。图 4-61 是一个上传文件的例子。

图 4-60 设置站点

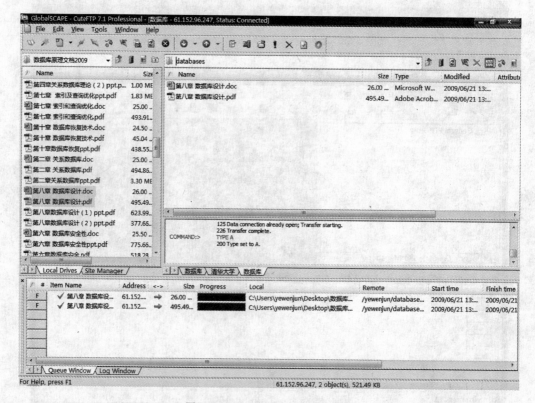

图 4-61 CuteFTP 上传文件示例

4.7 网络安全与防护

在计算机网络出现的最初几十年里,计算机网络主要用于在各大学的研究人员之间传送电子邮件以及同事之间共享打印机资源等。在这种使用环境中,安全性问题未能引起足够的注意。但随着越来越多的人使用网络来处理日常各类事务,安全性就逐渐成为网络社会中的一个潜在的大问题,安全性问题也延缓或阻碍了 Internet 作为国家信息基础设施或全球信息基础设施成为大众媒体的发展进程。

4.7.1 计算机网络安全概述

网络安全是指网络系统的硬件、软件及其系统中的数据受到保护,不受偶然的或者恶意的原因而遭到破坏、更改、泄露,保证系统连续、可靠、正常地运行和网络服务不中断。

从其本质讲,网络安全就是要保证网络信息的安全。因为随着计算机网络的发展,信息共享日益广泛与深入,但是信息系统在公共通信网络上存储、共享和传输会被非法窃听、截取、篡改或毁坏而导致不可估量的损失。如果因为安全因素使得信息不敢进入互联网这样的公共网络,那么办公效率及资源的利用率都会受到影响,甚至会使人们丧失对互联网高速公路的信赖。因此,在网络技术高速发展的今天,网络上信息的安全备受关注。网络系统的安全威胁主要来自黑客攻击、计算机病毒及网络内部的安全威胁等。

1. 黑客攻击

黑客是对英语 hacker 的翻译,hacker 原意是指用斧头砍柴的工人,最早被引进计算机圈则可追溯到 20 世纪 60 年代。黑客破解系统或者网络基本上是一项业余嗜好,通常是出于自己的兴趣,而非为了赚钱或工作需要。现在"黑客"一词普遍的含义是指非法入侵计算机系统的人。黑客主要利用操作系统和网络的漏洞、缺陷,获得口令,从网络的外部非法侵入,进行不法行为。

2. 病毒及木马攻击

20 世纪 60 年代初,美国贝尔实验室里,3 个年轻的程序员编写了一个名为"磁芯大战"的游戏,游戏中通过复制自身来摆脱对方的控制,这就是所谓"病毒"的第一个雏形。

20 世纪 80 年代后期,巴基斯坦有两个以编软件为生的兄弟,他们为了打击那些盗版软件的使用者,设计出了一个名为"巴基斯坦智囊"的病毒,该病毒只传染软盘引导。这就是最早在世界上流行的一个真正的病毒。

计算机病毒(computer virus)是人为制造的、能够进行自我复制的、对计算机资源具有破坏作用的一组程序或者指令的集合。类似于生物病毒,它能把自身附着在各种类型的文件上或寄生在存储介质中,能对计算机系统和网络进行各种破坏,同时有独特的复制能力和传染性,能够自我复制,这就是主动传染;另一方面,当文件被复制或在网络中从一个用户传送到另一个用户时它们就随同文件一起蔓延开来,这就是被动传染。

木马病毒源自古希腊特洛伊战争中著名的"木马计",顾名思义就是一种伪装潜伏的网络病毒,等待时机成熟就出来害人。

木马病毒要在用户的机器里运行客户端程序,一旦发作,就可设置后门,定时地发送该用户的隐私到木马程序指定的地址,一般同时内置可进入该用户计算机的端口,并可任意控制此计算机,进行文件删除、复制、改密码等非法操作。

病毒通常的传染方式是通过电子邮件附件发出或捆绑在其他的程序中。因此用户需提高警惕,不下载和运行来历不明的程序,对于不明来历的邮件附件也不要随意打开。

3. 操作系统安全漏洞

任何操作系统都会存在漏洞,这些漏洞大致可分为两部分:由设计缺陷造成的和由使用不当造成的。

因系统管理不善所引发的安全漏洞主要是系统资源或账户权限设置不当。许多操作系统对权限所设定的默认值是不安全的,而管理员又没有更改默认设置,这些疏忽所引发的后果往往是灾难性的。例如,权限较低的用户一旦发现自己可以改变操作系统本身的共用程序库,就很可能立即使用这一权限,用自己的程序库替换系统中原有的库,从而在系统中为自己开一道暗门。

4. 网络内部的安全威胁

网络内部的安全威胁主要是指内部涉密人员有意无意地泄密、更改记录信息,内部非授权人员浏览机密信息、更改网络配置和记录信息,内部人员破坏网络系统,等等。

网络内部安全的隐患主要有以下几种情况:首先,内部网的用户防范意识薄弱或计算机操作技能有限,导致无意中把重要的涉密信息或个人隐私信息存放在公共目录下,造成信息泄露;其次,内部管理人员有意或无意泄露系统管理员的用户名、口令等关键信息,泄露内部网的网络结构以及重要信息的分布情况而遭受攻击;再次,内部人员为了谋取个人私利或对公司不满,编写程序通过网络传播,或者故意把黑客程序放在共享资源目录做个陷阱,乘机控制并入侵进入内部网的其他主机。

4.7.2 常用的网络安全技术

1. 数据加密技术

所谓数据加密(data encryption)技术是指将一个信息(或称明文,plain text)经过加密钥匙(encryption key)及加密函数转换,变成无意义的密文(cipher text),而接收方则将此密文经过解密函数、解密钥匙(decryption key)还原成明文,如图 4-62 所示。加密技术是网络安全技术的基石。

数据加密技术要求只有在指定的用户或网络下才能解除密码而获得原来的数据,这就需要给数据发送方和接收方以一些特殊的信息用于加解密,这就是所谓的密钥。对于不知道密钥的第三者,是很难由密文破解出明文的。

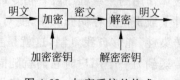

图 4-62　加密系统的构成

2. 病毒防治技术

1）计算机病毒及其特征

1994 年 2 月 18 日公布的《中华人民共和国计算机信息系统安全保护条例》中，计算机病毒被定义为："计算机病毒是指编制或者在计算机程序中插入的破坏计算机功能或者破坏数据，影响计算机使用并且能够自我复制的一组计算机指令或者程序代码。"计算机病毒一般具有以下特征。

（1）隐蔽性：指病毒的存在、传染和对数据的破坏过程不易被计算机操作人员发现。

（2）寄生性：计算机病毒通常是依附于其他文件而存在的。

（3）传染性：指计算机病毒在一定条件下可以自我复制，能对其他文件或系统进行一系列非法操作，并使之成为一个新的传染源。这是病毒的最基本特征。

（4）触发性：指病毒的发作一般都需要一个激发条件，可以是日期、时间、特定程序的运行或程序的运行次数等，如臭名昭著的 CIH 病毒就发作于每个月的 26 日。

（5）破坏性：指病毒在触发条件满足时，立即对计算机系统的文件、资源等运行进行干扰破坏。

（6）不可预见性：指病毒相对于防毒软件永远是超前的，理论上讲，没有任何杀毒软件能将所有的病毒清除。

从运作过程来分类，计算机病毒可以分为 3 个部分，即病毒引导程序、病毒传染程序、病毒病发程序。从破坏程度来分类，计算机病毒可分为良性病毒和恶性病毒。从传播方式和感染方式来分类，计算机病毒可分为引导型病毒、分区表病毒、宏病毒、文件型病毒、复合型病毒等。

计算机病毒的危害主要表现在三大方面：一是破坏文件或数据，造成用户数据丢失或损毁；二是抢占系统网络资源，造成网络阻塞或系统瘫痪；三是破坏操作系统等软件或计算机主板等硬件，造成计算机无法启动。

2）防范措施

计算机病毒的防范可以从 3 个方面着手，即预防、检查和杀毒。

可以采用专用的计算机病毒杀毒软件定期或不定期地对计算机系统和所有软件进行检查和消毒，现在很多杀毒软件都能有效地对已知的计算机病毒进行检查并予以杀灭。但是世界上没有能杀灭所有计算机病毒的杀毒软件，同时由于计算机病毒也在不断地发展，许多新的、危害性更大的计算机病毒在这些杀毒软件研制时并没有被考虑在内，因此，与计算机病毒相比，杀毒软件永远具有滞后性，光靠杀毒软件并不能保证计算机系统不受计算机病毒的攻击。所以，计算机病毒的防范首先必须以预防为主，即保护计算机系统不受病毒的传染。一般来说，可以从以下几个方面来采取积极的预防措施：

（1）对重要的数据要定期进行备份，例如自己设计的程序、Office 文档、照片、制作的歌曲、聊天记录、电子邮件，甚至整个硬盘、驱动程序等。

（2）开启反病毒软件"实时监控"功能。反病毒软件的"实时监控"可以扫描到最多种类的压缩格式文件。要定期更新版本，保证杀毒软件和它的数据具有最新、最强的功能。动态地检查计算机系统的文件，最大限度地保护系统免遭病毒感染。

（3）对从网络下载的各种免费和共享软件要先进行必要的检查和杀毒后再安装使用。

最好从一些著名的网站下载软件,以防网络欺诈陷阱和病毒的传染。

(4)除非是非常熟悉的电子邮件,否则不要运行电子邮件附件中的任何程序,也不要打开电子邮件附件中的任何文件,如果必须打开附件,则最好在打开之前写信要求对方确认。

3. 防火墙技术

Internet 的发展给政府机构、企事业单位带来了革命性的改革和开放。他们正努力通过 Internet 来提高办事效率和市场反应速度,以便更具竞争力。通过 Internet,企业可以从异地取回重要数据,同时又要面对 Internet 开放带来的数据安全的新挑战和新危险。因此,企业必须加筑安全的"战壕",而这个"战壕"就是防火墙。

防火墙是指设置在不同网络(如可信任的企业内部网和不可信的公共网)或网络安全域之间的一系列部件的组合。它是不同网络或网络安全域之间信息的唯一出入口,能根据企业的安全政策控制(允许、拒绝、监测)出入网络的信息流,且本身具有较强的抗攻击能力。它是提供信息安全服务,实现网络和信息安全的基础设施。

在逻辑上,防火墙是一个分离器、一个限制器,也是一个分析器,有效地监控了内部网和 Internet 之间的任何活动,保证了内部网络的安全。

除了安全作用,防火墙还支持具有 Internet 服务特性的企业内部网络技术体系 VPN。VPN 将企事业单位在地域上分布在全世界各地的 LAN 或专用子网有机地联成一个整体,不仅省去了专用通信线路,而且为信息共享提供了技术保障。

4.7.3 防杀病毒软件的选择

杀毒软件之所以备受关注,是因为它担负着使用者系统安全的重任。目前市场上杀毒软件的种类很多,世界上公认的比较著名的杀毒软件有卡巴斯基、MACFEE、诺顿等,国内产品有瑞星、金山毒霸等。要选择一款杀毒软件,最重要的是按需购买,这样才能够从实用角度出发,在满足自身需要的同时减小杀毒软件对自己计算机性能的影响。

1. 杀毒能力

杀毒软件的好坏并不取决于厂家的广告宣传,而是需要通过权威的、科学的方法认证。购买一款杀毒软件的时候首先要看看它有没有公安部的计算机安全产品销售许可证,同时,如果该产品通过了国际上权威的认证机构的认证,那么就意味着其杀毒能力是可信的。

2. 稳定性

杀毒软件作为一种特殊的软件,需要和系统紧密相连。其可靠性、稳定性和兼容性尤其重要,不要光注意了杀毒的数量而忽略了可靠性、稳定性和兼容性。杀毒软件一般都是伴随 Windows 一同启动的,如果杀毒软件的稳定性不好,极有可能导致系统不稳定;同样,如果一款杀毒软件没有良好的兼容性,则将与计算机中其他的软件发生冲突,导致死机的现象频频发生。

3. 完善的实时监控系统

计算机病毒入侵的渠道无非是可移动存储器(如光盘、闪存等)、网络、电子邮件这几种,而病毒感染计算机的条件是能够进入内存运行。如果拥有完善的实时监控系统,那么就可以在感染计算机之前将病毒拦截掉,使计算机免受病毒的感染。因此,使用带有实时监控功能的反病毒软件就可以为计算机构筑起一道动态、实时的反病毒防线,拒病毒于计算机系统之外。但是实时监控系统对系统性能是有一定影响的,挑选一款实时监控系统资源占用较小的杀毒软件将减小给用户带来的不便。

4. 对压缩文件的检测能力

反病毒软件对压缩文件检测能力的强弱和支持压缩文件格式的多少,可以成为我们选购的一个重要依据。网络上的各种资源基本上都是经过压缩的,这些被压缩的文件里面可能携带有病毒,这些病毒可能正在对我们的计算机系统构成严重的威胁。除了常见的 ZIP 格式、RAR 格式,还可以碰到类如 CAB 等格式,因此杀毒软件具有对多种压缩文件格式的反病毒检测能力是非常必要的。同时,能够在压缩包里面直接清除病毒而无须使用者手动解压以后再清除病毒的检查方法也正被更多的杀毒软件厂商所采用。

5. 查杀的速度

现在的硬盘容量越来越大,硬盘里面所存储的数据也很多,如果没有高效的查毒效率,那么对于数十 GB 的数据来说,要全部检查一遍所需要的时间可想而知。在常规情况下,我们碰到的都是一些流行性较强的病毒,如果能够专门针对这些流行性较强的病毒检查你的系统,那么所节省下来的扫描时间是不少的。

6. 应急恢复功能

应急恢复功能是一款优秀的杀毒软件所必须具有的功能。应急启动盘除了必须能启动计算机以外,还要能够正确备份和恢复主引导记录和引导扇区,以便在系统受病毒侵犯而崩溃时进行恢复。同时,具备 NTFS 文件系统查杀功能的应急启动盘也将给使用 NTFS 文件系统的用户带来很多便利。

7. 网络防火墙

网络防火墙不同于病毒防火墙,主要针对网络上的各种攻击行为。使用网络防火墙可以使你的计算机不与网络直接相联,避免遭黑客入侵。特别是对于使用宽带网的用户来说,购买含有网络防火墙的杀毒软件将能够增强对系统的防护能力。

8. 售后服务

杀毒软件的售后服务不同于一般的软件。由于每天都有新病毒产生,因此要求杀毒软件厂家提供及时、快捷、简便的升级服务。除了常规的互联网更新之外,提供其他的更新方式也很重要。

杀毒软件更新速度的快慢也是我们选购的时候需要考察的一个重点。能否及时地更新杀毒软件,将决定我们对新病毒的抵御能力,特别是当发现重大疫情的时候,更需要用最快的速度提供升级服务。目前大多杀毒软件都可以做到最少每周更新一次,有的甚至每天都会更新。

9. 附带的小功能

杀毒软件作为一种计算机安全软件,和其他计算机安全软件一样都是起到保护用户计算机设备安全的作用,如果能够提供一些其他的用于保护计算机安全的小软件(例如专杀、漏洞检测、被恶意代码修改过的注册表恢复等),将能够给用户带来很多的便利。选购的时候应该注意到这些小的细节,从这些小的细节就可以看到一个杀毒软件厂商对用户的服务态度如何。

习题

一、选择题

1. 下面列出的 Internet 接入方式中,个人一般不用_____。

A. ADSL   B. ISDN   C. LAN   D. 光纤

2. 提供可靠传输的传输层协议是_____。

A. TCP   B. IP   C. UDP   D. PPP

3. 下列说法中正确的是_____。

A. Internet 计算机必须是个人计算机

B. Internet 计算机必须是工作站

C. Internet 计算机必须使用 TCP/IP 协议

D. Internet 计算机在相互通信时必须运行同样的操作系统

4. _____网络设备是 Internet 的主要互联设备。

A. 以太网交换机   B. 集线器   C. 路由器   D. 调制解调器

5. 以下关于 Internet 的知识不正确的是_____。

A. 起源于美国军方的网络   B. 可以进行网上购物

C. 可以共享资源   D. 消除了安全隐患

6. 如果想在 Internet 上搜索有关 Detroit Pistons(底特律活塞)篮球队方面的信息,用_____关键词可能最有效。

A. "Detroit Pistons"   B. basketball

C. Detroit pistons   D. Sports

7. 当你登录到某网站已注册的邮箱中,页面上的"发件箱"文件夹一般保存着的是_____。

A. 你已经抛弃的邮件   B. 已经撰写好,但是还没有发送的邮件

C. 包含有不合时宜想法的邮件   D. 包含有不礼貌语句的邮件

8. 你想给某人通过 E-mail 发送某个小文件时,必须_____。

A. 在主题上含有小文件

B. 把这个小文件复制一下,粘贴在邮件内容里

C. 无法办到

D. 使用粘贴附件功能,通过粘贴上传附件完成

9. 下列选项中,_____是 FTP 服务器的地址。

A. http://192.163.113.23

B. ftp:// 192.168.113.23

C. www.sina.com.cn

D. c:\windows

10. 匿名 FTF 的用户名和密码是_____。

A. Guest 和本机密码

B. Anonymous 和自己的 E-mail 地址

C. Public 和 000

D. 自己的 E-mail 地址和密码

11. 下列说法错误的是_____。

A. 电子邮件是 Internet 提供的一项最基本的服务

B. 电子邮件具有快速、高效、方便、价廉等特点

C. 通过电子邮件,可向世界上任何一个角落的网上用户发送信息

D. 可发送的多媒体只有文字和图像

12. 电子邮件的一般格式为_____。

A. 用户名@域名

B. 域名@用户名

C. IP 地址@域名

D. 域名@IP 地址

13. POP3 服务器用来_____邮件。

A. 接收　　　　 B. 发送　　　　 C. 接收和发送　　　 D. 以上都不对

14. 在 Foxmail 中设置唯一电子邮件账号:kao@sina.com,现成功接收到一封来自 shi@sina.com 的邮件,则以下说法正确的是_____。

A. 在收件箱中有 kao@sina.com 邮件

B. 在收件箱中有 shi@sina.com 邮件

C. 在本地文件夹中有 kao@sina.com 邮件

D. 在本地文件夹中有 shi@sina.com 邮件

15. 如果你对网页上的一段图文信息感兴趣,想保存到本地硬盘,最好进行_____操作。

A. 全选这段信息,然后右击这段信息,从弹出的快捷菜单中选择"目标"命令,保存到本地硬盘

B. 文字、图片分开来复制

C. 选择"文件"|"另存为"命令,保存为 Web 页格式

D. 保存这个文件的源代码即可

16. Internet 为人们提供许多服务项目,最常用的是在 Internet 各站点之间漫游,浏览文本、图形和声音等各种信息,这项服务称为_____。

A. 电子邮件　　　 B. WWW　　　 C. 文件传输　　　 D. 网络新闻组

17. 以下域名的表示中,错误的是_____。

A. shizi.shcic.edu.cn

B. online.sh.cn

C. xyz.weibei.edu.cn

D. sh163,net,cn

18. 计算机病毒是_____。

A. 一种程序

B. 传染病病毒

C. 一种计算机硬件　　　　　　　　　　D. 计算机系统软件

19. 下列选项中,不属于计算机病毒特征的是_____。

A. 潜伏性　　　　　B. 传播性　　　　　C. 免疫性　　　　　D. 激发性

20. 下面说法正确的是_____。

A. 信息的泄露只在信息的传输过程中发生

B. 信息的泄露只在信息的存储过程中发生

C. 信息的泄露在信息的传输和存储过程中发生

D. 以上都不对

二、简答题

1. 计算机网络的发展经历了哪几个阶段? 各阶段各有什么样的特点?

2. 计算机网络是怎样分类的? 什么是局域网? 什么是广域网?

3. 请列举出常用的几种传输介质。

4. 网络通信中,为什么要使用网络协议? 标准与协议的关系是什么?

5. OSI 是什么? 它由哪七层构成?

6. 常用的局域网连接设备有哪些?

7. 请说明 10Base5、10Base2、10Base-T 的含义。

8. Internet 接入技术主要有哪些? 对于个人用户哪一种比较合适? 公司用户呢?

9. 常用的 Internet 服务有哪些?

10. 什么是 IP 地址? IP 地址如何分类? 每类最多可以容纳多少台主机?

11. 为什么要引入子网和子网掩码? 将一个 C 类网络划分成 6 个子网,请分别写出各子网络地址及其掩码。

12. 简述域名的作用以及与 IP 地址的关系。

13. 如何查找最近访问过的网页?

14. 网络系统的安全威胁主要有哪几种? 常用的网络安全技术有哪几种?

三、操作题

1. 在网易上申请一个免费邮箱,名称自定。

2. 利用 Foxmail,用申请的邮箱给你的同学或朋友发送一个邮件,并将一个图片文件(＊.jpg)作为附件发送。

3. 将 www.shiep.edu.cn 更改为默认主页,将当前网页设置为脱机查看。

4. 利用百度搜索引擎查找申花企业的资料但不能含有关于申花足球的信息步骤。

5. 使用 CuteFTP 将一个 FTP 站点上的文件直接传送到另一个 FTP 站点上。

第5章　多媒体技术应用

5.1　多媒体信息

随着计算机技术的不断发展,人类社会步入高速信息化时代。尤其是以多媒体和信息化为代表的计算机技术改变了人们的生产方式和生活方式。高速有效地获取、交换和传递信息是现代生活的重要组成部分。

20世纪80年代中后期,计算机发展成为具有综合处理文本、图形、图像、音频和视频能力的工具,以丰富的声音、文本、图像等媒体信息和友好的交互性,极大地改善了人们交流和获取信息的方式。进入20世纪90年代,信息化社会发展的速度明显加快,配合互联网的作用,多媒体技术的应用在该过程中发挥了极其重要的作用。应用多媒体技术是20世纪90年代计算机应用的时代特征,也是计算机技术的又一次革命。

什么是多媒体? 什么是多媒体技术? 它有哪些基本特征? 多媒体计算机和普通计算机有什么联系和区别? 本节将要阐述多媒体的概念、多媒体技术的概念和特征,通过与普通计算机的比较,介绍多媒体计算机系统的构成,并对多媒体的相关应用进行介绍。

5.1.1　媒体、多媒体的概念和特征

1. 媒体及其分类

媒体经常在新闻、广告领域中提到,而在计算机领域中有两种解释:一种是指用以存储信息的实体,如磁盘、光盘等;另一种是指信息的载体,如文本、图像、声音等。多媒体计算机技术中的"媒体"是指后者,通过计算机技术将上述各种媒体以数字化形式集成在一起,从而使计算机具有表示、处理、存储这些媒体信息的能力。

常见的媒体元素主要有文本、图形图像、音频和视频。

文本是指通过语言文字与计算机进行信息交互的媒体。文本能准确严谨地表述信息,而且对存储空间、信道传输能力的要求是最少的。互联网的主要媒体超文本正是文本的一种应用。

图形图像所能表示的信息比文本丰富,用它来补充文字信息可以增强人们对信息的理解和记忆。图像又分为可视图像、不可视图像和抽象图像。

音频可以提高多媒体的表达能力。音频是指人们能够听到的所有声音,而且能够被计算机存储。通俗地说,音频就是存储声音的文件。

除听觉之外,视觉是人们感知外部世界信息的最重要的途径。视频是应用人眼"视觉停留"生物现象,以足够快的速度放映一系列静态影像,以此产生的动态图像。电影和电视都

属于视频系统。

2. 多媒体、多媒体技术及其特征

何谓多媒体？在媒体含义的基础上，我们可以将多媒体理解为能够同时获取、处理、编辑、存储和展示两个以上不同类型信息媒体的技术，这些信息媒体包括文本、图形、图像、音频、视频等。显然，这里的"多媒体"已经衍生为一类技术，不仅仅是指媒体本身，而是包括媒体和对媒体应用的技术。因此，在计算机领域"多媒体"又常被当做"多媒体技术"的同义词。

多媒体技术的定义是：计算机综合处理多种媒体信息，文本、图形、图像、音频和视频，使多种信息建立逻辑连接，集成为一个系统并具有交互性。

多媒体技术是基于计算机技术的综合技术，包括数字信号处理技术、音频和视频技术、计算机硬件和软件技术、人工智能和模式识别技术、通信和图像技术等。它是正处于发展过程中的一门跨学科的综合性高新技术。

根据多媒体技术的定义，多媒体技术具有以下一些特征。

（1）多样性：是指计算机要处理的对象可以是文本、图形、图像、音频和视频等多种媒体元素。

（2）集成性：是指将多种不同的媒体元素有机地组织在一起，做到文本、图形、图像、音频和视频等的一体化，共同表达完整的信息。

（3）交互性：是指提供人们干预控制计算机的能力，方便人们从计算机中获取信息和使用信息，加强"人机对话"。交互性是多媒体技术的关键特征。

（4）实时性：多媒体技术是多种媒体集成的技术，在这些媒体中，有些媒体（如音频和视频）是与时间密切相关的，这就决定了多媒体技术必须要支持实时处理。

5.1.2　多媒体计算机的形成与发展

多媒体计算机（Multimedia PC，MPC）是指能够综合处理文本、图形、图像、音频、视频和动画等多种媒体信息，使多种媒体建立联系并具有交互能力的计算机系统。多媒体计算机并不是全新架构的计算机，它是指具有综合处理声、文、图等信息功能的计算机。

在多媒体计算机出现之前，传统的计算机处理的信息仅限于数字和文字，人们只能通过键盘和显示器与计算机打交道。为了克服交流途径的单一性，使计算机能够集声、文、图像处理于一体，改善人机交流的方式，人们发明了具有多媒体处理功能的计算机。

1985年，美国Commodore公司推出了世界上第一台多媒体计算机——Amiga计算机。它具有高分辨率、快速图形响应、真彩显示、适合动画游戏等特点。1987年，美国Apple公司的Macintosh计算机加入了多媒体计算机行列，Macintosh系统具有公认的良好的图形特性。20世纪90年代，由Philips、Microsoft、Tandy、NEC等著名厂商组成的多媒体市场协会制定了MPC标准并不断更新发展。直到今天，MPC标准已经成为计算机必须具有的一项技术规范。任何一台计算机都可以满足多媒体计算机的基本要求。

多媒体计算机的快速发展是计算机产业发展的必然趋势，它充分地发挥了计算机运算速度快、综合处理能力强等优点，为用户提供了更为直观、友好的人机交流界面。

多媒体计算机的关键技术是解决音频、视频信号的获取、处理和输出，包括多媒体数据

的压缩编码和解码技术等。随着系统 CPU 技术、大容量存储技术、高速总线技术、通信技术和软件的迅猛发展,相信在不远的将来多媒体计算机系统将更加完善和先进。

5.1.3 多媒体计算机系统的组成

多媒体计算机系统由硬件系统和软件系统组成。其中,硬件系统包括计算机主要配置和各种外部设备,以及与各种外部设备连接的控制接口卡(其中包括多媒体实时压缩和解压缩电路),如视频卡、声卡等;软件系统构建于多媒体硬件系统之上,包括多媒体驱动软件、多媒体操作系统、多媒体数据处理软件、多媒体创作工具软件和多媒体应用软件等。

1. 多媒体计算机的硬件系统

多媒体计算机的硬件结构与一般的计算机没有本质区别,只是比一般计算机要多一些配置。多媒体计算机的基本硬件结构要求可以归纳为以下几方面:

(1) 至少一个功能强大、速度快的中央处理器(CPU)。

(2) 可管理、控制各种接口与设备的配置。

(3) 具有大量的内部存储器空间。

(4) 高分辨率的显示接口和设备。

(5) 可处理音频的接口和设备。

(6) 可处理图像的接口和设备。

(7) 可存放大量数据的外部存储器等。

这样提供的配置是最基本的多媒体计算机的硬件。根据上述要求,把多媒体计算机的硬件系统分为以下几部分:

(1) 多媒体主机:PC、工作站等。

(2) 多媒体输入设备:收音机、麦克风、MIDI 合成器、摄像机、录像机、扫描仪等。

(3) 多媒体输出设备:扬声器、打印机、绘图仪等。

(4) 多媒体存储设备:光盘存储器等。

(5) 多媒体功能卡:声卡、视频卡等。

(6) 操纵控制设备:鼠标、键盘、触摸屏等。

多媒体硬件系统的基本框图如图 5-1 所示。

光盘存储器由光盘驱动器和光盘组成。光盘驱动器是读取光盘的设备,常用的驱动器有 CD-ROM 和 DVD-ROM。光盘的特点是容量大,可靠性高,主要有 CD 和 DVD 两种,按功能又可分为只读型、一次写型和多次写型。图 5-2 中是激光头从 CD/VCD 或者 DVD 中读取数据的模拟示意,通过激光头的聚焦读取光盘中的信息,传送压缩数据到计算机中处理。

声卡是处理音频的关键设备,用它来完成对声音数据的采集,模/数转换或数/模转换,音频过滤以及音频播放等功能。声卡可以把来自话筒、收录音机、激光唱机等设备的语音、音乐等声音变成数字信号交给计算机处理,并以文件形式存储,还可以把数字信号还原成为真实的声音输出。图 5-3 为声卡接口示意图,声卡实物原形如图 5-4 所示。

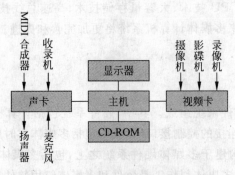

图 5-1 多媒体硬件系统构成

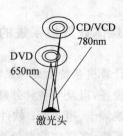

图 5-2 激光头示意

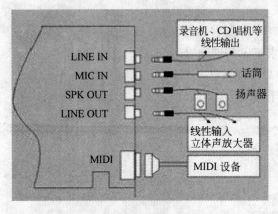

图 5-3 声卡接口图示

图 5-4 声卡实物

视频卡是处理图像的关键设备,它的主要功能是对输入设备的视频信号进行采集、量化成数字信号,然后压缩编码成数字视频序列,保存在计算机中。视频卡的实物原形如图 5-5 所示。

2. 多媒体计算机软件系统

多媒体计算机软件系统是搭建在多媒体硬件之上,面向用户的系统。它主要由四大部分组成:多媒体驱动软件、多媒体操作系统、多媒体编辑与创作软件和多媒体应用软件。图 5-6 是多媒体系统软件的层次结构示意。

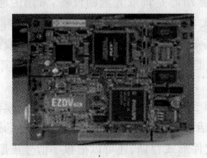

图 5-5 视频卡实物

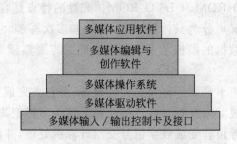

图 5-6 多媒体软件系统图

多媒体驱动软件是硬件设备的支撑环境,它直接与计算机硬件相关,完成设备初始化、设备的打开和关闭、设备操作、基于硬件的压缩/解压缩、图像快速变换及功能调用等。通常驱动软件有视频子系统、音频子系统及视频/音频信号获取子系统。

多媒体操作系统是实现多媒体环境下的多任务调度,保证音频、视频同步控制及信息处理的实时性,提供多媒体信息的各种基本操作和管理。操作系统还具有独立于硬件设备和较强的可扩展性,如 Philips 和 Sony 公司联合推出的 CD-RTOS 多媒体操作系统。另一类是通用的多媒体操作系统,如微软的 Windows 9x、Windows NT 等。

多媒体编辑和创作软件是媒体制作平台和媒体制作工具软件。设计者可利用该层提供的接口和工具采集、制作媒体数据。多媒体制作工具软件可缩短多媒体应用系统的开发周期,降低对设计人员技术方面的要求。常见的音频编辑软件有 SoundEdit、CoolEdit 等,图形图像编辑软件有 Illustrator、Flash MX 和 3DS max 等。

多媒体应用软件是多媒体应用系统的运行平台,即多媒体播放系统。该层直接面向用户,要求有较强的交互功能和良好的人机界面。

多媒体计算机软件系统主要由以上这几层组成,各种多媒体软件要运行于多媒体操作系统平台上,故操作系统平台是其他软件的基础。

5.1.4　多媒体计算机的应用

多媒体计算机的应用已经渗透到社会的各个领域,深入到人们的生产、生活的方方面面。它的应用范围大致可分为教育培训、信息咨询、商业服务和家庭娱乐。

教育培训中引入多媒体教学方式,能够帮助教师更为生动地授课,学生更为形象地学习,配合视觉和动画效应,加强学生对知识的理解和记忆,从而大大提高课堂的效率。不论是学校的课程教学,还是社会的职业培训,多媒体应用无处不在。

信息咨询是一个庞大的社会公益机构。在车站、机场、广场、银行、医院以及旅游景点等公共场所,为了帮助人们查询信息,都设立了询问处。而应用了多媒体的信息咨询服务,用户可以从大屏幕、滚动栏得到信息或者用户自行操作和询问得到多媒体表示的各种导引和帮助。

商业服务中有大量引入多媒体技术的例子。例如商品展览,通过触摸屏,可以让顾客自行浏览感兴趣的商品以及各项参数;利用多媒体技术,产品的操作手册可以制作成 CD,用文字说明配合视频演示等对用户提供智能帮助;房地产公司的销售演示,采用多媒体技术,可以让用户不用去现场,就可以了解房屋建筑结构。

多媒体应用在家庭娱乐中,例如电子游戏声音悦耳有趣,画面立体逼真,让消费者身临其境;家庭主妇可以利用制作的多媒体 CD,学习烹饪技术、练习健美操等。

多媒体技术是不断发展的技术,还有更大的潜在领域有待开发,它的应用必将推动信息社会更快地向前发展。

5.2　多媒体音频信息处理

声音是携带信息的重要媒体。随着多媒体信息处理技术的发展,计算机处理能力的增强,音频处理技术的能力不断增强,并得到了广泛应用,如视频伴音、游戏伴音、IP 电话、音乐创作等。多媒体涉及多方面的音频处理技术,如音频采集、语音编码/解码、音乐合成、语音识别与理解、音频数据传输、音频-视频同步、音频效果与编辑等。

本节主要讲述多媒体声音信息基础知识,简要介绍声音的物理原理,并通过声音信息的数字化制作、文件的生成存储和处理,以及声音文件格式和格式转换的阐述,讲解声音信息在多媒体中的处理。

5.2.1 声音常识

声音是机械振动在弹性介质中传播的机械波。振动越强,声音越大;振动频率越高,音调则越高。人耳能听到的声音频率大约在 20Hz~20kHz 之间,而人能发出的声音频率在 300~3000Hz 之间。音频是指频率在 20Hz~20kHz 的声音信号,一般分为波形声音、语音和音乐 3 种。

从声音是振动波的角度来说,波形声音实际上已经包含了所有的声音形式,是声音的最一般形态。声波的物理元素包含振幅、频率和周期。3 种物理元素分别决定了声音的音量、振动强弱和声波之间的距离。在图 5-7 中表现了声音的两个物理特性——振幅和周期。

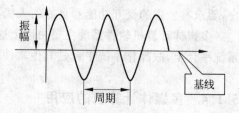

图 5-7 声音的物理特性

语音则指明人的说话声不仅是一种波形声音,更重要的是它还包含丰富的语言内涵,是一种特殊的媒体。

音乐与语音相比,形式更为规范一些,音乐是符号化的声音,也就是乐曲,乐谱是乐曲的规范表达形式。

5.2.2 音频信息概念及其数字化

声音信号是典型的连续信号,不仅在时间上是连续的,而且在幅度上也是连续的。把在时间和幅度上都是连续的声音信号称为模拟音频。计算机中信息都采用二进制数字(0 或 1)表示,声音信号也用数字表示,称之为数字音频。数字音频在时间上是断续的,由一个数据序列构成。计算机数字 CD、数字磁带(DAT)中存储的都是数字音频。

数字音频是由模拟音频经过采样、量化和编码三步骤得到的。

采样是指以固定的时间间隔(采样周期)抽取模拟信号的幅度值。采样后得到的是离散的声音振幅样本序列,仍是模拟量。采样频率是决定音频质量的重要因素之一。采样频率越高,声音质量越接近原始声音,所需的存储量也越多。标准的采样频率有 3 个:4.1kHz、22.05kHz、11.025kHz。量化是指把采样得到的信号幅度的样本值从模拟量转换成数字量。数字量的二进制位数是量化精度,它是决定音频质量的第二个因素。一般的采样位数为 8 位或 16 位,即把声音采集为 256 等分或 65 536 等分。量化位数越大,声音质量越高,所需的存储量越多。编码是指把数字化声音信息按一定数据格式表示并存储到计算机中。图 5-8 表示模拟音频信号,对该信号的采样和量化的结果分别如图 5-9 和图 5-10 所示。

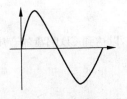

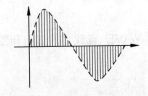

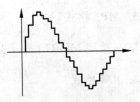

图 5-8　模拟音频信号　　　　图 5-9　音频信号采样　　　　图 5-10　采样信号的量化

采样和量化过程所用的主要硬件是模拟/数字(A/D)转换器;数字音频回放时,再由数字/模拟(D/A)转换器将数字音频转换成模拟音频。

5.2.3　音频文件

模拟波形声音被数字化后,其音频文件的存储量以字节为单位,计算公式为:

$$存储量 = 采样频率 \times 量化位数 /8 \times 声道数 \times 时间$$

例如,用 44.1kHz 的采样频率进行采样并且量化位数选用 16 位,则录制 1 秒的立体声节目其波形文件所需的存储量为:

$$44\ 100 \times (16/8) \times 2 \times 1 = 176\ 400(字节)$$

在多媒体音频技术中,存储声音信息的文件格式主要有 WAV 文件、MIDI 文件、MP3文件、RM 及 CD 唱盘数字音频。

1. WAV 格式

WAV 文件来源于对声音模拟波形的采样。在波形声音的数字化过程中若使用不同的采样频率,将得到不同的采样数据。以不同的精度把这些数据以二进制码存储在磁盘上,就产生了声音的 WAV 文件。这种波形文件是由 IBM 公司和微软公司于 1991 年 8 月联合开发的,是一种交换多媒体资源而开发的资源交换文件格式。WAV 文件支持多种采样的频率和样本精度的声音数据,并支持声音数据文件的压缩。

WAV 文件存储量大小的计算如下:

$$WAV 文件的数据量(KB/s) = 采样频率(Hz) \times 量化位数(bit) \times 声道数/8$$

例如,用 44.1kHz 的采样频率使用 16 位双声道记录声音文件,1 分钟需要 10MB 的存储空间。

因此,WAV 文件所记录的数据量是很大的。

2. MIDI 格式

MIDI(Musical Instrument Digital Interface,乐器数字接口)是乐器和电子设备之间声音信息交换的一套规范。此规范中包括音符、定时和多个通道的乐器定义。

MIDI 文件并不像 WAV 文件一样记录的是声音信息,而是记录了一系列的指令,可以说记录的是乐谱的信息。MIDI 文件比 WAV 文件存储的空间小得多。MIDI 文件可以方便地改变节奏、音符等音乐元素。

3. MP3 格式

MP3 采用 MPEG Layer 3 标准对 WAVE 音频文件进行压缩而成,以达到 CD 唱盘的音质。

4. RM 格式

RM 采用音频/视频流和同步回放技术来实现在 Internet 上提供优质的多媒体信息。

5. CD-DA(Compact Disk-Digital Audio)格式

CD-DA 是数字音频光盘的一种存储格式,专门用来记录和存储音乐。CD 唱盘也是利用数字技术(采样技术)制作的,只是 CD 唱盘上不存在数字声波文件的概念,而是利用激光将 0、1 数字位转换成微小的信息凹凸坑制作在光盘上,通过 CD-ROM 驱动器特殊芯片读出其内容,再经过 D/A 转换,把它变成模拟信号输出播放。

5.2.4 Windows XP 中的多媒体附件

1. 录音机

在 Windows XP 系统中录音机与日常生活中使用的录音机的功能基本相同,具有声音文件的播放、录制和编辑功能。录音机可以帮助用户完成录音工作,并把录制结果存放在扩展名为 .wav 的文件中,录音机是创建 .wav 文件的简单工具。

利用录音机录制声音文件需要有声卡和麦克风的配合。录制声音的具体操作如下:

(1) 选择 Windows XP 的"开始"菜单|"所有程序"|"娱乐"|"录音机"命令,出现如图 5-11 所示的界面。

(2) 单击录音按钮,开始录制声音。

(3) 通过麦克风,"录音机"接收声波信号。

(4) 当录音结束时,单击停止按钮结束录音操作。此时在窗口右侧的"长度"框中显示出所录制的声音文件的时间长度。

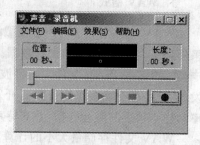

图 5-11 录音机

(5) 选择"文件"|"另存为"命令,在打开的对话框中指定当前声音文件存放的位置和文件名后,单击"保存"按钮完成保存工作。

2. 音量控制

在 Windows XP 系统中提供了用户调整各种设备的输入、输出音量的功能。例如,可以使用音量控制程序调节声卡中合成器的输出音量的高低。

双击任务栏上的音量图标按钮,可快捷地打开音量控制窗口,如图 5-12 所示。

3. 媒体播放机

Windows XP 中提供媒体播放机作为媒体播放的应用软件。Windows Media Player 是

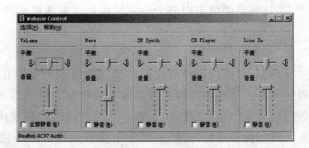

图 5-12　音量控制器

一种通用的多媒体播放机,可用于接收以当前最流行格式制作的音频、视频和混合型多媒体文件。使用 Windows Media Player 可收听或查看运动会的比赛实况、新闻报道或广播,还可以回顾 Web 站点上的演唱会,参加音乐会或研讨会,或者提前预览新片剪辑。

要打开 Windows Media Player,选择“开始”|“程序”|“附件”|“娱乐”|Windows Media Player 命令,出现如图 5-13 所示的窗口。注意:使用 Windows Media Player 播放视频文件需要声卡和扬声器。有关 Windows Media Player 的信息,请选择 Windows Media Player 中的“帮助”菜单查阅帮助信息。

图 5-13　Windows Media Player

5.3　多媒体静态图像信息处理

多媒体计算机要求具备综合处理声、文、图信息的能力,而据调查表明,人类大脑的信息约有 80％来自视觉,10％来自听觉,其余来自触觉、嗅觉和味觉。语言和文字是对客观事物的一种描述,对比它们,人们获取信息更直接和丰富的来源是图像(各种景物的印象)。因此,在多媒体计算机中,图像的获取和处理有很大意义。

多媒体创作的视觉元素分为静态图像和动态图像两大类。本节主要介绍静态图像,通过图形、图像的定义、关系,文件的生成、获取、制作和处理,阐述多媒体中静态图像的基础知识。

5.3.1　静态图像分类

通常,能被视觉系统所感知的信息形式或人们心目中的有形想象都称为图像。根据在计算机中的表示方式不同,静态图像可以分为位图图像和矢量图形两种。

1. 位图图像

与声音数字化过程类似,对模拟图像通过采样和量化得到的数字化的结果称为位图图像。采样是把时间和空间上连续的图像转换成离散点的过程。量化则是将表示图像色彩的连续变化值离散成等间隔的整数值(灰度值)。数字化处理的结果存放在显示缓冲区中。

位图图像又称为点阵图像或光栅图像,是由多个像素点排成矩阵组成的。像素点是指在显示器上能被赋予颜色和亮度的最小单位,这些小点对应于显示缓冲区中的若干二进制位。而就是这些"位"决定了像素点的属性,如颜色、灰度、明暗对比度等,被称为图像深度。图像深度越大,即一个像素所占的二进制位数越多,它所能表现的颜色就越多、越丰富。计算机中常常根据图像深度划分图像的色彩模式。例如,黑白图像深度为1,只能表示黑、白两色。常见的色彩模式如表5-1所示。

表 5-1　颜色深度与能显示的颜色数目

深　　度	颜 色 总 数	图 像 名 称
1	2	黑白图像
4	16	16 色图像
8	256	256 色图像
16	65 536	增强色图像
24	16 672 216	真彩色图像

像素点可以进行不同的排列和染色以构成图样。当放大位图时,可以看见赖以构成整个图像的无数单个方块。扩大位图尺寸的效果是增多单个像素,从而使线条和形状显得参差不齐,如图 5-14 所示。缩小位图尺寸也会使原图变形,因为是通过减少像素来使整个图像变小的。同样,由于位图图像是以排列的像素集合体形式创建的,所以不能单独操作局部位图。处理位图时,输出图像的质量决定于处理过程开始时设置的分辨率大小。

图 5-14　位图图像放大失真特点

如何计算位图图像的文件大小呢? 当用字节表示图像文件大小时,一幅未经压缩的数字图像的数据量大小计算如下:

$$图像数据量大小 = 像素总数 \times 图像深度 \div 8$$

例如,一幅 640×480 的 256 色图像为 640×480×8/8 = 307 200B。

2. 矢量图形

矢量图形并不描述图像中的每一点,而是描述产生这些点的过程和方法,是一种抽象的图像。构成矢量图形的基本元素称为对象,如点、线、矩形、多边形、圆和弧线等。这些对象在计算机中以指令的形式存储,由于不用存储每个像素点,它的文件通常较小。但是在显示图像时,需要先解释指令,然后转变成显示的颜色、大小等,因此计算量较大。

矢量图形中的每个对象都是独立的实体,具有颜色、形状、轮廓、大小和屏幕位置等属性。对这样的图形可以任意放大、缩小,图像依然清晰。绘图程序易于编辑矢量图例中的某个对象,如移动、缩放、变形等,同时不会影响其他对象的属性。这些特征使基于矢量的程序特别适用于图例和三维建模。输出矢量图形时与分辨率无关,可以任意分辨率在输出设备打印出来,不影响清晰度。

5.3.2 静态图像文件

1. 位图文件格式

位图图像类的文件格式很多,常见的有 BMP、GIF、JPG、TIFF、PCX 等。

1) BMP

BMP 格式是一种与设备无关的图像文件格式,是标准的 Windows 和 OS/2 的基本位图图像格式,有压缩(RLE)和非压缩之分。BMP 支持黑白图像、16 色和 256 色的伪彩色图像以及 RGB 真彩色图像。多种图形图像处理软件以及许多应用软件都支持这种格式的文件,它已成为一种通用的图形图像存储格式。

2) GIF

GIF 格式是压缩图像存储格式,它使用 LZW 压缩方法,压缩比较高,文件较小,因此被广泛应用于网络通信中。它支持黑白图像、16 色和 256 色的彩色图像,有 87a 和 89a 两种格式。

3) JPG 和 PIC

JPG 和 PIC 格式均使用 JPEG 方法进行图像数据压缩。这两种格式的最大特点是文件非常小,只有 BMP 文件的 1/35~1/20。它们是一种有损压缩的静态图像文件存储格式,支持灰度图像、RGB 真彩色图像和 CMYK 真彩色图像。

4) TIFF

TIFF 格式是一种多变的图像文件格式标准,支持所有图像类型。它是工业标准的图像存储格式,文件分成压缩和非压缩两大类,可能是目前最复杂的一种图像格式。

5) PCX

PCX 格式是使用游程长编码(RLE)方法进行压缩的图像文件格式。它支持黑白图像、16 色和 256 色的伪彩色图像、灰度图像以及 RGB 真彩色图像。

2. 矢量图形文件

常用的矢量图形文件格式有 WMF、CDR、AI、SVG 等。

1) WMF

WMF 格式是微软公司的一种矢量图形格式,应用于 Windows 平台。它是常见的一种图元文件格式,具有文件短小、图案造型化的特点,整个图形常由各个独立的组成部分拼接而成,但其图形往往较粗糙。

2) CDR

CDR 是 CorelDRAW 软件中的一种图形文件格式。该格式支持各种图像色彩模式,可以保存矢量和位图,可最大限度地保存 CorelDRAW 创作过程中的信息。

3）AI

AI 格式是 Adobe Illustrator 创建的默认文件格式,几乎所有的图形软件都能导入 AI 格式,现已成为业界矢量图的标准。

4）SVG

SVG 是互联网联盟(W3C)的正式推荐标准,它是一种使用 XML 来描述二维图像的语言,开发它的目的是为 Web 提供矢量图形标准。

5.3.3 静态图像压缩

数字图像的数据量一般都比较大,在存储时会占用大量的空间,因此需要对图像进行压缩。图像数据之所以能被压缩,一是因为图像数据中有许多重复的数据(冗余),使用数学方法来表示这些重复数据可以减少数据量;二是人眼对图像细节和颜色的辨认有一个限度,去除超过限度的部分,也能达到压缩目的。图像压缩是数据压缩技术在数字图像上的应用,它的目的是减少图像数据中的冗余信息从而用更加高效的格式存储和传输数据。

数据压缩过程包含数据编码和数据解压缩两个部分。根据编、解码后数据是否一致来进行分类,数据压缩的方法一般被划分为两类:无损压缩和有损压缩。无损压缩的解码图像与原始图像严格相同,而有损压缩的解码图像与原始图像存在一定的误差。常用的静态图像压缩应用有 JPEG、LZW 等。

1. JPEG

JPEG(Joint Photographic Experts Group,联合图像专家组)是由国际标准化组织(ISO)和电话咨询委员会(CCITT)联合制定的,是最常用的图像文件格式。它是一种有损压缩格式,能够将图像压缩在很小的存储空间内,文件后缀名为 .jpg 或 .jpeg。JPEG 格式压缩对色彩的信息保留较好,适合应用于 Internet,可减少图像的传输时间,可以支持 24bit 真彩色,也普遍应用于需要连续色调的图像。JPEG 采用离散余弦变换算法,将图像分割成块(8×8 的二维像素),再以块的单位进行量化处理,可以获得 $1/10 \sim 1/80$ 的压缩比。

为了能用单一的压缩码流提供多种性能,满足范围更为广泛的应用,JPEG 工作组于 2000 年底公布 JPEG 2000,它是基于 JPEG 标准的最新的静止图像压缩编码的国际标准。

2. LZW

LZW 压缩是由 Welch、Lempel 和 Ziv 提出的算法,它是一种无损压缩方法。常用的 GIF 和 TIFF 图像格式中均采用了 LZW 压缩算法。

LZW 压缩算法的基本原理是:提取原始文本文件数据中的不同字符,基于这些字符创建一个编译表,然后用编译表中的字符的索引来替代原始文本文件数据中的相应字符,减少原始数据大小。LZW 算法通常可以获得 $1/2 \sim 1/3$ 的压缩比。

5.3.4　静态图像数字化处理

1. 图像的获取

把自然的影像转换成数字化图像的过程叫做"图像获取过程"。图像获取过程的实质是进行模/数（A/D）转换，即通过相应的设备和软件，把作为模拟量的自然影像转换成数字量。图像获取的一个重要途径是使用专用多媒体外设，如扫描仪（如图 5-15 所示）、数码相机（如图 5-16 所示）等对图像进行获取。除硬件设备外，还需要设备驱动程序、图像处理工具等软件。

图 5-15　扫描仪　　　　　　图 5-16　数码相机的图像数据采集

目前主流扫描仪是以 CCD（Charege Coupled Device）为感光材料的平台仪器。CCD 的中文名字是电耦合器，原理是使用感光二极管感光，光线落在由感光二极管组成的图像传感器上，感光二极管在接受光子的撞击后释放电子，所产生的数目与该感光二极管感应到的光的强弱成正比。曝光后，每个感光二极管上含有不同数量的电子，最终得到的数码图像通过电子的多少来表示和存储。

扫描仪一般可分为 A4、A3、A0 幅面大小的扫描仪。其接口主要有 SCSI、EPP、USB 等。扫描仪的精度用 dpi 表示，表示每英寸所能识别的像素点，一般常见的扫描仪精度在 300～2400dpi 之间。扫描仪的扫描幅面、光学分辨率、色彩位数决定了它的价格和效能。

数码相机也是目前流行的图形图像的输入设备，其主要技术指标如下。

（1）CCD 像素数：数码相机的 CCD 芯片上光敏元件数量的多少称为数码相机的像素数。CCD 像素数是目前衡量数码相机档次的主要技术指标，决定了数码相机的成像质量。

（2）色彩深度：色彩深度又称色彩位数，用来描述生成的图像所能包含的颜色数。数码相机的色彩深度有 24bit、30bit，高档的可达到 36bit。

（3）存储功能：影像的数字化存储是数码相机的特色。在选购高像素数码相机时，要尽可能选择能采用更高容量存储介质的数码相机。

2. 图像的编辑

图像编辑是对图像进行各种加工以改善图像的视觉效果并为自动识别打下基础，可包含以下内容。

1）图像增强

图像增强用以改善图像的视觉效果。在多媒体应用中，图像处理主要是对图像进行增强处理，各类图像处理软件一般都支持图像增强技术。图像增强是各种技术的汇集，尚未形成一套通用的理论。常用的图像增强技术有对比度处理、直方图修正、噪音处理、边缘增强、变换处理和伪彩色等。

2）图像恢复

图像恢复用来纠正图像在形成、传输、存储、记录和显示过程中产生的变质和失真，力求图像保持本来面目。图像恢复必须首先建立图像变质模型，然后按照其退化的逆过程恢复图像。

3）图像识别

图像识别又称为模式识别，用以对图像进行特征抽取，然后根据图形的几何及纹理特征对图像进行分类，并对整个图像作结构上的分析。通常在识别之前先对图像进行预处理，包括滤除噪声和干扰、提高对比度、增强边缘、几何校正等。图像识别的应用范围非常广泛，例如指纹识别系统以及医学上的癌细胞识别等。

5.4 多媒体视频信息处理

多媒体中的视觉元素除了静态图像，还有一大类是动态图像。动态图像又分为视频和动画。习惯上将摄像机拍摄到的动态图像称为视频，而由计算机绘制生成的图像称为动画。

本节就多媒体视频信息的基本概念和视频压缩技术做简要的阐述。通过对多媒体视频信息的数字化的讲述，了解视频信息在多媒体技术中的应用和发展。

5.4.1 视频信息概念及其数字化处理

人的眼睛具备一种"视觉暂留"生物现象，即在观察景物后，景物的印象仍在视网膜上保留短暂时间。因此，人的眼睛在每秒 24 张画面以上的播放速度下，就无法辨别出每个单独的静态画面，感觉上是平滑连续的视觉效果，这样连续的画面组成了视频。视频是若干连续的图像在时间轴上不断变化的结果。它的表示与图像序列、时间顺序有关。视频中的一幅幅图像称为帧，帧是构成视频的基本单元。

根据存储形式，可将视频分为模拟视频和数字视频两种。模拟视频的信息表示是时间和空间上连续的信号，例如电视、广播等系统。而数字视频是以离散的数字化方式记录图像的信息。在计算机上通过视频采集设备捕捉下来的录像机、电视等视频源的数字化信息即为数字视频。

视频信息的数字化包括视频采集、视频压缩和编辑。

1. 视频采集

视频采集是将模拟摄像机、录像机、LD 视盘机、电视机输出的视频信号，通过专用的模拟、数字转换设备，转换为二进制数字信息的过程。

在硬件配置中，需要录像机或摄像机作为一种视频源设备，用于将视频信息输入计算机；而且，必须有一块视频采集卡，用于把输入计算机的模拟视频信号变成数字信号并存储到磁盘存储器上。在视频采集过程中，视频采集卡是最重要的一个设备，需要占用计算机的一个扩充槽。数字化的视频信号所占硬盘空间都非常大，所以很多视频卡在采集视频信号的同时对信号进行压缩。目前市面上有多种品牌、不同档次的视频采集卡可供选择，如

Creative 公司的 VideoBlaster(视霸卡)系列、Broadway(百老汇)、Apollo(阿波罗)等。图 5-17 是视频采集处理过程。

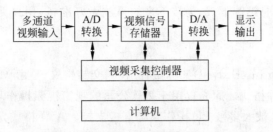

图 5-17 视频的采集处理过程

在视频信息中有 3 个重要的参数：帧速、数据量和图像质量。根据不同的制式有 30 帧/s(NTSC)、25 帧/s(PAL)。

在视频采集时，可以同时采集同步的声音。

2. 视频压缩和编辑

模拟视频信号数字化后，数据量是相当大的，因此需要很大的存储空间，同时存储器的存储速度也要足够的快，满足视频数据连续存储的要求。解决这一问题的有效办法就是采用视频压缩编码技术，压缩数字视频中的冗余信息，减少视频数据量。数据冗余的情况包括空间、时间、结构、知识、视觉、图像区域的相同性等冗余信息。

目前，有损压缩在视频处理中得到广泛应用。在选择视频压缩标准时需要参考以下因素：

(1) 压缩类别。有损压缩会导致数据损失，过大的压缩比会导致图像质量的下降。

(2) 压缩比例。各种压缩方案支持不同的压缩比例，压缩比例越大，压缩和还原时需要的时间越多，采用有损压缩时图像的还原效果也越差。

(3) 压缩时间。压缩算法通常需要较长时间才能完成，有些压缩方案可以通过专用硬件提高压缩速度。

采集后的视频文件需要经过编辑加工后才可在多媒体软件中使用。通常使用视频编辑软件完成这一任务。例如，把某一帧复制到一个画图软件中，校正一个小小的污点，然后再复制到原来的视频序列之中。也可以进行比较复杂的修改，例如添加转场效果、进行视频混合以及增加字幕标题等特殊效果。编辑视频文件可以说是一件艺术性很强的工作，除了需要很好地应用某个专门软件的技巧之外，制作者还必须具有某种程度的艺术构思。简单地把一些视频片断合并成一个大的视频文件是最基本的工作，通过不断地发掘想象力和灵感可编辑出类似于电视节目质量的专业效果。

5.4.2 视频文件

1. 视频文件的格式

由数字视频信息生成的文件称为视频文件。视频文件有多种格式。除了常用的 AVI、

MOV、MPEG 之外,还有一些流媒体格式文件,如 RS、ASF、WMV。流媒体是指采用流式传输的方式在 Internet 播放的媒体格式,即先从服务器上下载一部分视频文件,形成视频流缓冲区后实时播放,同时继续下载,为接下来的播放做好准备,用户无须等到整个文件全部下载完毕后观看。

1) AVI 格式

AVI(Audio Video Interleaved)又称做音/视频交错格式,是由 Microsoft 公司开发的一种数字音频和视频文件格式。原先仅用于微软公司的视窗视频操作环境(Microsoft Video For Windows),目前已被大多数 PC 操作系统直接支持。AVI 格式允许视频和音频同步播放,但由于 AVI 文件没有限定压缩标准,因此 AVI 文件格式不具有兼容性。不同压缩标准生成的 AVI 文件,必须使用相应的解压缩算法才能播放。

AVI 格式一般用于保存电影、电视等各种影像信息。常用的 AVI 播放程序主要有 Microsoft Video for Windows、Windows 95/98 中的 Video 等。

2) MOV 格式(QuickTime)

MOV 格式是 Apple 公司开发的一种音频和视频文件格式,用于保存音频和视频信息。它支持 25 位彩色和支持领先的集成压缩技术,提供 150 多种视频效果并提供 200 多种 MIDI 兼容音响和设备的声音装置。现在它被包括 Apple Mac、OS、Microsoft Windows Me/XP/2000 在内的所有主流 PC 平台支持。

新版的 MOV 格式进一步扩展原有功能,并可作为一种流媒体文件格式。利用 QuickTime 4 播放器,能够很轻松地通过 Internet 观赏到以较高视频/音频质量传输的电影、电视和实况转播的体育赛事节目。QuickTime 因具有跨平台、存储空间要求小等技术特点,得到业界的广泛认可,事实上它已成为目前数字媒体软件技术领域的工业标准。

3) MPEG 格式

MPEG(Moving Picture Experts Group,运动图像专家组)是由国际标准化组织(ISO)和国际电工委员会(IEC)于 1988 年联合成立,专门致力于运动图像(MPEG 视频)及其伴音编码(MPEG 音频)标准化工作。MPEG 是运动图像压缩算法的国际标准,现已被几乎所有的 PC 平台共同支持。

MPEG 在保证影像质量的基础上,采用有损压缩算法减少运动图像中的冗余信息。MPEG 家族中包括 MPEG-1、MPEG-2 和 MPEG-4 等在内的多种视频格式。平均压缩比为 50:1,最高可达 200:1。MPEG 不但压缩效率高、质量好,而且在计算机上有统一的标准格式,兼容性相当好。

MPEG 标准包括 MPEG 视频、MPEG 音频和 MPEG 系统(视频、音频同步)三部分,MP3 音频文件就是 MPEG 音频的一个典型应用,而 VCD、S-VCD、DVD 则全面采用 MPEG 技术。其中,VCD 光盘采用 MPEG-1 格式压缩,能把一部 120 分钟长的电影压缩到 1.2GB 左右;MPEG-2 则应用在 DVD 的制作方面,同时在一些 HDTV(高清晰电视广播)和一些高要求视频编辑、处理上也有相当的应用。

4) RM 格式

RM 格式即 Real Media,是由 Real Networks 公司开发的一种流式文件格式。可根据网络数据传输速率的不同制定不同的压缩比率,实现在低速率的广域网上进行影像数据的实时传送和播放。它是目前 Internet 最流行的跨平台的客户/服务器结构流媒体应用格式。

RM 格式包括 Real Audio、Real Video 和 Real Flash 共 3 类文件。Real Audio 用来传输接近 CD 音质的音频数据；Real Video 用来传输连续视频数据；而 Real Flash 则是 Real Networks 公司与 Macromedia 公司新近合作推出的一种高压缩比的动画格式。Real Player 是目前网上收看实时视/音频节目的最佳播放工具。

5）ASF 格式

ASF（Advanced Streaming Forma）格式是 Microsoft 公司开发的一种可直接在网上观看视频节目的视频文件压缩格式。其视频部分采用先进的 MPEG-4 压缩算法，音频部分采用 Microsoft 公司新推出的一种优于 MP3 的压缩格式 WMA。

ASF 应用的主要部件是 NetShow 服务器和 NetShow 播放器。独立的编码器将媒体信息编译成 ASF 流，然后发送到 NetShow 服务器，再由 NetShow 服务器将 ASF 流发送给网络上的所有 NetShow 播放器，实现实时转播。其主要优点包括本地或网络回放、可扩充的媒体类型、部件下载以及扩展性等。

6）WMV 格式

WMV 格式是微软公司针对 QuickTime 之类的技术标准而开发的一种独立于编码方式的，能在 Internet 上实时传播多媒体的技术标准。WMV 的主要优点包括本地或网络回放、可扩充的媒体类型、部件下载、可伸缩的媒体类型、流的优先级化、多语言支持、环境独立性、丰富的流间关系以及扩展性等。

2. 视频文件的存储

数字视频文件比其他媒体文件要求计算机有更大、更高速的存储空间。采用以下公式可以计算出不含声音的未压缩数字视频文件的大小：

$$帧大小 = 图像大小 \times 颜色深度 /8$$
$$文件大小(B) = 帧大小(B) \times 帧速率(f/s) \times 时间(s)$$

在减少颜色深度并进行压缩之后，最终的文件要小一些。

例如，假设视频采集的参数如下：①320×240 图像分辨率，②32 位颜色深度，③16 f/s 的帧速率，那么 1 帧图像需要的存储空间为 320×240×32/8＝307 200B，1 分钟视频所需要的存储空间为 307 200×16×60＝294 912 000B，约合 295MB。由此可见，视频文件占用的存储空间相当惊人。因而，在进行视频存储时选择合适的视频压缩方案是很有必要的。

目前通用的视频存储设备有磁带库、CD-ROM、VCD-ROM、DVD-ROM 以及更先进的蓝光盘技术（其单层的容量约为 25GB，双层的容量约为 50GB，目前已达到 4 层 100GB）。这为高质量的数字高清的视频文件保存提供了更广泛的空间。

3. 视频文件的转换

MPG、AVI 和 MOV 这 3 种数字视频文件具有不同的格式、不同的压缩编码算法和不同的特性。只有相应的播放软件才能播放对应格式的视频文件。播放软件首先能够识别视频文件的格式，通过解压来回放数据。因此，播放软件只要包含某种格式的解释和解压功能就能够播放该种格式的视频文件。例如，VFW 中的 Media Player 就能播放 MOV 和 AVI 等多种格式的文件。

通过软件或硬件也可以把这 3 种视频文件的格式进行转换。例如，Broadway 采集卡提供了采集模拟视频,并可用 AVI 格式和 MPEG 格式存储成数字视频文件的功能。如果直接按照 MPEG 格式采集,则该文件不能被编辑。如果按照 AVI 格式采集,则采集以后可以对其进一步编辑并把编辑以后的视频数据按照 AVI 格式或 MPEG 格式存储。通过采集软件也可读取已有的 AVI 文件,然后按照 MPEG 格式存储以实现两种格式的转换。

5.5 多媒体动画处理

动画与静态图像相比表达的信息更多,与视频信息相比占用的存储空间更少,要求系统资源相对较低。多媒体动画在多媒体应用中具有重要的作用。

本节主要讲述多媒体动画的基本概念,介绍多媒体动画的制作和处理。

5.5.1 动画基本概念及其数字化处理

动画是活动的画面,实质是利用"视觉暂留"原理产生的静态图像的连续播放。使用动画可以清楚地表现出一个事件的过程,或是展现一个活灵活现的画面。

组成动画的每一个静态画面叫做帧,动画的播放速度通常称为帧速率,以每秒钟播放的帧数表示,记为 f/s。

在多媒体项目中使用计算机绘制动画有两种方式:一种是用专门的动画制作软件生成独立的动画文件;另一种是利用多媒体创作工具中提供的动画功能,制作简单的对象动画。例如,可以使屏幕上的某一对象(可以是图像,也可以是文字)沿着指定的轨迹移动,产生简单的动画效果。按照这种思路,动画可以概括为 3 种类型:基于帧的动画、基于角色的动画和对象动画。

计算机动画是在传统手工动画的基础上发展起来的,它们的制作过程有很多相似之处。动画制作的主要步骤如下:

(1) 编写剧本。

(2) 绘制关键帧(包括着色)。

(3) 生成中间帧(利用动画软件自动生成)。

(4) 生成动画文件。

(5) 编辑(将若干动画文件合成)。

动画的应用十分广泛,比如让应用程序更加生动,增添多媒体的感官效果;还能应用于游戏的开发、电视动画制作、吸引人的广告的创作、电影特技制作、生产过程及科研的模拟等。

5.5.2 动画文件

常见的动画格式有 FLI、FLC、SWF 等。

1. FLI 格式

FLI 格式是 Autodesk 公司开发的属于较低分辨率的文件格式,具有固定的画面尺寸(320×200)及 256 色的颜色分辨率。由于画面尺寸约为全屏幕的 1/4,计算机可用 320×

200 或 640×400 的分辨率播放。

2. FLC 格式

FLC 格式是 Autodesk 公司开发的属于较高分辨率的文件格式。FLC 格式改进了 FLI 格式尺寸固定与颜色分辨率低的不足,是一种可使用各种画面尺寸及颜色分辨率的动画格式。FLC 格式可适应各种动画的需要。

3. SWF 格式

Macromedia 公司的 Flash 动画近年来在网页中得以广泛应用,是目前最流行的二维动画技术。用它制作的 SWF 动画文件可嵌入到 HTML 文件里,也可单独使用,或以 OLE 对象的方式出现在各种多媒体创作系统中。SWF 文件的存储量很小,但在几百至几千字节的动画文件中,却可以包含几十秒钟的动画和声音,使整个页面充满生机,Flash 动画还有一大特点是:其中的文字、图像都能跟随鼠标的移动而变化,可制作出交互性较强的动画文件。

5.6 多媒体素材制作与处理

5.6.1 Photoshop 图像处理

图像的处理需要通过图像处理软件完成,目前使用最广泛的是由 Adobe 公司开发的专业图像处理软件 Photoshop。Photoshop 汇集了绘图编辑工具、色彩调整工具、特殊效果工具并可以外挂滤镜。Photoshop 主要具有以下功能。

(1) 绘图功能:提供许多绘图及色彩编辑工具。

(2) 图像编辑功能:包括对已有图像或扫描图像进行编辑,例如放大和裁剪等。

(3) 创意功能:许多原来要使用特殊镜头或滤光镜才能得到的特技效果用 Photoshop 软件就能完成,也可产生美学艺术绘画效果。

(4) 扫描功能:使用 Photoshop 可以与扫描仪相连,从而得到高品质的图像。

1. Photoshop 工作界面及基本操作

Photoshop 的工作界面如图 5-18 所示。这里使用的是 Photoshop 8.0,其他版本在菜单结构上可能会有所不同,但大体相当。Photoshop 8.0 主界面由菜单栏、图像处理窗口、工具箱、控制面板等组成。

1) Photoshop 菜单栏

Photoshop 菜单栏除通常的文件、编辑、帮助外,还有图像、图层、选择、滤镜、视图、窗口。

(1) 图像:用于改变图像模式、调整图像以及画布的尺寸、旋转画布等。

(2) 图层:用于新建和删除图层,调整图层选项、图层蒙版以及合并图层等。

(3) 选择:用于调整、存储和加载选择区域。

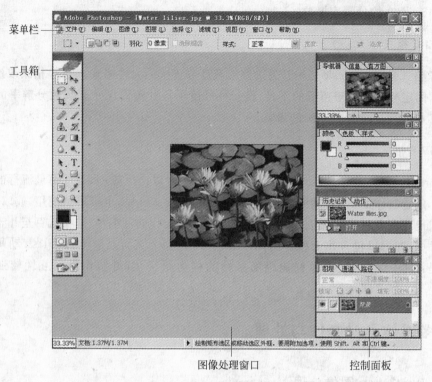

菜单栏

工具箱

图像处理窗口　　　　　　控制面板

图 5-18　Photoshop 8.0 主界面

（4）滤镜：用于赋予图像各种各样的特殊效果。

（5）视图：用于缩放图像、显示标尺、显示和隐藏网格等。

（6）窗口：用于控制工具箱和控制面板的显示和隐藏。

2）Photoshop 工具箱

Photoshop 工具箱提供 50 多种工具，分别用于选择、绘图、观察图像。工具箱如图 5-18 所示，其中显示了常用工具，从上到下分别如下。

（1）选择工具：最上方的 4 个按钮，是 4 种不同的选择工具，选取图像中的特定部分。

（2）图像绘制工具：有 8 个按钮，分别是喷枪、画笔、橡皮图章、历史画笔、橡皮、铅笔、模糊和减淡工具，用来绘制或修改图像。

（3）其他辅助工具：包括钢笔、文字、度量、渐变、油漆桶、吸管 6 个按钮。

（4）视图工具：包括拖动和缩放两个按钮。

（5）颜色控制工具：用于设置编辑图像时用到的前景色和背景色。

（6）模式工具：用于在标准模式和快速蒙版模式间进行切换。

（7）屏幕显示工具：有标准屏幕模式、带菜单栏的全屏模式和全屏模式 3 个图标，可在它们之间任意切换。

（8）Photoshop/Imageready 切换工具：用于两个软件工作界面间的实时切换。

3）Photoshop 控制面板

控制面板位于 Photoshop 主界面的右侧，提供各种信息、选项和操作，一般为 4 组。

第一组包括导航器、信息、直方图三部分。导航器可使用户按不同比例查看图像的不同区域;信息面板显示光标所在处的颜色值;直方图用来查看有关图像的色调和颜色信息。

第二组包括颜色、色板和样式 3 个面板。3 个部分配合使用可以确定画笔的形状、大小和颜色。

第三组有历史记录和动作两个面板。历史记录面板可用来恢复图像编辑过程中的任何状态;动作面板可将一系列编辑步骤设定为一个动作,提高图像编辑效率。

第四组有图层、通道和路径 3 个部分。它们用来对图层、通道和路径进行控制和操作。

4) Photoshop 文件操作

Photoshop 的文件操作与标准的 Windows 操作基本相同,具有新建、打开、存储、恢复、关闭等操作。同时,Photoshop 文件操作又具有自己的一些特点。下面简要介绍 Photoshop 8.0 基本的文件操作。

(1) 要在 Photoshop 中新建一个图像文件,可以选择"文件"|"新建"命令,打开"新建"对话框,如图 5-19 所示。

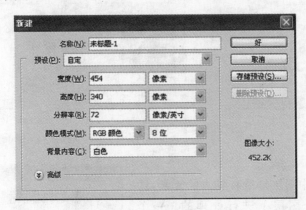

图 5-19　"新建"对话框

在该对话框中可以设定新建文件的名称、宽度、高度、分辨率、颜色模式和背景内容。图像尺寸和分辨率的默认值与复制到剪贴板中的图像相同。各项内容设定后,单击"好"按钮。

(2) 要打开现有文件,可以选择"文件"|"打开"命令,打开"打开"对话框,如图 5-20 所示。在该对话框中选取正确的路径和文件类型,单击"打开"按钮。

(3) 要保存当前的图像效果,可使用"存储"、"存储为"或"存储为 Web 所用格式"3 个命令。其中,"存储"命令使用现有的文件名和文件格式保存,原文件将被覆盖;"存储为"命令可将图像保存为一个新文件,但文件格式不变;"存储为 Web 所用格式"命令可使图像保存为一个网络上经常使用的格式文件,如 GIF。

(4) 关闭文件有两种方式:一是选择"文件"|"关闭"命令;二是可单击图像窗口右上角的关闭按钮。若文件修改过但没有保存,就会弹出询问是否要将图像保存的对话框,如图 5-21 所示。

(5) 在图像编辑过程中若产生错误操作,可以选择"文件"|"恢复"命令来恢复文件打开时的初始状态;也可使用"历史记录"面板来取消误操作。

2. Photoshop 中的基本概念

图层、滤镜是 Photoshop 中很重要的概念。

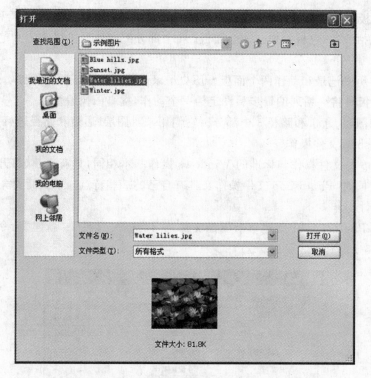

图 5-20　"打开"对话框

1) 图层

在 Photoshop 中图层是最有魅力的元素，任何特效都是在多个图层上进行处理的。一个 Photoshop 创作的图像可以想象成是由若干包含有图像各个不同部分的不同透明度的画布叠加而成的。每张画布称为一个"图层"。由于每层

图 5-21　提示对话框

以及层内容都是独立的，用户在不同的层中进行设计或修改等操作不影响其他层。通过在每个图层上作处理并且掩盖不想要的效果以达到最终的目的。利用图层控制面板可以方便地控制层的增加、删除、显示和顺序关系。

图层模式是指上下图之间相互重叠的模式。在使用图层"透明度"时，上一层由于"透明"可以透出下一层的图形，所以感觉两个图层融合了。在 Photoshop 中，图层模式有正常、正片叠底、叠加、柔光和强光等。

2) 滤镜

Photoshop 中的滤镜专门用于对图像进行各种特殊效果处理。图像特殊效果是通过计算机的运算来模拟摄影时使用的偏光镜、柔焦镜及暗房中的曝光和镜头旋转等技术，并加入美学艺术创作的效果而发展起来的。它能够大大简化制作图像特效的过程。实际制作过程中只需经过相当简化的几个参数的设置，就能利用既有的滤镜工具创造出丰富的效果。

Photoshop 自带的滤镜效果有 14 组，每组又有多种类型。例如，艺术效果滤镜模拟各种美术处理效果，扭曲滤镜模拟各种不同的扭曲效果生成波纹、挤压变形等图像。在滤镜使用中，应该注意滤镜的效果只针对当前的可见图层。

3. Photoshop 应用实例

Photoshop 是一个很优秀的平面制图软件,可用来编辑、创建各种意境的图像。通过 Photoshop 创作的图给人视觉上极大的冲击力。但是其复杂多样的命令和各种工具的使用方法在短时间内又难以掌握。下面通过一个简单的实例来介绍关于 Photoshop 工具的基本应用。

在各种广告宣传片、电影中经常有快速飞行的镜头,观众以第一人称视角观看迅速向后运动的物体有一种炫目的感觉。而用 Photoshop 制作出来的平面静态图同样能产生这样奇妙的错觉。现在以一幅建筑的图片为材料,对其进行一些处理。将该图片打开,由于没有其他图层信息,软件将其设为背景,并且将其锁定,不能做类似移动等处理。

为了让快速飞行的效果变得更真实,首先在建筑的两侧增加两座建筑,以避免天空中的空白影响图像的效果。其具体操作如下:

(1) 选择“文件”|“打开”命令,打开“打开”对话框,选择大厦的图片文件打开,此时图片作为背景出现在图层面板中。

(2) 选择“图层”|“新建”|“背景图层”命令,打开“新图层”对话框,如图 5-22 所示。将其名称设置为“图层 1”,此时图层面板如图 5-23 所示。

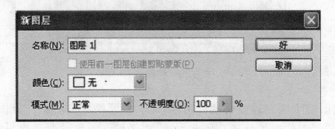

图 5-22 “新图层”对话框

然后选择“图层”|“新建”|“图层”命令,命名为“图层 2”,如图 5-24 所示。

图 5-23 图层操作

图 5-24 新建图层

(3) 复制两座建筑。

这里用到一个重要的工具即仿制图章工具 。它能将想仿制的对象“复制”到任何图层或者其他图片上。首先选择需要复制的图层,并选择工具栏中的图章工具。按住 Alt 键,这时图章工具由一个圆圈变成一个图章,这样就可定义要仿制的对象。

首先在图层面板中选择图层 1,并选择工具栏中的图章工具。将光标移动到建筑的顶部,按住 Alt 键。这时图章工具由一个圆圈变成一个图章,单击鼠标,这样就为仿制对象定义一个起始点。再在图层面板中选中刚才新建的图层 2,在想要放建筑的位置单击鼠标,这时屏幕上同时出现一个十字标记和一个圆圈。十字代表要仿制的对象,圆圈代表仿制对象要"复制"的位置,如图 5-25 所示。

图 5-25   仿制操作

一直拖动鼠标,使十字经过要仿制的对象,就会在圆圈处"复制"出该图像,如图 5-26 所示。这样就得到了一座仿制的建筑。依此方法,在图层 2 上再仿制一座,分别放在建筑的两侧。复制后的效果如图 5-27 所示。

图 5-26   建筑复制

图 5-27   复制后的效果

（4）使用椭圆形选择工具选中图层 1 中的主建筑，如图 5-28 所示。（注意：一定要在图层 1 中操作，否则会看不到效果。）

图 5-28　选择并创建新的图层

按 Ctrl＋C 组合键复制刚才选中的建筑，然后创建图层 3，按 Ctrl＋V 组合键粘贴主建筑至这个新建的图层。这样做是为了将来突出主建筑物，不对中间的那座建筑做任何处理。

（5）使用滤镜增加模糊效果。

分别对图层 1、图层 2 进行径向模糊处理。首先选中图层 1 或图层 2，如图 5-29 所示，然后选择"滤镜"|"模糊"|"径向模糊"命令，打开"径向模糊"对话框，如图 5-30 所示。把"数量"设置在 25 左右，"模糊方法"选择"缩放"，单击"确定"按钮。

图 5-29　图层选择

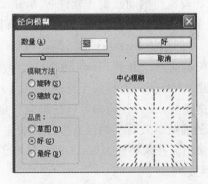

图 5-30　径向模糊

这样，一幅快速飞行的作品就做好了，非常具有视觉冲击力，整体效果如图 5-31 所示。

Photoshop 中的命令很繁杂，要达到目的也有多种方法。比如，上文提到的仿制图章工具也可以用拉出矩形选择框对建筑进行复制，但是这样会复制一些不必要的图像元素，然后还要用套索等带有选择性的工具进行边缘处理。要进一步熟练使用 Photoshop，还要靠平时的经验积累。

图 5-31　整体效果图

5.6.2　Flash 动画制作

　　动画是多媒体产品中最具有吸引力的素材,能使信息表现更生动、直观,具有吸引注意力、风趣幽默等特点。动画制作软件是将一系列的画面连续显示以达到动画的效果。动画的生成步骤包括设置运动对象的背景,设定对象的尺寸、初始位置,勾画出对象的运动路径等。目前比较流行的动画制作软件有 Animator Studio、AXA 2D、Flash 等。

　　在众多的动画制作软件中,Flash 使用得最为广泛。Flash 软件是基于矢量的、具有交互功能的、专门用于 Internet 的二维动画制作软件。Flash 主要具有如下功能特点:

　　(1) 矢量动画。由于 Flash 动画是矢量的,既可保证动画显示的完美效果,而且体积又小,因而能在 Internet 上得到广泛的应用。

　　(2) 交互性。Flash 动画可以在画面里创建各式各样的按钮,用于控制信息的显示、动画或声音的播放以及对不同鼠标事件的响应等,极大地丰富了网页的表现手段。

　　(3) 采用流技术播放。Flash 动画采用了流(stream)技术,在通过网络播放动画时是边下载、边播放的。

1. Flash 工作界面及基本操作

　　这里使用的是 Flash Professional 8,工作界面如图 5-32 所示。首先来熟悉一下 Flash Professional 8 主界面的构成。它主要是由标题栏、菜单栏、工具箱、时间轴、场景等部分组成的。

　　1) Flash 菜单栏

　　Flash Professional 8 菜单栏与 Windows 标准的操作界面一样,位于整个工作窗口的上部,主要包括以下选项和命令。

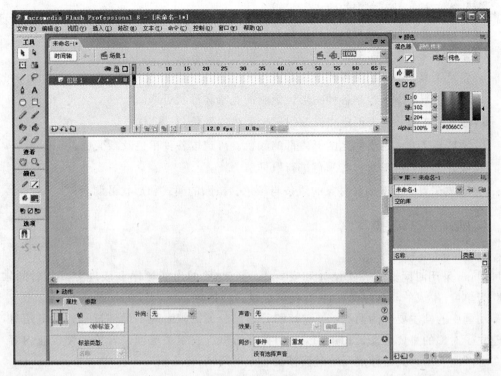

图 5-32 Flash Professional 8 整体界面

(1)"文件"菜单：包括文件的新建、打开、保存、影片的导入/导出、设置文件、打印以及动画的发布、退出程序等命令。

(2)"编辑"菜单：用于图像的复制、剪切、粘贴等操作，填充图像和实施图像变换等。

(3)"视图"菜单：用于显示时间轴、工作区，清除锯齿以及放大、缩小画布的尺寸等。

(4)"插入"菜单：包括插入图层、元件、帧以及场景等命令。

(5)"修改"菜单：用于调整、存储和加载选择区域。

(6)"命令"菜单：它是 Flash 中能被多次执行的一个任务，用于创建、管理等。

(7)"控制"菜单：用于动画的测试、播放等控制。

(8)"窗口"菜单：用于控制工具箱和控制面板的显示和隐藏。

2）Flash 工具箱

位于整个工作环境的左侧的按钮组就是"工具箱"。工具箱中设置了许多常用的工具，主要用于绘制图形和制作文字。这些工具从上到下分别如下。

箭头工具：用于选取和操作对象。

选取工具：用于调整图形节点，改变图形的形状。

自由变换工具：用于对选定的对象进行旋转、缩放等变换。

填充变换工具：用于调整渐变填充的中心位置、渐变角度、渐变范围。

线条工具：用于绘制直线。

套索工具：用于选择对象的编辑区域。

钢笔工具：用于创建路径。

Ａ 文本工具：用于文字的输入与编辑。

◯ 椭圆工具：用于绘制椭圆和正圆。

▢ 矩形工具：用于绘制矩形，矩形可带有圆角。

✐ 铅笔工具：用于绘制各种曲线。

✑ 笔刷工具：用于绘制各种图形。笔刷的宽窄和形状可调。

🖋 墨水瓶工具：用于创建和修改图形轮廓线的颜色、宽度、样式。

🪣 颜料桶工具：用于填充图形内部的颜色。可选取各种单色及渐变色。

✐ 吸管工具：用于对已有颜色进行取样。

▧ 橡皮工具：用于擦除对象的线条与颜色。擦除的模式和形状可调。

2. Flash 中的基本概念

1) 帧(frame)

Flash 采用时间轴的方式设计和安排每一个对象的出场顺序和表现方式。时间轴以"帧"为单位，生成的动画以每秒钟 N 帧的速度进行播放。

动画中的帧主要分为两类：关键帧和普通帧。关键帧表现了运动过程的关键信息，它们建立了对象的主要形态。Flash 以一个实心的黑点表示关键帧。若关键帧没有内容，则以空心圆圈表示。关键帧之间的过渡帧就叫做中间帧(普通帧)。

在 Flash 中，对于帧的操作主要有插入帧、移除帧、插入关键帧、插入空白关键帧、清除关键帧等。所有这些操作命令都包含在时间轴菜单中。

2) 元件(symbol)

在 Flash 中，元件是一种特殊的对象。Flash 元件分为 3 类：图形、按钮和影片剪辑。元件一旦被创建，就可反复地在 Flash 动画中使用。

在一个 Flash 动画中可以包含多个不同类型的元件。设置元件的作用在于：将动画中常用到的图片、视频等对象建立成元件，放置在元件库中，可随时从库中取出使用，而不会明显地增加该动画的大小。

3) Flash 动画分类

在 Flash 中可以制作 3 种类型的动画：逐帧动画、运动渐变动画和形状渐变动画。逐帧动画的特点是每一帧都是关键帧，因此制作的工作量很大。

运动渐变动画可以产生位置的移动、大小的缩放、旋转以及颜色的深浅等多种变化。只需制作出图形的起始帧和结束帧，所有起始帧和结束帧之间的运动渐变过程的帧都由计算机自动生成。运动渐变动画的适用对象为元件的实例。

形状渐变实现的是某个对象从一种形状变成另一种形状的变化。和运动渐变一样，只需制作图形的起始帧和结束帧，所有起始帧和结束帧之间的运动渐变过程的帧都由计算机自动生成。

3. Flash 应用实例

下面使用 Flash 软件制作一个简单的动画，展现一个动画的制作流程和 Flash 的基本操作。动画中实现一个电影的滚动字幕。

（1）选择"文件"|"新建"命令，创建一个新电影。选择"修改"|"影片"命令，打开"文档属性"对话框，如图 5-33 所示。设置工作区宽度为 250px，高度为 150px，设置完毕，单击"确定"按钮。

（2）单击工具箱中的文本工具图标 **A**，然后选择"文本"|"字体"命令，选择字体类型为 Arial Black。选择"文本"|"尺寸"命令，设字体大小为"36"。然后在工作区域中单击鼠标，在出现的框中输入文字"HELLO"。也可以通过属性定义调整字体的类型和大小，如图 5-34 所示。

图 5-33　设置影片属性

（3）单击工具箱中的箭头工具 ，将文字选中并把它移动到工作区中间。单击等时线窗口下方的 按钮，增加一个新图层"图层 2"，如图 5-35 所示。

图 5-34　文字属性调整

（4）选择"文件"|"导入"|"导入到舞台"命令，如图 5-36 所示，打开"导入"对话框，如图 5-37 所示。选择用于填充文字的图片名称，然后单击"打开"按钮，在工作区中调入所选图片。

图 5-35　增加新图层

图 5-36　"导入到舞台"命令

（5）右击所选图片，从弹出的快捷菜单中选择"转换为元件"命令，打开"转换为元件"对话框，如图 5-38 所示。在"名称"文本框中输入"元件 1"，"类型"选择"图形"单选按钮，单击"确定"按钮。这样该图已经转换成一个元件"元件 1"了。

（6）用鼠标按住图层 1 并把它拖到图层 2 上方。这时图层 1 已经位于图层 2 上方了，如图 5-39 所示。右击图层 1 的第 30 帧，从弹出的快捷菜单中选择"插入帧"命令，如图 5-40 所示。

图 5-37 "导入"对话框

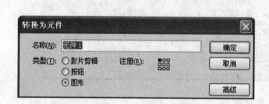

图 5-38 转换为元件

图 5-39 图层操作

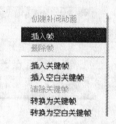

图 5-40 "插入帧"命令

(7) 选择图层 2 的第 1 帧,并使用工具箱中的箭头工具 ,把"元件 1"拖动到如图 5-41 所示位置。

然后右击图层 2 的第 30 帧,从弹出的快捷菜单中选择"插入关键帧"命令,如图 5-42 所示,即在第 30 帧处插入一个关键帧。把该帧的图像拖动到如图 5-43 所示位置。

图 5-41 拖动后的效果

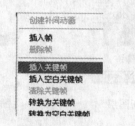

图 5-42 "插入关键帧"命令

图 5-43 效果图

(8) 右击图层 2 的第 1 帧,从弹出的快捷菜单中选择"创建补间动画"命令。这表示元件 1 将从第 1 帧的位置移动到第 30 帧的位置,如图 5-44 所示。右击图层 1,从弹出的快捷菜单中选择"遮罩层"命令。这时图层 1 将变成蒙版层,并对图层 2 产生蒙版作用,如图 5-45 所示。

(9) 选择"控制"|"测试影片"命令,打开播放器窗口,可以看到文字"HELLO"产生循环

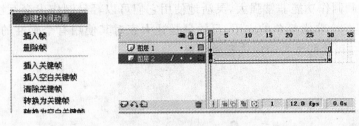

图 5-44　补间动画操作

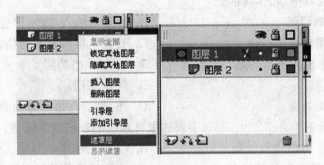

图 5-45　遮罩操作

播放电影的效果。

（10）选择"文件"|"发布设置"命令，发布 Flash 动画。若是作为一般的网页发布，则在"格式"选项卡中选择 Flash、HTML、"GIF 图像"选项，再修改文件存储位置，如图 5-46 所示。单击"发布"按钮即可完成文件的发布工作。

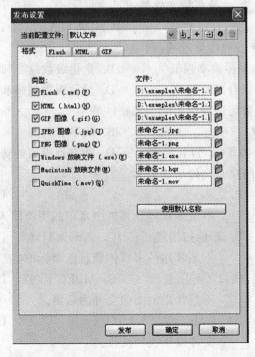

图 5-46　发布文件

Flash 的动画制作功能非常强大,灵活地使用它们可以轻易制作出交互性极强的作品。上面举的例子是一个非常简单的应用,目的只是让大家对其使用有个感性的认识。相信有了前面的认识,在以后的学习中应该比较轻松。

习题

一、选择题

1. 在计算机领域中,媒体指的是_____。
   A. 各种信息的编码　　　　　　　　　B. 计算机输入/输出信息
   C. 表示和传播信息的载体　　　　　　D. 计算机屏幕显示的信息

2. 多媒体计算机系统指的是计算机具有处理_____的功能。
   A. 交互式　　　　　　　　　　　　　B. 照片、图形
   C. 文字与数据处理　　　　　　　　　D. 图、文、声、影像和动画

3. 下列硬件设备中,_____不是多媒体硬件系统必须包括的设备。
   A. 计算机最基本的硬件设备　　　　　B. CD-ROM
   C. 音频输入、输出和处理设备　　　　D. 多媒体通信传输设备

4. 下列多媒体软件工具中,由 Windows 自带的是_____。
   A. Media Player　　　B. QuickTime　　　C. Winamp　　　D. Real Player

5. 要把一台普通的计算机变成多媒体计算机,_____不是要解决的关键技术。
   A. 视频、音频信号的共享　　　　　　B. 多媒体数据压缩编码和解码技术
   C. 视频、音频数据的实时处理和特技　D. 视频、音频数据的输出技术

6. 下列格式中,_____是音频文件格式。
   A. WAV 格式　　　B. JPG 格式　　　C. DAT 格式　　　D. MIC 格式

7. 一般来说,要求声音的质量越高,则_____。
   A. 量化级数越低和采样频率越低　　　B. 量化级数越高和采样频率越高
   C. 量化级数越低和采样频率越高　　　D. 量化级数越高和采样频率越低

8. 数字音频采样和量化过程所用的主要硬件是_____。
   A. 数字编码器　　　　　　　　　　　B. 数字解码器
   C. 模拟到数字的转换器(A/D 转换器)　D. 数字到模拟的转换器(D/A 转换器)

9. 使用录音机录制的声音文件后缀名为_____。
   A. .midi　　　B. .wav　　　C. .mp3　　　D. .cd

10. 下列设备中,_____不是多媒体计算机中常用的图像输入设备。
    A. 数码相机　　　B. 彩色扫描仪　　　C. 条码读写器　　　D. 彩色摄像机

11. 下列各项中,_____不是常用的多媒体信息压缩标准。
    A. JPEG 标准　　　B. LZW 压缩　　　C. MPEG 标准　　　D. MP3 压缩

12. 下列各项中,_____不是常用的图像文件的后缀。
    A. .gif　　　B. .bmp　　　C. .mid　　　D. .tif

13. 下列各项中,_____文件属于视频文件。
    A. JPG　　　B. AU　　　C. ZIP　　　D. AVI

14. 一个参数为 2min、25 帧/s、640×480 分辨率、24 位真彩色数字视频的不压缩的数据量约为_____。

A. 27 648MB　　　　B. 2 109 375MB　　　C. 35 156MB　　　D. 263 672MB

15. Macromedia 公司的 Flash 动画文件的后缀是_____。

A. .fli　　　　　　B. .flc　　　　　　C. .swf　　　　　D. .rtf

16. 下列各项中，_____是常用的图像处理软件。

A. Access　　　　B. Photoshop　　　C. PowerPoint　　　D. 金山影霸

二、填空题

1. 根据媒体的元素不同，多媒体可以分为_____、_____、图像、_____、_____和_____。

2. 多媒体技术具有_____、_____、_____和_____四大特征。

3. 多媒体计算机系统由_____和_____组成。

4. 对声音采样时，数字化声音的质量主要受 3 个技术指标的影响，它们是_____、_____、_____。

5. 音频文件有多种格式，常用的有_____、_____和_____等。

6. 一幅位图图像的大小由_____和_____两个因素决定。

7. 静态图像压缩常采用_____和_____编码，而动态图像压缩采用_____编码。

三、简答题

1. 简述多媒体技术。

2. 简述多媒体计算机的硬件系统和软件系统。

3. 比较位图图像和矢量图形的区别。

4. 常见的多媒体数据压缩方法有哪些？

第 6 章 网 页 设 计

在 Internet 提供的各种服务中,WWW 是目前最为流行的信息查询服务。由于 WWW 的普及性以及高度灵活性,使得任何个人和单位都可以在 Internet 上创设自己的两页和 Web 站点,以便发布定制的信息,展示自己的产品、服务以及特长、爱好等,并可让拥有 Web 浏览器 的用户非常方便地访问这些信息。因此,制作网页、创建网站已经成为一种非常重要的技术。

6.1 网页语言和设计工具

6.1.1 网页语言

网页语言主要包括基本的网页描述语言 HTML(HyperText Markup Language,超文 本标记语言)、辅助样式语言 CSS(Cascading Style Sheets,层叠样式表)以及脚本语言 JavaScript 和 VBScript。

6.1.2 网页设计工具

传统的网页设计工具主要用 HTML 进行编写,可以使用任意的文本编辑工具,如 Windows 最常用的记事本等。后来人们发明了可视化的网页设计工具,可以做到所见即 所得,大大提高了网页设计的效率。基本的可视化网页设计工具如 FrontPage、 Dreamweaver 等。

6.2 网站设计与规划

6.2.1 网页与网站

网页是 Internet 提供的 Web 服务里面最基本的组成部分,它是用 HTML 书写的文本 文档。

网站是由一系列文档按照一定逻辑组成的一个集合,这些文档之间通过各种链接相互 关联,一般具有相同的主题风格、实现目的等。

6.2.2 网站建设基本流程

在设计网站之前,通过了解网站建设的基本流程,可以有利于设计出更好、更合理、更有针对性的网站。

通常,网站建设分成三步:第一步是根据网站的功能和目的进行总体规划,包括网页的显示风格、版面布局、网页特效等;第二步是根据确定的网站内容搜集素材,包括资料的搜集、整理与修改;第三步是正式开始设计网站。

6.2.3 创建站点

一旦用户设计了站点结构,就必须在 Dreamweaver 中指定新的站点。当在 Dreamweaver 中建立了本地站点,设置好上传方式,就可以将站点上传到 Web 服务器上,并能够自动跟踪和维护链接、相互共享文件了。另外,使用本地站点,可以预览站点内各个文档的相互关系,确定以后发布的网站的大致情况,可以减少网站发布以后可能产生的错误及其他问题。因此,在开始创建网页之前,用 Dreamweaver 建立本地站点是一个最好的选择。

用户如果要在本地创建一个新站点,可以使用 Dreamweaver 的"站点定义向导",可以带领用户逐步完成站点设置的全过程,即使不熟悉 Dreamweaver 的用户也可以使用它方便快捷地创建站点。

【例 6-1】 在 Dreamweaver 中使用"站点定义向导"创建一个本地新站点。

具体操作如下:

(1) 选择"站点"|"新建站点"命令,打开站点定义对话框,单击"基本"标签,在"您打算为您的站点起什么名字?"文本框中输入新建站点的名称,如图 6-1 所示。

图 6-1 站点定义对话框

(2) 单击"下一步"按钮,在"编辑文件,第 2 部分"选项区中设置是否选择使用服务器技术,这里选中"否,我不想使用服务器技术"单选按钮。

（3）单击"下一步"按钮，在"编辑文件，第3部分"选项区的"您将把文件存储在计算机的什么位置？"文本框中输入站点文件存放的位置，或者单击右边的文件夹图标，在本地计算机选择一个文件夹（例如 E:\MySite\），没有输入或选择将使用系统默认值。

（4）单击"下一步"按钮，在站点定义对话框的"共享文件"选项区的"您如何连接到远程服务器"下拉列表框中选择"无"选项。

（5）单击"下一步"按钮，在站点定义对话框的"总结"选项区中将显示以上设置步骤的详细信息。

（6）单击"完成"按钮，一个本地新站点创建完成。此时选择"窗口"|"站点"命令，在打开的"站点"面板中将显示创建的新站点。

本地文件夹是 Dreamweaver 站点的工作目录，该文件夹可以位于本地计算机上，也可以位于网络服务器上。当用户设置本地文件夹后，其实就相当于建立了一个 Dreamweaver 站点。因此，用户在使用 Dreamweaver 进行开发前，至少需要设置一个本地文件夹。

要设置本地文件夹，可以选择"站点"|"新建站点"命令，打开站点定义对话框，单击"高级"标签，在左侧的"分类"列表中选择"本地信息"，在右侧将显示"本地信息"的所有参数设置选项，如图 6-2 所示。

图 6-2　本地信息设置

在"本地信息"选项区中，各选项的功能如下。

（1）"站点名称"文本框：用来输入本地站点的名称。

（2）"本地根文件夹"文本框：用来输入本地磁盘中存储站点文件、模板和库项目的文件夹的名称，或单击文件夹图标选择该文件夹。

（3）"自动刷新本地文件列表"复选框：用来指定每次将文件复制到本地站点时

Dreamweaver 是否自动刷新本地文件列表。

（4）"默认图像文件夹"文本框：用来输入此站点的默认图像文件夹的路径，或单击文件夹图标选择该文件夹。

（5）"HTTP 地址"文本框：用来输入已完成的 Web 站点将使用的 URL。

（6）"启用缓存"复选框：用来指定是否创建本地缓存以提高链接和站点管理任务的速度。

6.3 创建网页文档

6.3.1 创建、打开和保存文档

Dreamweaver 提供了多种创建文档的方法，用户可以创建一个新的空白 HTML 文档，打开一个现有的 HTML 文档，或使用模板创建新文档。

在 Dreamweaver 中，用户也可以打开非 HTML 文本文件，如 JavaScript 文件、纯文本 E-mail 文件，或使用字处理编辑器保存的文本。然而并不是所有的 Dreamweaver 文档编辑工具都可以在纯文本文档中使用，但可以使用基本的文本编辑特性。

1. 创建新的空白文档

用户要在 Dreamweaver 的文档窗口中创建一个空白文档，有以下两种方法：

（1）启动 Dreamweaver，系统自动创建一个空白文档。

（2）在文档窗口中选择"文件"|"新建"命令，打开"新建文档"对话框，选择要创建的文档类型，如图 6-3 所示。

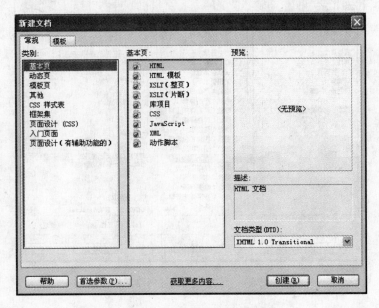

图 6-3 "新建文档"对话框

使用代码视图可以看到新建的文档并不是完全空白的,它包括< html >、< head >、< body >等基本 HTML 标记。当在文档窗口的设计视图中输入文本或插入对象(如表格、图像)时,可以在代码窗口中看到自动生成的 HTML 代码。

2. 创建基于 Dreamweaver 设计文件的文档

Dreamweaver 附带了几种以专业水准开发的页面布局和设计元素文件。用户可在"新建文档"对话框中选择这些设计文件,并作为设计站点页面的起点。

设计文件包括具有辅助功能标准的文档和模板、基于表格的页面布局文档和 CSS 样式表。对于"CSS 样式表"、"框架集"、"页面设计(CSS)"和"页面设计(有辅助功能的)"类别中的项目,可在"新建文档"对话框中预览文档并阅读关于文档设计元素的简要说明。

当用户创建基于设计文件的文档时,Dreamweaver 会自动创建文件的拷贝。如果设计文件包含资源文件(如图形、Flash 元素或外部 CSS 样式表)的链接,在保存文档时,Dreamweaver 会提示用户保存相关文件的拷贝。

【例 6-2】 在"新建文档"对话框中创建"页面设计(有辅助功能的)"类别中的"图像:幻灯片"类型的文档。

其具体操作如下:

(1)选择"文件"|"新建"命令,打开"新建文档"对话框。

(2)在对话框的"常规"选项卡的"类别"列表框中选择"页面设计(有辅助功能的)"选项。

(3)在对话框中间的"页面设计(有辅助功能的)"列表框中选择"图像:幻灯片"选项,此时在右侧的预览窗口中将显示该类型文档的相关信息,如图 6-4 所示。

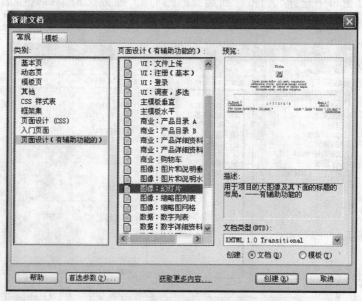

图 6-4　使用页面设计创建文档

(4)在对话框右下方的"创建"选项区中选中"文档"单选按钮。

(5)单击"创建"按钮,将在文档窗口中创建一个"图像:幻灯片"类型的文档。

3. 创建基于现存模板的文档

Dreamweaver 模板是一种特殊类型的文档,用于创建具有相同页面布局的统一页面。模板设计者通过设计页面布局,并在模板中设置可进行编辑的区域供用户使用。

用户可在"新建文档"对话框中的"模板"选项卡中选择、预览和创建基于模板的文档;也可使用"新建文档"对话框中的"页面设计"类别中的文档来创建模板,将"页面设计"中的文档保存为站点中的模板后,就可以创建基于该模板的页面了。

【例 6-3】 在"新建文档"对话框中创建基于"页面设计(有辅助功能的)"类别中的"商业:购物车"类型的模板文档。

其具体操作如下:

(1) 选择"文件"|"新建"命令,打开"新建文档"对话框。

(2) 在对话框的"常规"选项卡的"类别"列表框中选择"页面设计(有辅助功能的)"选项。

(3) 在对话框中间的"页面设计(有辅助功能的)"列表框中选择"商业:购物车"选项,此时在右侧的预览窗口中将显示该类型文档的相关信息,如图 6-5 所示。

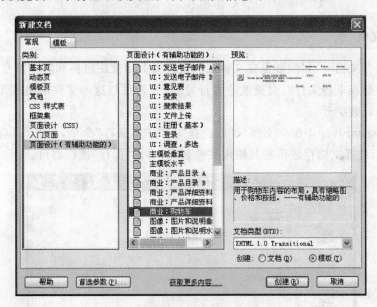

图 6-5 使用页面设计创建模板

(4) 在对话框右下方的"创建"区域中选中"模板"单选按钮。

(5) 单击"创建"按钮,将在文档窗口中创建一个基于"商业:购物车"类型的模板文档。

4. 打开现有文档

在 Dreamweaver 中要打开现有文档,有以下两种方法:

(1) 选择"文件"|"打开"命令,打开"打开"对话框,选择一个已存在的网页文档,如图 6-6 所示。

(2) 如果文件是由 Microsoft Word 创建的,选择"文件"|"导入"|"Word 文档"命令,也

图 6-6 "打开"对话框

可打开文档。

5. 保存文档

用户在保存文档时,尽量避免在文件名和文件夹名中使用空格和特殊符号(例如中文),因为很多服务器在上传文件时会更改这些符号,这会导致与这些文件的链接出错,而且,文件名最好不要以数字开头。

要在 Dreamweaver 中保存文档,可以选择"文件"|"保存"命令,打开"另存为"对话框,如图 6-7 所示,选择文档存放位置并输入文件名称,单击"保存"按钮即可。

图 6-7 "另存为"对话框

6.3.2 文档属性设置

文档的属性包括页面字体、背景图像和颜色、文本和链接颜色、边界、页面标题和编码等。其中，页面标题确定和命名了文档的名称；背景图像和颜色显示了文档的外观；页面字体、文本和链接颜色帮助站点访问者区别文本和超文本链接等。

要设置文档的属性，可以选择"修改"|"页面属性"命令，打开"页面属性"对话框，如图 6-8 所示。

在"页面属性"对话框中，可以在"分类"列表框中选择需要修改的文档属性类别，包括外观、链接、标题、标题/编码和跟踪图像 5 个选项。

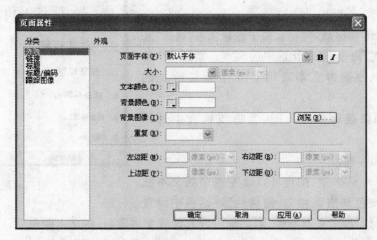

图 6-8 "页面属性"对话框

6.3.3 文本添加和格式设置

文本是网页制作中的一个重要部分，设置标准的文本格式可以创建出别具特色的网页。文本的格式设置主要包括字体、字号、颜色、粗体、斜体、项目符号及编号等。在 Dreamweaver 中还可以直接使用 HTML 标记、HTML 组合标记以及 CSS 样式对文本进行统一格式化。

1. 文本添加

在页面中添加文本时，可以直接在插入点处输入文本，也可以从其他文本编辑器中复制文本，然后切换到 Dreamweaver 中，将插入点放置到文档窗口的设计视图中，选择"编辑"|"粘贴"命令，将复制的文本粘贴到 Dreamweaver 文档中。Dreamweaver 不会保留原来文本使用的格式，但仍然能保留断行。

2. 设置文本格式

在 Dreamweaver 中，使用"文本"菜单的相关选项及属性检查器可以对文本进行格式化或建立一个完整的站点。

1）设置字符格式

在 Dreamweaver 中,使用属性检查器或"文本"菜单可以设置或改变选中文本的字体特征。

要设置或改变文本字体特征,可以在文档窗口中选择文本,然后选择"文本"|"字体"命令,再选择需要的字体选项,设置字体类型,默认情况下,中文字体为宋体;选择"文本"|"样式"命令,从弹出的快捷菜单中选择字体样式,如粗体、斜体、下划线等;选择"文本"|"大小"命令,从弹出的快捷菜单中选择文字尺寸。

2）使用段落和标题

用户使用属性检查器中的"格式"下拉列表框,或选择"文本"|"段落格式"命令,可以设置标准的段落和标题。

要设置段落和标题,可在文档中选择文本,选择"文本"|"段落格式"命令,格式化选中的文本。如图 6-9 所示是在文档中分别为文本应用了 6 个级别标题的效果。

如果要删除段落格式,可从菜单或列表中选择"无"选项。

3）改变文本颜色

在 Dreamweaver 中,用户可以改变选中的文本颜色,使用新的颜色来覆盖在"页面属性"对话框中设置

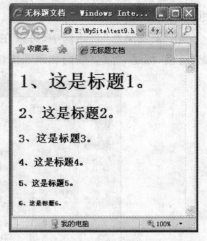

图 6-9　应用标题效果

的文本颜色。如果在"页面属性"对话框中没有设置文本颜色,则文本颜色默认为黑色。

要改变文本的颜色,可在文档中选择文本,选择"文本"|"颜色"命令,打开"颜色"对话框,如图 6-10 所示。在该对话框中选择合适的颜色,然后单击"确定"按钮即可改变选择的文本颜色。

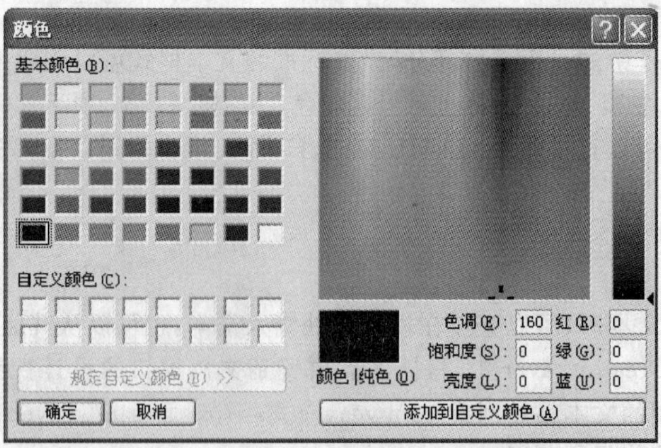

图 6-10　"颜色"对话框

用户还可以选择"修改"|"页面属性"命令,打开"页面属性"对话框,如图 6-11 所示。单击文本颜色按钮或直接在文本框中输入颜色值,设置文本颜色。

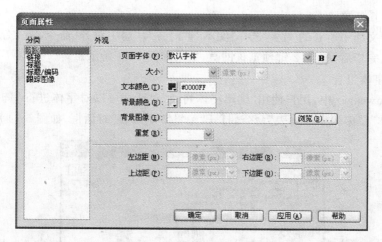

图 6-11 "页面属性"对话框

4) 对齐文本

用户要对齐段落文本,可以使用属性检查器中的 按钮,或选择"文本"|"对齐"命令。在 Dreamweaver 中,文本的对齐方式共有 4 种: 左对齐、居中对齐、右对齐和两端对齐,如图 6-12 所示。

【例 6-4】 在网页文档中输入一首诗词,诗词的标题文字的格式为"标题 2",文字颜色为红色;诗词正文的格式为"标题 4",文字颜色为蓝色;所有文字均设置为"居中对齐",如图 6-13 所示。

图 6-12 对齐文本

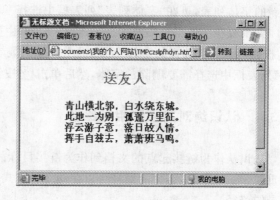

图 6-13 设置文档中的文本

其具体操作如下:

(1) 选择"文件"|"新建"命令,新建一个网页文档。

(2) 选择"插入"|"表格"命令,在文档中插入一个行数为 2、列数为 1 的表格。

(3) 在表格的第一行输入诗词的标题。

(4) 选中诗词的标题文字,选择"文本"|"段落格式"|"标题 2"命令,在属性检查器中单击 按钮,选择红色。

(5) 在表格的第二行输入诗词的正文。

(6) 选中诗词的正文文字,选择"文本"|"段落格式"|"标题 4"命令,在属性检查器中单

击  按钮,选择蓝色。

(7) 选中文档中所有的文字,选择"文本"|"对齐"|"居中对齐"命令,将文字居中对齐。

(8) 输入完毕后,按 F12 键预览该网页,效果如图 6-13 所示。

5)编辑字体组合

在 Dreamweaver 中,用户使用"编辑字体列表"对话框可以对字体进行编辑组合。选择"文本"|"字体"|"编辑字体列表"命令,打开"编辑字体列表"对话框,如图 6-14 所示。

图 6-14 "编辑字体列表"对话框

在"字体列表"列表框中显示了当前已有的字体组合项;在"选择的字体"列表框中显示了当前选中字体列表中包含的字体名称;在"可用字体"列表框中显示了当前可以使用的字体名称。

如果要修改"字体列表"列表框中的某一字体组合项,可选中该字体组合项。如果要创建新的字体列表,可在"字体列表"列表框中选择"(在以下列表中添加字体)"选项。

如果要在字体组合中添加新字体,可从"可用字体"列表框中选择需要的字体,然后单击 按钮,添加到"选择的字体"列表框中。如果要在字体组合中删除字体,可从"选择的字体"列表框中选择需要删除的字体,然后单击 按钮。

6.3.4 认识绝对路径和相对路径

认识从作为链接起点的文档到作为链接目标的文档之间的文件路径,对于创建链接至关重要。一般来说,链接的路径可以使用 3 种方式表示:绝对路径、相对路径和基于站点根目录的路径。

1. 绝对路径

在链接中,绝对路径提供了链接文档的完整的 URL 地址。绝对路径如 http://www.adobe.com/cn/support/dreamweaver/contents.html。

使用绝对路径与链接的源端点无关,只要站点地址不变,无论文档在站点中如何移动,都可以正常实现跳转而不会发生错误。在链接不同站点上的文档时,必须使用绝对路径。

但是绝对路径链接方式不利于测试。如果在站点中使用绝对路径地址,要想测试链接是否有效,必须在 Internet 服务器端进行。此外,采用绝对路径不利于站点的移植。例如,一个较为重要的站点可能会在几个地址上创建镜像,要将文档在这些站点之间移植,必须对站点中的每个使用绝对路径的链接进行一一修改,这样才能达到预期目的。

2. 相对路径

相对路径可以表述源端点同目标端点之间的相互位置,它同源端点的位置密切相关。如果链接中源端点和目标端点位于一个目录下,则在链接路径中只需指明目标端点的文档名称即可。

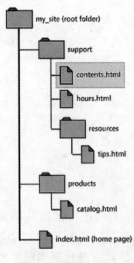

图 6-15　站点结构

例如,在如图 6-15 所示的站点中,如果在 support 文档中创建指向 contents. html 文档的链接,可以使用相对路径 contents. html。

如果链接的源端点和目标端点不在同一个目录下,则只要将目录的相对关系表达出来即可。

如果链接指向的文档位于当前目录的子级目录中,可以直接输入目录名称和文档名称。例如,在图 6-15 中,如果在 index. html 文档中创建指向位于 support 目录中的 contents. html 文档的链接,可使用相对路径 support/contents. html。

如果链接指向的文档没有位于当前目录的子级目录中,则可以使用".."符号来表示当前位置的父级目录,利用多个这样的符号可以表示其更高的父级的目录,从而构建出目录的相对位置。例如,在图 6-15 中,如果在 catalog. html 文档中创建指向位于 support 目录中的 contents. html 文档,可使用相对路径../support/contents. html。

如果要在 tips. html 文档中创建指向 catalog. html 文档的链接,可以使用相对路径../../products/catalog. html。

由此可见,使用相对路径时,如果站点的结构和文档的位置不变,则链接关系也就不会发生变化。即使将整个站点移植到其他地址的站点中,也不需要修改文档中的链接路径。但是如果修改了站点结构或移动了文档,则文档中的相对链接关系就会被破坏。

6.3.5　创建与管理超链接

创建超链接的 HTML 标记称为"锚记"或"a"标记,Dreamweaver 可以为对象、文本或图像创建超链接,链接到其他文档或文件,或链接到单个文档的指定位置。当在本地站点内移动或重命名文档时,Dreamweaver 可自动更新指向文档的链接。

1. 创建链接的类型和方法

在网页文档中,使用 a href 标签可以创建链接到其他文档和文件的链接,以及链接到单个文档特定位置的链接。

例如,如果用户在文档中选中了文字"主页",并为其创建了一个指向 home. html 文档的超链接,则该链接的 HTML 源代码如下:

```
< a href＝"home. html">主页</a>
```

如果要创建一个指向文档位置的链接，首先应创建一个锚记名称，如 a name＝"ch1"，然后创建同页面的链接，指向锚记名称，如 a href ＝ "♯ch1"。

在 Dreamweaver 中，可以创建下列几种类型的链接。

（1）外部链接：利用该链接可以跳转到其他文档或文件，如图形、电影、PDF 或声音文件。

（2）内部链接：也被称为锚记链接，利用它可以跳转到本站点指定文档的位置。

（3）E-mail 链接：使用这种链接，可以启动电子邮件程序，允许用户书写电子邮件，并发送到指定地址。

（4）虚拟链接及脚本链接：它允许用户附加行为至对象或创建一个执行 JavaScript 代码的链接。

在 Dreamweaver 中，可以创建本地超链接的方法主要有以下几种：

（1）使用属性检查器中的"链接"文本框。

（2）使用"修改"｜"创建链接"命令来制作到某个文件的链接。

（3）使用站点地图来查看、创建、修改及删除链接。

（4）使用快捷菜单，从中选择"创建链接"命令。

2. 链接到文档的指定位置

在 Dreamweaver 中，用户可以使用命名锚记在文档中指定位置上创建链接的目标端点。通过对文档中指定位置的命名，允许利用链接打开目标文档时，直接跳转到相应的命名位置。因此，使用命名锚记不仅可以跳转到其他文档中的指定位置，还可以跳转到当前文档的指定位置。

创建到命名锚记的链接的过程分为两步：首先创建命名锚记；然后创建到命名锚记的链接。

【**例 6-5**】 在网页文档中创建如图 6-16 所示的命名锚记，单击后返回到页首。

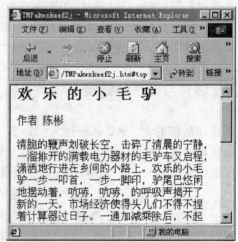

图 6-16　创建返回到页首的命名锚记

其具体操作如下：

（1）在网页文档中输入一篇文章。

（2）将插入点置于需要命名锚记的位置，在本例中，锚记的位置在文章标题的最左边。

（3）选择"插入"｜"命名锚记"命令，或单击"插入"栏中的"常用"标签，切换到常用插入栏，单击 按钮。

（4）在打开的"命名锚记"对话框中输入锚记的名称"top"，然后单击"确定"按钮，如图 6-17 所示。

（5）这时，在网页文档中将出现一个锚记标记，如图 6-18 所示。

图 6-17 "命名锚记"对话框   图 6-18 插入命名锚记

（6）在网页文档中选择需要创建链接的文本用来链接命名锚记，在文本属性检查器的"链接"文本框中输入前缀和锚记名称"♯top"，如图 6-19 所示。

（7）输入完毕后，按 F12 键预览该网页，效果如图 6-16 所示。

3. 创建超链接

在 Dreamweaver 中可以为对象、文本或图像创建超链接，链接到其他文档或文件。要在网页中创建超链接，可以选择"插入"｜"超级链接"命令，或单击"插入"栏中的"常用"标签，切换到常用插入栏，然后单击超级链接按钮 ，打开"超级链接"对话框，如图 6-20 所示。

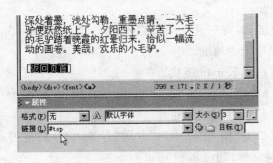

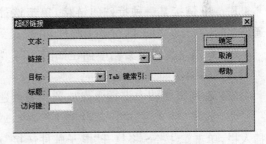

图 6-19 链接命名锚记   图 6-20 "超级链接"对话框

在"超级链接"对话框中，各选项的功能如下。

（1）"文本"文本框：用来输入在文档中作为超链接时显示的文本。

（2）"链接"文本框：用来输入要链接的文件的名称，或者单击文件夹图标以通过浏览选择该文件。

（3）"目标"下拉列表框：用来指定链接的页面在窗口中显示的位置。在"目标"下拉列表框中包含以下 4 个选项。

① "_blank"：将链接的文件载入一个未命名的新浏览器窗口中。

② "_parent"：将链接的文件载入含有该链接的框架的父框架集或父窗口中。

③ "_self"：将链接的文件载入该链接所在的同一框架或窗口中。

④ "_top"：在整个浏览器窗口中载入所链接的文件，因而会删除所有框架。

（4）"Tab 键索引"文本框：用来输入 Tab 键顺序的编号。

（5）"标题"文本框：用来输入超链接的标题。

（6）"访问键"文本框：用来输入键盘等价键（一个字母）以便在浏览器中选择该超链接。

【例 6-6】 在网页文档中创建如图 6-21 所示的超链接。

其具体操作如下：

（1）在网页文档中将插入点放置在要创建超链接的地方。

（2）选择"插入"|"超级链接"命令，打开"超级链接"对话框，进行如图 6-22 所示的设置，然后单击"确定"按钮。

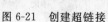
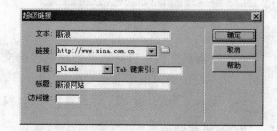

图 6-21 创建超链接　　　　　　　　　　图 6-22 "超级链接"对话框

（3）设置完毕后，按 F12 键预览该网页，效果如图 6-21 所示。

4．创建 E-mail 链接

E-mail 链接是一种特殊的链接，单击这种链接，将打开一个空白通信窗口。在 E-mail 通信窗口中，允许用户创建电子邮件，并发送到指定的地址。

【例 6-7】 在网页文档中创建如图 6-23 所示的 E-mail 链接。

其具体操作如下：

（1）在网页文档中将插入点放置在要创建 E-mail 链接的地方。

（2）选择"插入"|"电子邮件链接"命令，或单击"插入"栏中的"常用"标签，切换到常用插入栏，单击 按钮，将打开"电子邮件链接"对话框，如图 6-24 所示。

（3）在该对话框中输入电子邮件地址，然后单击"确定"按钮。

（4）设置完毕后，按 F12 键预览该网页，效果如图 6-23 所示。

5．创建虚拟链接及脚本链接

虚拟链接实际上是一个未设计的链接，利用该链接可激活页面上的对象或文本。一旦对象或文本被激活，当鼠标指针经过该链接时，用户可为其附加行为以交换图片或显示层。要创建虚拟链接，用户只需在选定文字或图片后，在属性检查器的"链接"文本框中输入一个"#"号就可以了。

图 6-23　创建 E-mail 链接　　　　　图 6-24　"电子邮件链接"对话框

　　脚本链接是指执行 JavaScript 代码或调用 JavaScript 函数。该方式可使用户在不离开当前页面的情况下了解关于某个项目的一些附加信息。此外,该方式还用于执行计算、表单验证或其他任务。

　　要创建脚本链接,只需在选定文字或图片后,在属性检查器的"链接"文本框中输入"javascript",并且后跟一些 JavaScript 代码或函数调用就可以了。例如,可输入"javascript:alert",这时当用户单击该链接时,系统将弹出一个提示框,其中将显示上面输入的文字。

6. 在站点地图中创建和修改链接

　　用户可以通过在站点地图中添加、更改和删除链接来修改站点的结构,Dreamweaver会自动更新站点地图以显示对站点所做的更改。

　　【例 6-8】　在 Dreamweaver 中打开站点地图,并创建站点中的页面链接。

　　其具体操作如下:

　　(1)选择"站点"|"站点地图"命令,或在站点面板中的下拉列表框中选择"地图视图"选项,打开站点地图,如图 6-25 所示。

　　(2)在面板中单击 按钮,展开站点地图。

　　(3)在站点地图窗口中单击菜单上的站点地图按钮,选择"地图和文件"选项,如图 6-26所示。

图 6-25　站点面板　　　　　　　图 6-26　站点地图按钮

（4）此时，在 Dreamweaver 窗口中将显示网页站点地图，如图 6-27 所示。

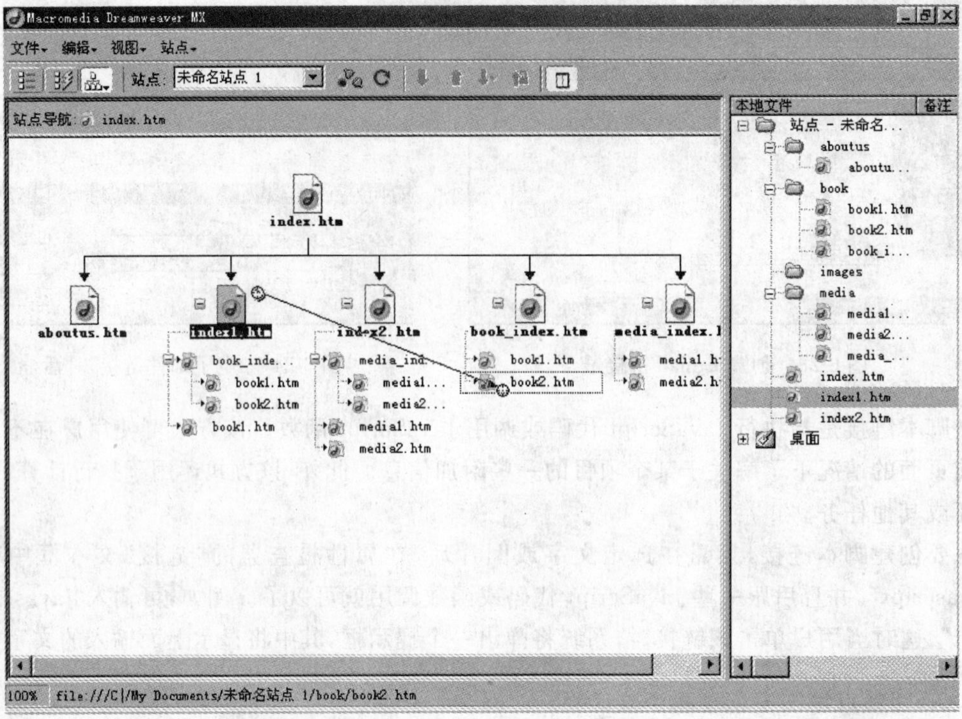

图 6-27　站点地图

（5）在站点地图中选择需要创建页面链接的 HTML 文件，这时在文件图标右边将出现点到文件图标 。

（6）拖动点到文件图标 ，指向其他网页文档，然后释放鼠标，即可创建一个页面链接。

6.4　图像与多媒体的使用

6.4.1　在网页中使用图像

图像是网页制作中一个不可缺少的部分，在页面中恰当地使用图像，不仅可以使网页美观，更重要的是可以吸引浏览者。

在网页中适当地插入图像可以使网页增色不少，很少有网页不含有任何图像。然而，图像的大小会影响网页的下载速度。因此，图像要用得少而精，必要的时候应使用图像处理软件在不失真的情况下尽量压缩图像尺寸。

1．Web 页中常用的图像格式

图像的文件格式有很多种，但 Web 页中通常使用的只有 GIF、JPEG 和 PNG 这 3 种。目前，GIF 和 JPEG 文件格式的支持情况最好，大多数浏览器都可以查看它们。PNG 文件具有较大的灵活性并且文件尺寸较小,所以它对于几乎任何类型的 Web 图形都是最适合的。但是 Microsoft Internet Explorer(4.0 和更高版本)和 Netscape Navigator(4.04 和更高版本)只能部分支持 PNG 图像的显示。因此,一般情况下向网页中插入图像都是使用 GIF 或 JPEG 文件格式。

(1) GIF(图形交换)文件格式:最多使用 256 种颜色,最适合显示色调不连续或具有大面积单一颜色的图像,例如导航条、按钮、图标、徽标或其他具有统一色彩和色调的图像。

(2) JPEG(联合图像专家组标准)文件格式:用于摄影或连续色调图像的高级格式,因为 JPEG 文件可以包含数百万种颜色。随着 JPEG 文件品质的提高,文件的大小和下载时间也会增加。通常可以通过压缩 JPEG 文件在图像品质和文件大小之间达到良好的平衡。

(3) PNG(可移植网络图形)文件格式:是一种替代 GIF 格式的无专利权限制的格式,它包括对索引色、灰度、真彩色图像以及 Alpha 通道透明的支持。PNG 文件格式是 Macromedia Fireworks MX 固有的文件格式,它可以保留所有原始层、矢量、颜色和效果信息(例如阴影),并且在任何时候所有元素都是完全可编辑的。文件必须具有 .png 文件扩展名才能被 Macromedia Dreamweaver 识别为 PNG 文件。

2. 插入图像

要在网页中插入图像,可以选择"插入"|"图像"命令,或单击"插入"栏中的"常用"标签,切换到常用插入栏,然后单击 按钮,打开"选择图像源"对话框,如图 6-28 所示。在"选择图像源"对话框中选中合适的图像文件,单击"确认"按钮即可将选中的图像插入到网页中。

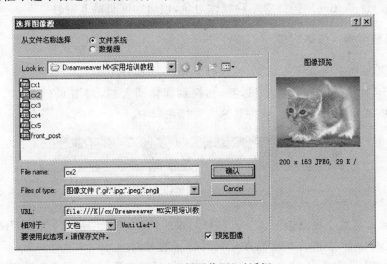

图 6-28　"选择图像源"对话框

在"选择图像源"对话框中,在"从文件名称选择"选项组中选中"文件系统"单选按钮可以选择一个图形文件;选中"数据源"单选按钮可以选择一个动态图像源文件;在 URL 文本框中可直接输入要插入图像的路径和名称。

3. 插入图像占位符

"图像占位符"是在准备好将最终图像添加到网页文档之前使用的图像。要在网页中插

入图像占位符,可以选择"插入"|"图像占位符"命令,或单击"插入"栏中的"常用"标签,切换到常用插入栏,单击 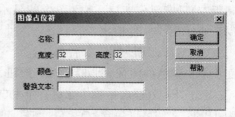 按钮,打开"图像占位符"对话框,如图 6-29 所示。

在"图像占位符"对话框中,各选项的功能如下。

图 6-29 "图像占位符"对话框

(1)"名称"文本框:用于输入要作为图像占位符的标签文字显示的文本。这是可选域,如果不想显示标签文字,可将此域留空。名称必须以字母开头,并且只能包含字母和数字;不允许使用空格和高位 ASCII 字符。

(2)"宽度"和"高度"文本框:用于输入数字设置图像大小。

(3)"颜色"文本框:用于为图像占位符指定颜色。

(4)"替换文本"文本框:用于为使用只显示文本浏览器的访问者输入描述该图像的文本。

6.4.2 在网页中使用多媒体

1. 插入媒体对象

在 Dreamweaver 的网页文档中,用户可以插入 Flash 对象、QuickTime、Shockwave 影片、Java Applets、ActiveX 控件等多种媒体对象,以增加网页的互动性。

2. 在页面中插入媒体对象

要在网页文档中插入媒体对象,可执行下列操作之一:

(1)单击"插入"栏中的"媒体"标签,切换到媒体插入栏,如图 6-30 所示。在插入栏中单击要插入的对象类型的按钮,或将其拖入文档窗口中。

图 6-30 媒体插入栏

(2)将插入点置于页面中需要插入媒体对象的位置,选择"插入"|"媒体"命令或"插入"|"交互式图像"命令,在弹出的子菜单中选择适当的对象。

在多数情况下,执行上述命令后将打开"选择文件"对话框,让用户选择相应媒体对象的源文件或设置它们的参数。

6.5 表单的使用

表单是 Internet 用户同服务器进行信息交流的重要工具。通常,一个表单中会包含多个对象,有时也称它们为控件,如用于输入文本的文本域、用于发送命令的按钮、用于选择项目的单选按钮和复选框以及用于显示选项列表的列表框等。

一个完整的表单包括表单对象和应用程序两个基本组件。其中,表单对象在网页中起描述作用,应用程序则是服务器端或客户端的脚本,通过它们实现对用户信息的处理。

6.5.1 创建表单

在 Dreamweaver 中要添加表单对象,首先应该创建表单。因为表单域属于不可见元素,所以在创建表单域之前应选择"查看"|"可视化助理"|"不可见元素"命令,显示不可见元素。

要在网页中创建表单,可以选择"插入"|"表单"命令,或单击"插入"栏中的"表单"标签,切换到表单插入栏,然后单击 按钮,将在文档中插入一个表单,如图 6-31 所示。

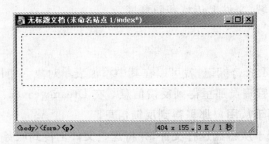

图 6-31　在文档中插入表单

接着设置表单属性。在文档中选中表单,然后选择"窗口"|"属性"命令,以显示表单属性检查器,如图 6-32 所示。

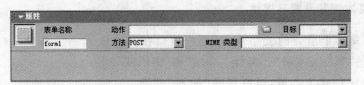

图 6-32　表单属性检查器

在表单属性检查器中,各选项的功能如下。

(1)"表单名称"文本框:用于输入表单的名称。

(2)"动作"文本框:用于输入文件的 URL 地址,可以是 HTTP 类型的地址或 MAILTO 类型的地址。也可以单击文本框右边的文件夹按钮,选择目标文件。

(3)"目标"下拉列表框:用于打开一个窗口,并在该窗口中显示调用程序所返回的数据,包含以下 4 个选项。

① _blank:用于在未命名的新窗口中打开目标文档。

② _parent:用于在显示当前文档的窗口的父窗口中打开目标文档。

③ _self:用于在提交表单所使用的窗口中打开目标文档。

④ _top:用于在当前窗口的窗体内打开目标文档。

(4)"方法"下拉列表框:用于选择需要设置表单数据发送的方法,包含以下 3 个选项。

· POST:以 POST 方法发送表单数据,并在 HTTP 请求中嵌入表单数据。

- GET：以 GET 方法发送表单数据，并在 GET 请求中附加表单数据。
- 默认：使用浏览器的默认设置将表单数据发送到服务器，通常为 GET 方法。

（5）"MIME 类型"下拉列表框：用于指定对提交给服务器进行处理的数据使用 MIME 编码类型，包含以下两个选项。

- application/x-www-form-urlencode：选择该项，通常与 POST 方法协同使用。
- multipart/form-data：选择该项，通常用于创建文件上传域。

6.5.2 创建表单对象

在创建表单对象之前，必须先在文档中插入表单。通常可以在文档中使用"表单域"来创建文本域、多行文本域、文件上传域和隐藏域。

1. 使用表单域

在文档中添加了< form >标记，就可以在其中添加表单对象。使用"表单域"可以方便用户与管理员的交流，从管理员那里得到反馈信息。在 Dreamweaver 中包括 3 种表单域。

（1）文本域：常用于从用户那里得到反馈信息。

（2）文件域：常用于从磁盘选择文件，并将这些文件上传到服务器上。

（3）隐藏域：常用于浏览器同服务器在后台隐藏地交换信息。

在向表单中添加域时，可以指定域的长度、行数、用户最多可输入的字符数以及该域是否为密码域等。

2. 创建文本域并设置其属性

"文本域"是一个重要的表单对象，用户可以在其中输入回应信息。在 Dreamweaver 中，文本域包括"单行文本域"、"多行文本域"和"密码域"3 种。

要在网页中创建文本域，可以选择"插入"|"表单对象"|"文本域"命令，或单击"插入"栏中的"表单"标签，切换到表单插入栏，单击 按钮，将在文档中创建一个单行文本域，如图 6-33 所示。

要设置文本域的属性，可在文档中选中文本域，然后选择"窗口"|"属性"命令，以显示文本域属性检查器，如图 6-34 所示。

图 6-33　插入文本域

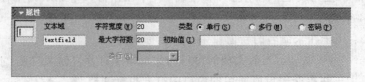

图 6-34　文本域属性检查器

在文本域属性检查器中，各选项的功能如下。

（1）"文本域"文本框：用于输入文本域的名称。

（2）"字符宽度"文本框：用于输入文本域中允许显示的字符数目。默认情况下，最多可以输入 20 个字符。

（3）"最大字符数"文本框：用于输入文本域中允许输入的最大字符数目，这个值将定义文本域的大小限制，并用于验证表单。

（4）"类型"选区：用于选择文本域的类型。

（5）"初始值"文本框：用于输入文本域中默认状态下显示的文本。

3. 创建多行文本域

要在网页中创建"多行文本域"，可以选择"插入"|"表单对象"|"文本区域"命令，或单击"插入"栏中的"表单"标签，切换到表单插入栏，单击 按钮，将在文档中创建一个多行文本域，如图 6-35 所示。

图 6-35　插入多行文本域

要设置多行文本域的属性，可在如图 6-34 所示的文本域属性检查器的"类型"选区中选中"多行"单选按钮，这时"换行"下拉列表框将可选，其中包含以下 4 个选项。

（1）默认：选择该项，则使用默认的自动回行方式。

（2）关：选择该项，当文本域中的文本超出文本域的宽度时，则会自动为文本域添加水平滚动条来浏览文本。

（3）虚拟：选择该项，当文本域中的文本超出文本域的宽度时，会自动按照文本域的宽度进行回行，这种回行是虚拟行为，在实际发送的数据中，文本中并没有回行符号。

（4）实体：选择该项，则当文本域中的文本超出文本域的宽度时，会自动按照文本域的宽度进行回行，这种回行是物理行为，在实际发送的数据中，文本中相应位置被添加回行符号。

4. 创建文件上传域

"文件上传域"是由一个文本框和一个"浏览"按钮组成，用户可以通过表单中的文件上传域来上传指定的文件。当用户提交表单时，这个文件将被上传到服务器。

要在网页中创建文本上传域，可以选择"插入"|"表单对象"|"文件域"命令，或单击"插入"栏中的"表单"标签，切换到表单插入栏，单击 按钮，将在文档中创建一个文件上传域，如图 6-36 所示。

要设置文件上传域的属性，可在文档中选中文件上传域，然后选择"窗口"|"属性"命令，以显示文件域属性检查器，如图 6-37 所示。

在文件域属性检查器中，各选项的功能如下。

（1）"文件域名称"文本框：用于输入文件域的名称。

（2）"字符宽度"文本框：用于输入文件域的文本框部分所能够显示的字符数目。

（3）"最多字符数"文本框：用于输入文件域的文本框中允许输入的最大字符数。

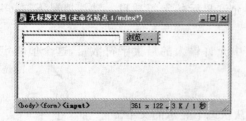

图 6-36　插入文件上传域　　　　　　　　　　　　图 6-37　文件域属性检查器

5. 创建隐藏域

"隐藏域"在浏览器中不能显示出来,它主要用于实现浏览器同服务器在后台隐藏地交换信息。在提交表单时,该域中存储的信息将被发送回服务器。

要在网页中创建隐藏域,可以选择"插入"|"表单对象"|"隐藏域"命令,或单击"插入"栏中的"表单"标签,切换到表单插入栏,单击 按钮,将在文档中创建一个隐藏域,如图 6-38 所示。

要设置隐藏域的属性,可在文档中选中隐藏域,然后选择"窗口"|"属性"命令,以显示隐藏域属性检查器,如图 6-39 所示。

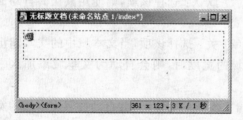

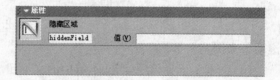

图 6-38　插入隐藏域　　　　　　　　　　　图 6-39　隐藏域属性检查器

在"隐藏区域"文本框中,可输入隐藏域的名称。在"值"文本框中,可输入隐藏域的初始值。

【例 6-9】　创建如图 6-40 所示的"留言簿",创建时要注意表单对象的属性设置。

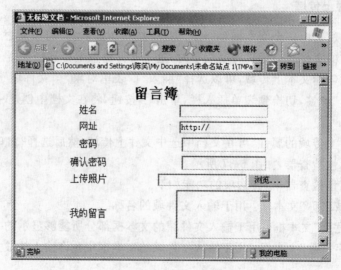

图 6-40　留言簿

其具体操作如下：

（1）选择"插入"|"表单"命令，在文档中插入一个表单。

（2）为了表单排版美观，在插入表单对象前先插入一个表格，再将表单对象和说明文本分别插入到表格的单元格里，选择"插入"|"表格"命令，在打开的"插入表格"对话框中进行如图 6-41 所示的设置，在文档中插入表格。

图 6-41　表格设置

（3）选中文档中的表格，在表格属性检查器的"对齐"下拉列表框中选择"居中对齐"，并依次在表格中插入如图 6-40 所示的表单对象。

（4）单击"网址"一栏的文本框，在其属性检查器的"初始值"文本框中输入"http://"。

（5）单击"密码"和"确认密码"一栏的文本框，在其属性检查器的"类型"选区中选中"密码"单选按钮。

（6）单击"我的留言"一栏的文本框，在其属性检查器的"字符宽度"和"行数"文本框中分别输入"20"和"5"，用于确定文字输入范围。

（7）输入完毕后，按 F12 键预览该网页，效果如图 6-40 所示。

6．创建复选框和单选按钮

"复选框"和"单选按钮"是预定义选择对象的表单对象。用户可在一组复选框中选择多个选项，而单选按钮也作为一个组使用，提供相互排斥的选项值，用户在单选按钮组内只能选择一个选项。

1）创建复选框

要在网页中创建复选框，可以选择"插入"|"表单对象"|"复选框"命令，或单击"插入"栏中的"表单"标签，切换到表单插入栏，单击 ☑ 按钮，将在文档中创建一个复选框，如图 6-42 所示。

要设置复选框的属性，可在文档中选中一个复选框，然后选择"窗口"|"属性"命令，以显示复选框属性检查器，如图 6-43 所示。

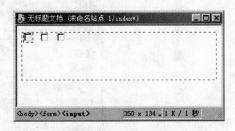

图 6-42　插入复选框

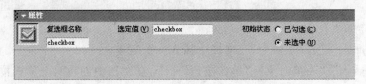

图 6-43　复选框属性检查器

在复选框属性检查器中，各选项的功能如下。

（1）"复选框名称"文本框：用于输入复选框的名称。

（2）"选定值"文本框：用于输入复选框选中后控件的值，该值可以被提交到服务器上，以被应用程序处理。

（3）"初始状态"选区：用于设置复选框在文档中的初始选中状态，包括"已勾选"和"未选中"两项。

2）创建单选按钮

要在网页中创建单选按钮，可以选择"插入"|"表单对象"|"单选按钮"命令，或单击"插入"栏中的"表单"标签，切换到表单插入栏，单击 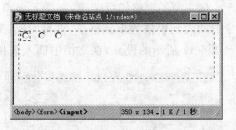 按钮，将在文档中创建一个单选按钮，如图 6-44 所示。

图 6-44　插入单选按钮

要设置单选按钮的属性，可在文档中选中一个单选按钮，然后选择"窗口"|"属性"命令，以显示单选按钮属性检查器，如图 6-45 所示。

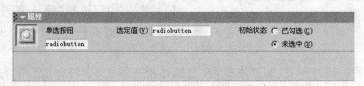

图 6-45　单选按钮属性检查器

单选按钮属性检查器的相关设置同复选框属性检查器的设置类似，读者可参考"创建复选框"部分的内容。

【例 6-10】　创建如图 6-46 所示的网页文档，创建时要注意表单对象的属性设置。

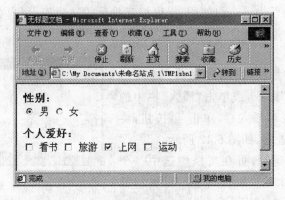

图 6-46　创建复选框和单选按钮

其具体操作如下：

（1）选择"插入"|"表单"命令，在文档中插入一个表单。

（2）选择"插入"|"表单对象"|"单选按钮"命令，在文档中创建两个单选按钮。

（3）选中文档中的"男"单选按钮，在其属性检查器的"初始状态"选区中选择"已勾选"单选按钮。

（4）选择"插入"|"表单对象"|"复选框"命令，在文档中创建 4 个复选框。

（5）选中文档中的"上网"复选框，在其属性检查器的"初始状态"选区中选择"已勾选"单选按钮。

（6）输入完毕后，按 F12 键预览该网页，效果如图 6-46 所示。

7. 创建列表和菜单

列表和菜单可以在有限的空间内为用户提供多个选项。列表提供一个滚动条,它使用户可浏览多个选项,并进行多重选择。弹出式菜单仅显示一个选项,该项也是活动选项,用户只能从菜单中选择一项。

1) 创建滚动列表

要在网页中创建滚动列表,可以选择"插入"|"表单对象"|"列表/菜单"命令,或单击"插入"栏中的"表单"标签,切换到表单插入栏,单击 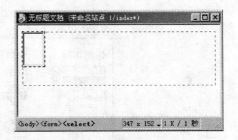 按钮,将在文档中创建一个滚动列表,如图 6-47 所示。

要设置列表的属性,可在文档中选中一个列表,然后选择"窗口"|"属性"命令,以显示列表属性检查器,如图 6-48 所示。

图 6-47　插入滚动列表

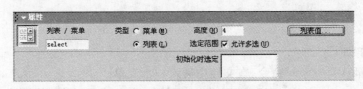

图 6-48　列表属性检查器

在列表属性检查器中,各选项的功能如下。

(1)"列表/菜单"文本框:用于输入列表框的名称。

(2)"类型"选区:用于选择列表框的显示方式,包括"菜单"和"列表"两项。

(3)"高度"文本框:用于输入列表框的高度,单位为字符。

(4)"选定范围"复选框:选择该项,可在列表中一次选中多个选项。

(5)"初始化时选定"列表框:用于设置列表在文档中的初始选中状态。

(6)"列表值"按钮:单击后打开"列表值"对话框,如图 6-49 所示。在对话框中可以添加、删除和移动列表中的选项。

2) 创建弹出式菜单

弹出式菜单是一种较为特殊的列表框,也称为下拉列表框。它通常显示为一行,单击右方的箭头可以展开列表,并可以选择需要的选项。

要在网页中创建弹出式菜单,可以选择"插入"|"表单对象"|"列表/菜单"命令,然后在列表属性检查器的"类型"选区中选择"菜单"选项,将在文档中创建一个弹出式菜单,如图 6-50 所示。

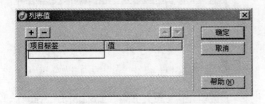

图 6-49　"列表值"对话框

图 6-50　插入弹出式菜单

在文档中选中一个弹出式菜单,可在属性检查器中对其进行设置,它同列表属性检查器的设置类似,读者可参考"创建滚动列表"部分的内容。

【例 6-11】 在文档中创建一个滚动列表和一个弹出式菜单,如图 6-51 所示。

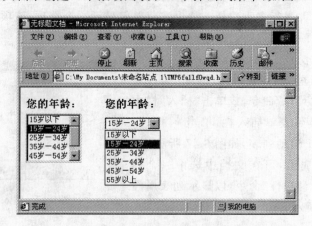

图 6-51 创建滚动列表和弹出式菜单

其具体操作如下:

(1) 选择"插入"|"表单"命令,在文档中插入一个表单。

(2) 选择"插入"|"表单对象"|"列表/菜单"命令,在文档中创建两个列表。选中第二个列表,在其属性检查器的"类型"选区中选择"菜单"选项,使其显示为弹出式菜单。

(3) 在属性检查器中单击"列表值"按钮,打开"列表值"对话框,在其中输入如图 6-52 所示的设置,为列表和下拉菜单添加选项。

(4) 设置完毕后,按 F12 键预览该网页,效果如图 6-51 所示。

8. 创建表单按钮

表单按钮用于控制对表单的操作。当用户输入完表单数据后,可以单击表单按钮,将其提交给服务器处理。或是当用户对输入的数据不满意,需要重新设置时,可以单击表单按钮,重新输入。用户也可以使用表单按钮来执行其他任务。

1) 创建文本表单按钮

文本表单按钮是标准的浏览器默认按钮样式,它包含需要显示的文本,如"提交"、"复位"、"发送"等。

要在网页中创建表单按钮,可以选择"插入"|"表单对象"|"按钮"命令,或单击"插入"栏中的"表单"标签,切换到表单插入栏,单击 按钮,将在文档中创建一个表单按钮,如图 6-53 所示。

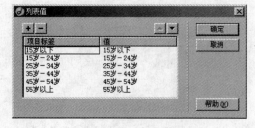

图 6-52 "列表值"对话框

图 6-53 插入表单按钮

要设置表单按钮的属性,可在文档中选中一个表单按钮,然后选择"窗口"|"属性"命令,以显示按钮属性检查器,如图 6-54 所示。

图 6-54　按钮属性检查器

在按钮属性检查器中,各选项的功能如下。

(1)"按钮名称"文本框:用于输入按钮的名称。系统提供两个保留名字:"提交"和"重置"。

(2)"标签"文本框:用于输入需要显示在按钮上的文本。

(3)"动作"选区:用于选择按钮的行为,即按钮的类型,包含以下 3 个选项。

① 提交表单:选择该项,将当前按钮设置为一个提交类型的按钮。单击该按钮,可以将表单内容提交给服务器进行处理。

② 重设表单:选择该项,将当前按钮设置为一个复位类型的按钮。单击该按钮,可以将表单中的所有内容都恢复为默认的初始值。

③ 无:选择该项,则不对当前按钮设置行为。可以将按钮同一个脚本或应用程序相关联,单击按钮时,自动执行相应的脚本或程序。

2)创建图形提交按钮

为了美化网页,增加按钮的活泼性,可以使用图像域,实现图像类型的提交按钮。

要在网页中创建图形提交按钮,可以选择"插入"|"表单对象"|"图像域"命令,或单击"插入"栏中的"表单"标签,切换到表单插入栏,单击 按钮,将打开"选择图像源"对话框,选择一幅图像并单击"确定"按钮,将其插入到文档中,如图 6-55 所示。

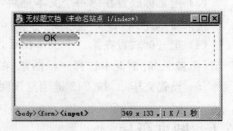

图 6-55　插入图形提交按钮

要设置图形提交按钮的属性,可在文档中选中一个图形提交按钮,然后选择"窗口"|"属性"命令,以显示图像域属性检查器,如图 6-56 所示。

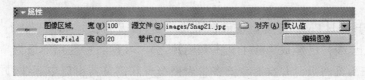

图 6-56　图像域属性检查器

在图像域属性检查器中,各选项的功能如下。

(1)"图像区域"文本框:用于输入图像域的名称。

(2)"宽"和"高"文本框:用于输入图像域的宽度和高度,单位为像素。

（3）"源文件"文本框：用于输入图像的 URL 地址，或单击其后的文件夹按钮，可选择图像文件。

（4）"替代"文本框：用于输入图像的替换文字，当浏览器不显示图像时，将显示该替换的文字。

（5）"对齐"下拉列表框：用于选择图像的对齐方式。

【例 6-12】 在文档中创建一个文本表单按钮和一个图形提交按钮，如图 6-57 所示。

图 6-57　创建文本表单按钮和图形提交按钮

其具体操作如下：

（1）选择"插入"|"表单"命令，在文档中插入一个表单。

（2）选择"插入"|"表单对象"|"文本域"命令，在文档中插入两个文本框。

（3）把光标放置在第一个文本框后，选择"插入"|"表单对象"|"按钮"命令，在文档中插入一个文本表单按钮。

（4）把光标放置在第二个文本框后，选择"插入"|"表单对象"|"图像域"命令，在打开的"选择图像源"对话框中选择一幅图像，在文档中插入一个图形提交按钮。

（5）设置完毕后，按 F12 键预览该网页，效果如图 6-57 所示。

6.6　网页布局

6.6.1　表格的使用

表格是用于在 HTML 页面上显示表格式数据，以及对文本和图形进行布局的强有力的工具。实际上，表格已经成为除了文本和图片之外，在网页中使用的最为频繁的基本对象了，虽然我们在浏览网页时并没有看到多少表格出现在浏览器窗口中，但网页中的大多数对象元素都是由表格定位的。

1．插入表格

在 Dreamweaver 中，用户可以选择"插入"|"表格"命令，或在"常用"工具栏中单击插入表格按钮▦，使用打开的"插入表格"对话框来插入表格，如图 6-58 所示。

在"插入表格"对话框中,各选项的参数如下。

图 6-58 "插入表格"对话框

(1)"行数"文本框:用于设置表格的行数。

(2)"列数"文本框:用于设置表格的列数。

(3)"宽度"文本框:用于设置表格的总宽度,可以选择是以页面的宽度百分比为单位还是以像素为单位。

(4)"边框"文本框:用于设置表格边框的粗细。

(5)"单元格填充"文本框:用于设置单元格内容和单元格边界之间的像素数。

(6)"单元格间距"文本框:用于设置相邻的表格单元格之间的像素数。

2. 向表格单元格添加内容

用户可以在插入光标所在的单元格中直接输入文本或图像,就像在文字处理软件中为表格添加文本、图像一样。如果有现成的文本或图像,可以使用剪贴板将其他位置上的文本或图像复制或移动到表格的单元格中。

在表格中,用户如果要定位和移动插入的光标,可以通过鼠标单击或使用键盘上的方向控制键、Tab 键。

【例 6-13】 在页面上插入如图 6-59 所示的学生表。

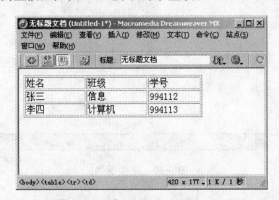

图 6-59 页面中的学生表

其具体操作如下:

(1)选择"插入"|"表格"命令,打开"插入表格"对话框。

(2)设置"行数"为"3","列数"为"3","宽度"采用默认值"75","单元格填充"及"单元格间距"都采用默认值,然后单击"确定"按钮。

(3)单击页面上表格的第一个单元格,将输入光标定位于该单元格内,在单元格内输入"姓名"。

(4)按一次 Tab 键,将插入光标定位到下一单元格中,在单元格内输入"班级"。

(5)重复上述步骤,使用同样的方法,分别将"学号"、"张三"、"信息"、"994112"、"李四"、"计算机"、"994113"输入到相应的单元格中。

6.6.2 框架和框架集

在网页中,框架主要用于分隔多个 HTML 页面,每一个框架都是一个独立的 HTML 页面。它们共同聚集在一起,形成一个框架集。

用户使用框架可以将一个浏览器窗口划分为多个区域,在每个区域都可以显示不同的 HTML 文档。使用框架的最常见的情况就是,一个框架显示包含导航控件的文档,而另一个框架显示含有内容的文档。

1. 认识框架和框架集

框架实际上由两部分组成:框架与框架集。框架集实际上是一个 HTML 页面,用于定义文档中框架的结构、数量、尺寸及装入框架的页面文件,所以框架集并不显示在浏览器中,只是存储了一些框架如何显示的信息。例如,如图 6-60 所示的框架包含了框架集和 3 个框架,因此,与之对应的 HTML 文件也就有 4 个。

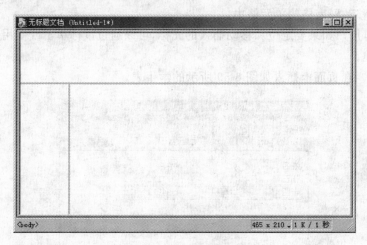

图 6-60　框架示例

相应地,框架集被称为父框架,框架被称为子框架。当用户将某个页面划分为若干框架时,既可分别为各框架创建新文档,也可为框架指定已制作好的文档。用户可通过选择"查看"|"可视化助理"|"框架边框"命令来显示或隐藏框架边界。

2. 创建预定义的框架集

在 Dreamweaver 中,创建框架集的方法有两种:一是用户自己设计框架集;二是使用系统预定义的框架集。使用预定义的框架集可以快速地在文档中插入框架布局结构,并且只有在文档设计视图窗口中才能创建框架。

用户要创建框架集,应先选择"查看"|"可视化助理"|"框架边框"命令,使框架边线显示出来。

在 Dreamweaver 中,系统预定义了 13 种框架集形式。选择"插入"|"框架"命令中的子菜单项,或单击"插入"栏中的"框架"标签,切换到框架插入栏,如图 6-61 所示。在插入栏中

单击要插入的框架类型的按钮,或将其拖入文档窗口中。

图 6-61　框架插入栏

【例 6-14】　在网页文档中创建一个"左侧框架"类型的框架,效果如图 6-62 所示。

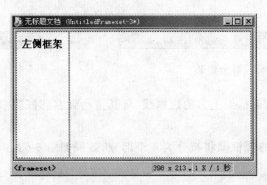

图 6-62　创建框架

其具体操作如下:

(1) 选择"文件"|"新建"命令,新建一个网页文档。

(2) 选择"插入"|"框架"|"左方"命令,或单击框架插入栏中的 按钮,在文档中创建一个"左侧框架"类型的框架。

(3) 在左侧框架中输入文字,效果如图 6-62 所示。

3. 创建和编辑框架集

用户可对已经创建好的框架集进行编辑和修改,例如,将一个框架拆分成几个更小的框架,或是移动框架的边框来改变框架显示的范围。

如果要编辑和修改框架集,可以使用以下两种方法:

(1) 按下 Alt 键,然后用鼠标拖动文档窗口周围显示的框架边框,将其拖动到希望的位置,释放鼠标即可。

(2) 将光标放置在需要编辑的框架中,选择"修改"|"框架页"命令中的子菜单项,对框架进行拆分。

【例 6-15】　对图 6-62 中的"左侧框架"类型的框架进行拆分操作,拆分后的效果如图 6-63 所示。

其具体操作如下:

(1) 选择"文件"|"新建"命令,新建一个网页文档。

(2) 选择"插入"|"框架"|"左方"命令,或单击框架插入栏中的 按钮,在文档中创建一个"左侧框架"类型的框架。

(3) 将光标放置在框架中的右部框架内,选择"修改"|"框架页"|"拆分右框架"命令,把右部框架分为左右两个部分,如图 6-64 所示。

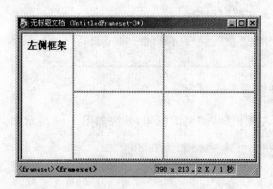
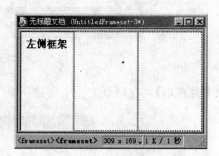

图 6-63　拆分框架　　　　　　　　图 6-64　拆分右框架

（4）用鼠标选中右部框架上方的边框线，将其拖动到右部框架中间位置并释放鼠标，如图 6-65 所示。

（5）操作完毕后，右部框架将被分为 4 个部分，效果如图 6-63 所示。

4．创建嵌套框架集

放置在一个框架集之内的框架集称做嵌套框架集。一个框架集文件可以包含多个嵌套框架集，大多数使用框架的网页实际上都使用了嵌套的框架，并且在 Dreamweaver 中的多数预定义的框架集也使用嵌套。如果在一组框架里不同行或不同列中有不同数目的框架，则要求使用嵌套框架集。

要创建嵌套框架集，可将光标放置在某个框架中，然后选择"插入"|"框架"命令中的子菜单项，或选择"修改"|"框架页"命令中的子菜单项，即可创建嵌套框架集。

【例 6-16】　在网页文档中创建一个嵌套框架集，效果如图 6-66 所示。

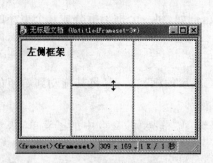
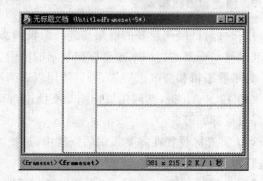

图 6-65　移动框架边框　　　　　　图 6-66　创建嵌套框架集

其具体操作如下：

（1）选择"文件"|"新建"命令，新建一个网页文档。

（2）选择"插入"|"框架"|"左侧及上方嵌套"命令，或单击框架插入栏中的 按钮，在文档中创建一个"左侧和嵌套的顶部框架"类型的框架，如图 6-67 所示。

（3）将光标放置在右部框架的下面部分，选择"插入"|"框架"|"左方"命令，创建一个"左侧框架"类型的嵌套框架，如图 6-68 所示。

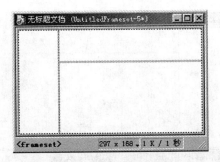

图 6-67　创建一个框架

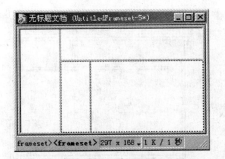

图 6-68　创建一个嵌套框架

（4）将光标放置在嵌套框架的右部框架内，选择"修改"|"框架页"|"拆分上框架"命令，把右部框架分为上下两个部分。

（5）操作完毕后，将在文档中创建一个嵌套框架集，效果如图 6-66 所示。

5. 选择框架或框架集

框架和框架集都是独立的 HTML 文档。要改变框架或框架集，首先必须选中该框架或框架集。选择框架或框架集的最好方法是使用"框架"面板，当选中某个框架或框架集时，在"框架"面板和文档窗口的同一个框架中都将显示框架选择线，如图 6-69 所示。

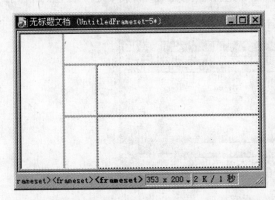

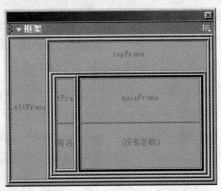

图 6-69　选择框架集或框架

1）在"框架"面板中选择框架和框架集

"框架"面板用于显示文档中的框架结构。在"框架"面板中单击框架或框架集可以选中文档窗口中相应的框架或框架集，然后，可以使用属性面板查看或编辑它们的属性。

在"框架"面板中还可以显示文档中框架集结构的层次关系，这是在文档窗口中无法看到的。选择"窗口"|"其他"|"框架"命令，将在文档中显示"框架"面板，如图 6-70 所示。

2）在文档窗口中选择框架和框架集

在文档窗口中，当框架被选中时，边框线显示为点划线；当框架集被选中时，所有包含在该框架集中的框架边线都显示为点划线，如图 6-71 所示。

如果要在文档窗口中选择框架，可按下 Alt 键，然后单击需要选择的框架；如果要选择框架集，可直接单击框架边线。

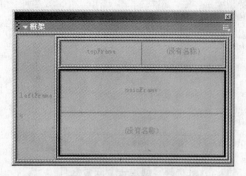

图 6-70　"框架"面板

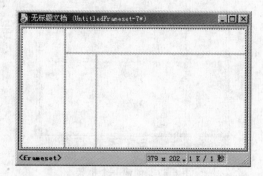

图 6-71　选择框架集时的边线显示情形

6. 保存框架和框架集文件

在浏览器中预览框架页面前,必须保存框架和框架集文件。在 Dreamweaver 中,用户可以单独保存一个框架集文件,或一个框架文件,或保存所有打开的框架文件和框架集文件。

要保存框架集文档窗口中的某个框架,可将插入点置于需要保存的框架中,选择"文件"|"保存框架"命令,保存该框架文档。如果该框架文档是新建的,这时将打开"保存为"对话框,如图 6-72 所示,在对话框中选择存储路径并输入文件名,然后保存该框架文档。

图 6-72　保存框架

要保存所有框架,可选择"文件"|"保存全部"命令,这时 Dreamweaver 将逐个保存页面中的所有框架。

要保存框架集,可以在文档中选中需要保存的框架集,选择"文件"|"保存框架页"命令,保存框架集。如果该框架集是新建的,这时将打开"保存为"对话框,在对话框中选择存储路径并输入文件名,然后保存该框架集。

6.6.3　层

层是一种 HTML 页面元素,通常由< div >及< spna >标记说明。层可定位在页面上的任意位置,并且其中可包含文本、图像、表单等所有可直接用于文档的元素。

利用 Dreamweaver,用户可在不使用任何 JavaScript 或 HTML 编码的情况下放置层和制作层动画。用户可以将层前后放置，隐藏某些层而显示其他层，以及在屏幕上移动层，并且还可以制作层渐进和渐出的动画。

1. 创建层

在 Dreamweaver 网页文档中，用户可以方便地在页面上创建层并能精确地定位层的位置。在文档中创建层的方法有两种：

（1）将插入点放置在要创建层的地方，选择"插入"|"层"命令。

（2）单击"插入"栏中的"常用"标签，切换到常用插入栏，单击描绘层按钮 ，然后在文档窗口的设计视图中通过拖动来绘制层。

2. 创建嵌套层

嵌套层是指包含在其他层中的层。嵌套通常用于将层组织在一起，使用嵌套层的好处是确保该层能永远位于其父层的上方。嵌套层可随父层一起移动，并且可以设置为继承其父层的可见性。

要在文档中使用嵌套层，必须先设置层参数选择中的"嵌套"选项。这时可选择"编辑"|"参数选择"命令，打开"参数选择"对话框，在"分类"列表框中选择"层"选项，并在"层"选项区中选中"如果在层中则使用嵌套"复选框，如图 6-73 所示。

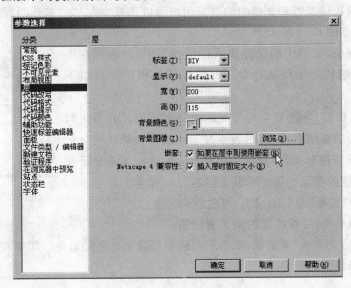

图 6-73　设置嵌套层

如果要在网页文档中创建嵌套层，可将插入点放置在已创建的层中，然后选择"插入"|"布局对象"|"层"命令；或单击"插入"栏中的"布局"标签，切换到插入栏布局类别，单击"绘制层"按钮 ，然后在已创建的层中通过拖动来绘制层。

【例 6-17】　在网页文档中创建一个层和一个嵌套层，并在层中输入文字，效果如图 6-74 所示。

其具体操作如下：

（1）在网页文档中将插入点放置在要创建层的地方。

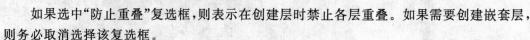

图 6-74　创建层和嵌套层

（2）选择"插入"|"层"命令，在文档中创建一个层。

（3）把光标放置在层中，输入文字"这是一个层"。

（4）再次执行上面 3 步，在新建的层中选择"插入"|"层"命令，在文档中创建一个嵌套层。

（5）把光标放置在嵌套层中，输入文字"这是一个嵌套层"，效果如图 6-74 所示。

3．显示层面板

使用"层"面板可以管理文档中的层。用户可以选择"窗口"|"其他"|"层"命令，显示或隐藏"层"面板，如图 6-75 所示。

在"层"面板中，文档中的层都显示在层列表中，如果存在嵌套层，则以树状结构显示层的嵌套。利用"层"面板可完成以下操作：

（1）在选定层的 列单击可显示或隐藏该层。如果该列显示了一个睁开的眼睛图标 ，表示显示该层；如果该列显示了一个闭合的眼睛图标 ，表示关闭该层；如果此处不显示任何图标，表示该层的可见性将继承其父层的显示属性。

图 6-75　"层"面板

（2）在层的"名称"列双击层名，可重新命名层。

（3）在 Z 列单击，可修改层的层次属性值。

如果选中"防止重叠"复选框，则表示在创建层时禁止各层重叠。如果需要创建嵌套层，则务必取消选择该复选框。

4．设置层参数

用户可以使用 Dreamweaver 的"参数选择"对话框来设置层参数。这时可选择"编辑"|"参数选择"命令，打开"参数选择"对话框，在"分类"列表框中选择"层"选项，此时在对话框右部可以设置层参数，如图 6-76 所示。

在"参数选择"对话框的"层"选项区域中，各选项的功能如下。

（1）"标签"下拉列表框：用于选择默认状态下创建层时使用的标记，有两个选项：DIV 和 SPAN。

（2）"显示"下拉列表框：用于选择默认状态下所创建层的可见性，包括 default、

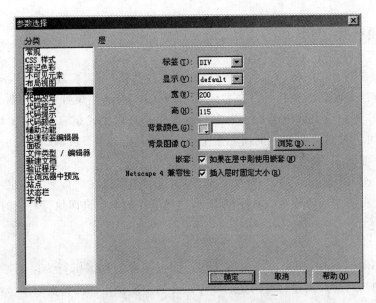

图 6-76 "参数选择"对话框

inherit、visible 和 hidden 共 4 个选项。

（3）"宽"和"高"文本框：用于设置创建层的默认宽度和高度，单位为像素。

（4）"背景颜色"文本框：用于设置层的背景颜色，可在文本框中直接输入颜色的十六进制值。

（5）"背景图像"文本框：用于输入创建层窗口时使用的背景图像。单击"浏览"按钮选择图像文件，或在文本框中输入图像文件的路径。

（6）"如果在层中则使用嵌套"复选框：选中后可在文档中创建嵌套层。如果取消对该复选框的选择，则在层内部绘制层时，创建的是重叠层，而不是嵌套层。

（7）"插入层时固定大小"复选框：用于在文档的头部自动添加一段 JavaScript 代码，以修复在 Netscape 浏览器中重设浏览器大小时出现的 CSS 层错误，这样创建的网页就可以在 Netscape 浏览器中正确浏览。

6.7 网页特效制作

6.7.1 认识脚本

脚本是批处理文件的延伸，是一种纯文本保存的程序，一般来说，计算机脚本程序是确定的一系列控制计算机进行运算操作动作的组合，在其中可以实现一定的逻辑分支等。

脚本程序相对一般程序开发来说比较接近自然语言，可以不经编译就解释执行，利于快速开发或进行一些轻量的控制。

网页中的脚本通常指一些预先定义好的操作步骤集合，脚本语言（JavaScript、VBScript等）介于 HTML 和 C、C++、Java、C♯ 等编程语言之间。

6.7.2 使用行为

行为是指在网页中进行的一系列动作,通过这些动作,可以实现用户同网页的交互,也可以通过动作使某个任务被执行。在 Dreamweaver 中,行为由事件和动作两个基本元素组成。通常,动作是一段 JavaScript 代码,利用这些代码可以完成相应的任务;事件则由浏览器所定义,它可以被附加到各种页面元素上,也可以被附加到 HTML 标记中,并且一个事件总是针对页面元素或标记而言的。

行为是 Dreamweaver 中的一个重要部分,通过行为可以在网页上制作出一些简单的交互效果。行为由两个部分组成:事件和动作,通过事件的响应进而执行对应的动作。

1. 使用行为面板

在 Dreamweaver 中,用户可以使用"行为"面板来设置和编辑行为。例如,为选定的对象增加行为、删除行为、调整行为的先后顺序以及选定所使用的浏览器版本。在为选定对象增加了行为后,可利用行为的事件列表选择触发该行为的事件。选择"窗口"|"行为"命令,可打开"行为"面板,如图 6-77 所示。

在"行为"面板中,各选项的功能如下。

(1) ➕ 按钮:单击该按钮将弹出一个菜单,其中包含可以附加到当前所选元素的多个动作。当用户在菜单中选择某个动作时,将出现一个对话框,可以在其中设置该动作的参数。

(2) ➖ 按钮:用于在行为列表中删除所选的事件和动作。

(3) ▲ 和 ▼ 按钮:用于在行为列表中向上或向下移动选定的事件,调整其先后执行顺序。

(4) "事件"按钮(▼):用户选择一个事件后将弹出菜单,其中包含可以触发该动作的所有事件。

(5) "显示事件"菜单:用于设置当前行为能够使用的浏览器的类型,如图 6-78 所示。

图 6-77 "行为"面板

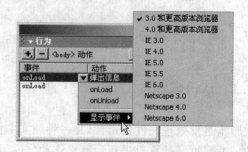

图 6-78 "显示事件"菜单

2. 认识事件

行为实际上是事件与动作的联合。事件用于指明执行某项动作的条件,如鼠标移到对象上方、离开对象、单击对象、双击对象、定时等都是事件;动作实际上是一段执行特定任务的预先写好的 JavaScript 代码,如打开窗口、播放声音、停止 Shockwave 电影等都是动作。

3. 为对象附加行为

在 Dreamweaver 中,可以将行为附加给整个文档、链接、图像、表单元素或其他任何 HTML 元素,并由浏览器决定哪些元素可以接受行为,哪些元素不可以接受行为。在为对象附加行为动作时,可以一次为每个事件关联多个动作,动作按照在"行为"面板的动作列表中的顺序执行。

【例 6-18】 新建一个空白网页文档,并给文档添加一个"弹出信息"行为动作。

其具体操作如下:

(1) 选择"文件"|"新建"命令,创建一个空白网页文档。

(2) 选择"窗口"|"行为"命令,打开"行为"面板并单击"+"按钮,在弹出的菜单中选择"弹出信息"命令,将打开"弹出信息"对话框,如图 6-79 所示。

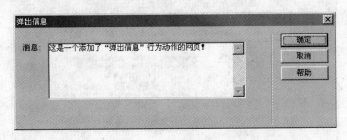

图 6-79 "弹出信息"对话框

(3) 在该对话框的"消息"文本框中输入文字,单击"确定"按钮。

(4) 按 F12 键预览该网页,在网页打开的同时将调用该动作,并显示一个对话框,如图 6-80 所示。

图 6-80 打开网页将弹出对话框

4. 为文本附加行为

在 Dreamweaver 中,不能为纯文本附加行为,因为使用< p >和< span >标记的文本不能在浏览器中产生事件,所以它们无法触发动作,但是可以为链接文本附加动作。

【例 6-19】 在文档中输入一行文字,并给文字添加一个"弹出信息"行为动作。

其具体操作如下:

(1) 在网页文档中输入一行文字,并选择该文字段。在文字属性检查器的"链接"文本框中输入"javascript:;",这里必须包含一个冒号":"和一个分号";",如图 6-81 所示。

(2) 选择"窗口"|"行为"命令,打开"行为"面板并单击"+"按钮,在弹出的菜单中选择

 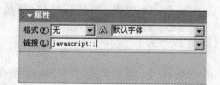

图 6-81　输入文字并设置属性

"弹出信息"命令,将打开如图 6-79 所示的"弹出信息"对话框。

（3）在该对话框的"消息"文本框中输入文字,单击"确定"按钮。

（4）按 F12 键预览该网页,在网页中把鼠标移到文字上方,将显示一个对话框,如图 6-82 所示。

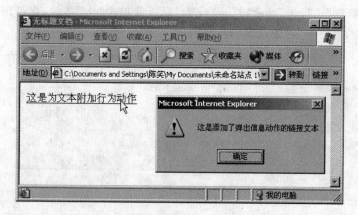

图 6-82　把鼠标移到文字上方将弹出对话框

6.7.3　使用 CSS

CSS 是 Cascading Style Sheets（层叠样式表）的简称,利用它可以对网页中的文本进行精确的格式化控制。

1. 认识 CSS 样式

HTML 样式可以看做是一组用于控制单个文档中某范围内文本外观的格式化属性。而 CSS 样式不仅可以控制单个文档中的文本格式,而且可以控制多个文档的文本格式。与 HTML 样式相比,使用 CSS 样式可以更好地链接外部多个文档,当 CSS 样式被更新时,所有使用 CSS 样式的文档也自动随着更新。

例如,假如要管理一个非常大的网站,使用 CSS 样式可以快速格式化整个站点或多个文档中的字体等格式。并且,CSS 样式可以控制多种不能使用 HTML 样式控制的属性。

CSS 样式的好处主要是:利用它不仅可以控制传统的格式属性,如字体、尺寸、对齐,还可以设置诸如位置、特殊效果、鼠标滑过等 HTML 属性。当然,通过修改样式表,可自动快速更新所有采用该样式的文字格式。

CSS 样式表位于文档的< head >区,其作用范围由 class 或其他任何符合 CSS 规范的文本设置。对于其他现有的文档,只要其中的 CSS 样式符合规范,Dreamweaver 就能识别它们。

在 Dreamweaver 中,可以使用 3 种类型的 CSS 样式。

(1) 自定义 CSS 样式:该样式与某些字处理程序中使用的样式相类似,只是在字符样式和段落样式上没有区别。用户可以将自定义 CSS 样式应用于一个完整的文本块或一个局部的文本范围。

(2) HTML 标记样式:该样式实际上是对现有 HTML 标记的一种重新定义,当用户创建或改变一个 CSS 样式时,所有使用该标记的文本格式也将自动被更新。

(3) CSS 选择器样式:该样式用于重新定义一些特定的标记组合或包含了特定的 ID 属性的标记。

手工格式化文本时,常会覆盖使用 CSS 样式格式化的文本。因此,使用 CSS 样式控制段落格式必须删除所有手工设置的 HTML 格式或 HTML 样式。

在 Dreamweaver 中,尽管可以使用 CSS1(Cascading Style Sheets Level 1,层叠样式单 1 级)标准来设置不限制数量的 CSS 样式属性定义,但不是所有的属性都能显示在文档窗口中。那些不能出现在文档窗口中的属性会在样式定义对话框中标记上星号。并且,有许多 CSS 样式在不同的浏览器中显示的情况也是不同的。

2. 使用 CSS 样式面板

用户使用"CSS 样式"面板可以创建 CSS 样式、查看 CSS 样式的属性以及将 CSS 样式应用于文档中的所有元素。

选择"窗口"|"CSS 样式"命令,将打开"CSS 样式"面板,如图 6-83 所示。

位于"CSS 样式"面板顶部的"应用样式"和"编辑样式"单选按钮可使用户选择与当前文档相关联的不同 CSS 样式视图。

(1)"应用样式"视图:在该视图中,用户可以选择应用于文档元素的类样式。"应用样式"视图只显示自定义(class)样式,在面板中不显示重定义的 HTML 样式和选择器样式。

(2)"编辑样式"视图:在该视图中,用户可以查看与当前文档关联的样式定义,如图 6-84 所示。"编辑样式"视图显示自定义(class)CSS 样式、重定义的 HTML 标签和 CSS 选择器样式的样式定义。它还可用于查看已应用于文档的设计时间样式表。

图 6-83 "CSS 样式"面板

图 6-84 CSS 样式面板的编辑样式

在创建或附加 CSS 样式表时,样式的名称和属性会出现在"CSS 样式"面板的"编辑样式"视图中。在"编辑样式"视图中列出了样式标签中定义的所有选择器以及外部链接或导入的样式表。在"应用样式"视图中用户可以查看当前文档中应用的样式,以及附加的外部样式表中的可用样式。

单击"CSS 样式"面板底部的 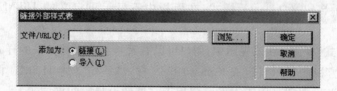 按钮,可以对 CSS 样式进行附加、新建、编辑和删除操作。

3. 创建和链接外部 CSS 样式

CSS 样式是一个外部文本文件包含的样式和格式化规范。当编辑一个外部 CSS 样式时,所有链接到该 CSS 样式的文档也被更新,以反映最新编辑后的样式。用户还可以导出建立在文档中的 CSS 样式来创建一个新的 CSS 样式。

【例 6-20】 在"CSS 样式"面板中链接外部 CSS 样式文件。

其具体操作如下:

（1）选择"窗口"|"CSS 样式"命令,打开"CSS 样式"面板。

（2）在"CSS 样式"面板中右击,从弹出的快捷菜单中选择"编辑样式表"命令,打开"编辑样式表"对话框,如图 6-85 所示。

（3）在该对话框中单击"链接"按钮,打开"链接外部样式表"对话框,如图 6-86 所示。

（4）在该对话框中单击"浏览"按钮,将打开"选择样式表文件"对话框。在该对话框中选择需要链接的外部 CSS 样式文件 main. css,单击"确认"按钮,如图 6-87 所示。

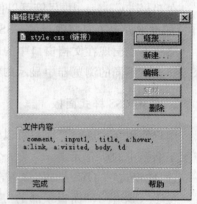

图 6-85 "编辑样式表"对话框

图 6-86 "链接外部样式表"对话框

（5）在"链接外部样式表"对话框中单击"确定"按钮,链接 main. css 文件。

（6）此时在"编辑样式表"对话框的列表中将显示链接的 main. css 文件,如图 6-88 所示,单击"完成"按钮,完成与外部 CSS 样式文件的链接。

4. 创建 CSS 样式

在 Dreamweaver 中,用户可以创建一个 CSS 样式来自动完成 HTML 标签的格式设置或 class 属性所标识的文本范围的格式设置。

要创建 CSS 样式,可在"CSS 样式"面板的右下角单击 按钮,打开"新建 CSS 样式"对

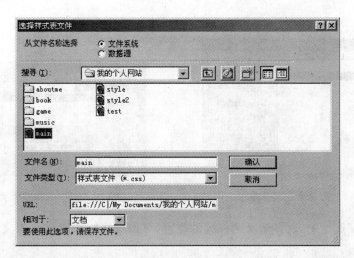

图 6-87 "选择样式表文件"对话框

话框,如图 6-89 所示。

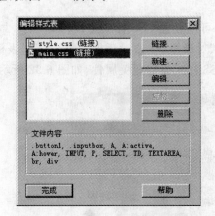

图 6-88 在列表中显示链接的样式文件

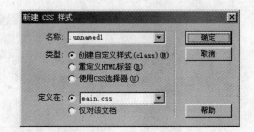

图 6-89 "新建 CSS 样式"对话框

在该对话框的"类型"选区中,用户可以选择创建 CSS 样式的方法,共有以下 3 种。

(1) 创建自定义样式:用来创建可作为文本 class 属性的样式。

(2) 重定义 HTML 标签:用来重定义指定 HTML 标记的默认格式。

(3) 使用 CSS 选择器:用来为特定的组合标记或包含特定 ID 属性的所有标记定义格式。

在选择创建 CSS 样式的方法后,用户可为新建的 CSS 样式选择名称、标记和选择器,相对于以上 3 种方法,可以进行如下设置:

(1) 对于自定义样式,其名称必须以句点(.)开始,如果没有输入该句点,则 Dreamweaver 会自动添加上。自定义样式名可以是字母与数字的组合,但字母必须放在句点之后,如 .myhead1。

(2) 对于重定义 HTML 标签,可以在"标签"下拉列表框中输入或选择重定义的标记,如图 6-90 所示。

(3) 对于 CSS 选择器,可以在"选择器"下拉列表框中输入或选择需要的选择器,如

图 6-91 所示。

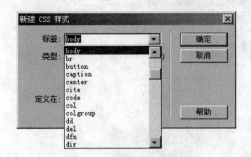

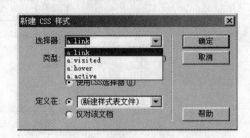

图 6-90　选择重定义标签　　　　　　　　　　图 6-91　选择 CSS 选择器

在"定义在"选区中,选择定义的样式的位置,可以选择"(新建样式表文件)"或"仅对该文档"单选按钮。

设置完毕后,单击"确定"按钮将在"CSS 样式"面板中创建一个新的 CSS 样式。

5. 设置 CSS 样式参数

在 Dreamweaver 的"参数选择"对话框中,用户可以设置 CSS 样式参数。

选择"编辑"|"参数选择"命令,打开"参数选择"对话框,在该对话框的"分类"列表框中选择"CSS 样式"选项,此时在对话框右部可以为 CSS 样式设置相关属性,如图 6-92 所示。

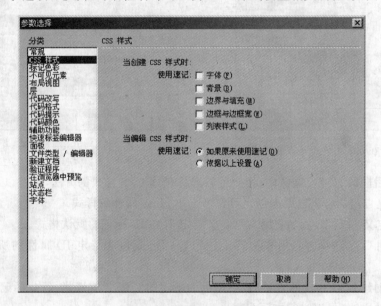

图 6-92　"参数选择"对话框

在"CSS 样式"选项区域中,各选项的功能如下。

(1)"当创建 CSS 样式时"选项组:用来设置在创建 CSS 样式时使用速记形式的样式格式。包括的样式属性有字体、背景、边界与填充、边框与边框宽、列表样式。

(2)"当编辑 CSS 样式时"选项组:用来选择是否在编辑现有 CSS 样式时使用速记形式。

- "如果原来使用速记"单选按钮：选择该项，将在编辑已经是速记形式的 CSS 代码时使用速记形式。

- "依据以上设置"单选按钮：选择该项，将在对"当创建 CSS 样式时"选项组中的对象进行编辑时使用速记形式。

6.8 网站管理和发布

6.8.1 站点管理

用户可以使用站点窗口来组织本地站点和远程站点上的文件，如创建新的 HTML 文档，查看、打开和移动文件，创建文件夹，删除项目等；也可以使用站点窗口在本地站点和远程站点之间传递文件，或使用站点地图放置站点导航条。选择"窗口"|"站点"命令，显示"站点"面板，在面板上单击 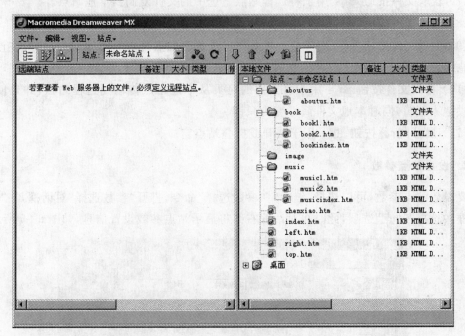 按钮，将展开站点窗口，如图 6-93 所示。

图 6-93 站点窗口

默认情况下，远程站点或站点地图显示在窗口的左面，本地站点显示在窗口的右面，用户可以通过设置站点参数来改变它们。

1. 使用站点窗口工具栏

使用站点窗口工具栏可以设置站点窗口的显示状态，也可以在本地站点和远程站点之间传递文件。站点窗口工具栏如图 6-94 所示。

在站点窗口工具栏中，各选项的功能如下。

（1）站点文件按钮 ：用于在站点窗口中显示本地站点和远程站点的文件结构，在默

图 6-94　站点窗口工具栏

认情况下,站点窗口中将显示站点文件视图。

（2）测试服务器按钮 ：用于在站点窗口中显示测试服务器和本地站点的文件结构。

（3）站点地图按钮 ：使用图形化的方式查看站点结构,并显示网页之间的链接关系,单击该按钮将弹出"仅地图"和"地图和文件"两个选项。

（4）"站点"下拉列表框：用于选择用户已经定义的站点,如果要添加一个新站点或重新编辑现有站点,可从下拉列表框中选择"编辑站点"选项。

（5）连接到远端主机按钮 ：用于连接到远程站点。默认情况下,如果 Dreamweaver 空闲时间超过 30 分钟,将自动断开与远程站点之间的连接。

（6）刷新按钮 ：用于刷新本地站点和远程站点的目录列表。

（7）获取文件按钮 ：用于将远程站点上选中的文件复制到本地站点。

（8）上传文件按钮 ：用于将本地站点上选中的文件复制到远程站点。

（9）取出文件按钮 ：用于将文件的拷贝从远程站点传输到本地站点,如果在设置站点信息时没有选中"启用文件存回和取出"选项,该按钮将不被显示。

（10）存回文件按钮 ：用于将文件的拷贝从本地站点传输到远程站点,并且使该文件可供他人编辑,同时本地文件属性变为只读。

（11）展开/折叠按钮 ：用于展开或折叠站点窗口。

2. 设置站点参数

要设置站点参数,可以选择"编辑"|"参数选择"命令,打开"参数选择"对话框,在"分类"列表框中选择"站点"选项,此时在对话框右部将显示站点参数设置信息,如图 6-95 所示。

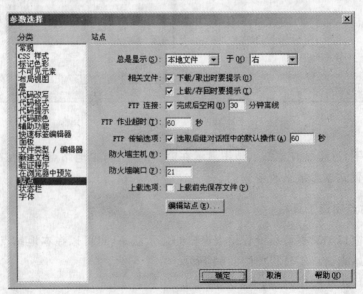

图 6-95　"参数选择"对话框

在"参数选择"对话框中的"站点"选项区域中,各选项的功能如下。

(1)"总是显示"下拉列表框:用于选择站点(本地文件或远程文件)在窗口中显示的位置,默认情况下,本地站点总是显示在站点窗口的右面。

(2)"相关文件"复选框:用于在浏览器调用 HTML 文件时,为传递的相关文件显示一个提示信息。

(3)"FTP 连接"复选框:用于设置 Dreamweaver 自动切断与远程站点连接的空闲时间。

(4)"FTP 作业超时"文本框:用于设置 Dreamweaver 企图连接到远程站点所用的时间,如果在指定的时间内得不到回应,将显示一个警告对话框告诉用户原因。

(5)"FTP 传输选项"复选框:用于确定在文件传输过程中显示对话框时,如果经过指定的秒数用户没有响应,则 Dreamweaver 将选择默认选项。

(6)"防火墙主机"文本框:用于输入代理服务器的地址,通过它可以连接到外部服务器。如果没有防火墙,则不需要设置该项。

(7)"防火墙端口"文本框:用于输入防火墙的端口号,通过它可以连接到远程服务器。在默认情况下,防火墙端口号为 21。

(8)"上载选项"复选框:选中该项,则文件在上传到远程站点前自动进行保存。

(9)"编辑站点"按钮:单击该按钮,将打开"编辑站点"对话框,用户可在该对话框中编辑现有的站点或创建新站点。

3. 查看本地站点

使用站点窗口可以查看本地站点或远程站点,添加或删除站点文档,或通过站点地图显示站点的导航结构。在站点窗口中可以同时设置两个站点窗口来显示本地站点、远程站点或本地站点地图。例如,可以在右窗口中查看本地站点,在左窗口中查看远程站点;或在右窗口中查看本地站点的文件,在左窗口中查看站点地图。

在站点窗口中,要查看本地站点文件,可单击站点窗口工具栏中的 ⬚ 按钮;要查看站点地图和站点文件,可单击站点窗口工具栏中的 ⬚ 按钮。

4. 改变站点窗口布局

默认情况下,远程站点(或本地站点地图)显示在站点窗口的左面,本地站点显示在站点窗口的右面。用户可以在"参数选择"对话框中改变站点窗口的显示布局。

【例 6-21】 改变站点窗口的布局,使本地站点显示在站点窗口的左面,站点地图显示在站点窗口的右面。

其具体操作如下:

(1)选择"编辑"|"参数选择"命令,打开"参数选择"对话框。

(2)在"参数选择"对话框的"分类"栏中选择"站点"选项,此时在对话框右部将显示站点参数设置信息。

(3)在"总是显示"下拉列表框中选择"本地文件"选项,在其后的下拉列表框中选择"左"选项,可使本地站点显示在站点窗口的左面。

(4)设置完毕后,单击"确定"按钮,此时站点窗口将如图 6-96 所示。

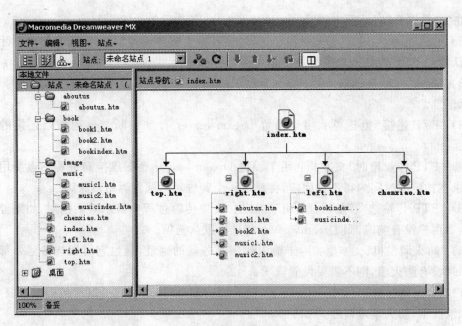

图 6-96　参数选择对话框

要改变站点窗口中的视图区域大小,可执行以下操作之一:

(1) 拖动两个视图之间的分隔条来增加或减少右窗格或左窗格的视图区域。

(2) 使用站点窗口底部的滚动条来滚动查看视图的内容。

(3) 在站点地图中,通过拖动文件上面的箭头来更改文件之间的空间。

5. 在站点文件视图中使用文件

使用站点文件视图可以查看本地站点和远程站点文件,如打开文件、命名文件、为站点添加新文件夹和文件或刷新站点等。此外,使用站点文件视图也可以确定自最后一次上传文件后哪些文件被更新。

【例 6-22】　打开站点窗口,在文件视图的 image 文件夹中添加一个名为 imageindex. htm 的新文件,并将 chenxiao. htm 文件移动到 aboutus 文件夹中。

其具体操作如下:

(1) 选择"窗口"|"站点"命令,显示"站点"面板,在面板上单击展开/折叠按钮 ▣,将展开站点窗口。

(2) 在文件视图中右击 image 文件夹,从弹出的快捷菜单中选择"新建文件"命令,将在该目录下创建一个新文件。

(3) 选中新文件,将其更名为 imageindex. htm。

(4) 在文件视图中选中 chenxiao. htm 文件,拖动选中的文件并将其移动到 aboutus 文件夹中。

(5) 移动文件后将打开"更新文件"对话框,如图 6-97 所示,单击"更新"按钮,将更新文件中的链接信息。

(6) 操作完毕后,更新后的站点窗口的文件视图如图 6-98 所示。

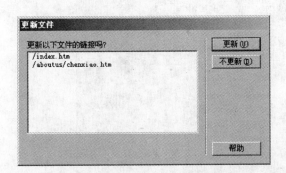

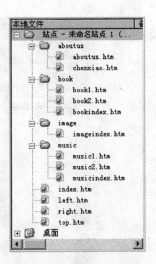

图 6-97 "更新文件"对话框　　　　　　　　　　图 6-98 更新后的文件视图

6. 管理站点地图

在 Dreamweaver 中,使用站点地图可以用图形的方式查看站点结构,显示网页之间的链接关系。通过站点地图,用户可以在站点中进行添加、修改或删除链接等操作。

7. 使用站点地图

在 Dreamweaver 中,如果要显示站点地图,必须在此之前为站点定义一个主页,站点主页是站点地图的开始点。

要为站点定义一个主页,可以选择"站点"|"编辑站点"命令,打开"编辑站点"对话框,在列表中选择一个现有站点后单击"编辑"按钮,打开站点定义对话框,单击"高级"标签,在左侧的"分类"列表框中选择"站点地图布局",在"主页"文本框中输入主页路径即可,如图 6-99 所示。

定义好主页后,在站点窗口中单击 品、按钮,并选择"仅地图"选项,将显示站点地图。在站点地图中,HTML 文件和其他页面内容都是以图标形式显示的,而连接关系则显示了它们在 HTML 源代码中出现的先后顺序,如图 6-100 所示。

8. 修改站点地图布局

在站点定义对话框中,在左侧的"分类"列表框中选择"站点地图布局"选项后,用户可以自定义站点地图的外观,如图 6-99 所示。在该信息窗口中,可以设置站点主页,可显示的站点列数,是否在图标后显示文件名或页面标题,是否显示隐藏文件和相关文件。在"站点地图布局"选项区域中,各选项的功能如下。

(1)"主页"文本框:用于输入主页的路径和名称,或单击其后的文件夹按钮选择主页。

(2)"列数"和"列宽"文本框:用于输入站点地图中可以显示的最大列数和列宽。

(3)"图标标签"选项组:用于选择站点地图中文件图标下方文字的类型。选择"文件名称"单选按钮,可在文件图标下显示文件名称;选择"页面标题"单选按钮,可在文件图标

图 6-99　站点定义对话框

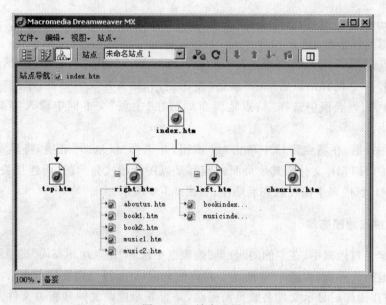

图 6-100　站点地图

下显示网页的标题。

（4）"选项"选项组：用于设置站点地图的其他选项。选择"显示标记为隐藏的文件"复选框，可在站点地图中显示正常文件和隐藏文件；选择"显示相关文件"复选框，可在站点地图中显示各个文件之间的链接关系。

9. 在站点地图中使用页面

用户在站点地图中可以进行选择页面、打开需要编辑的页面、向站点添加新页面、创建页面之间的链接和改变页面标题等操作。

【例 6-23】 打开站点地图,在站点地图中创建一个名为 new.htm 的新文件,并将其链接到 top.htm 文件中。

其具体操作如下:

(1) 在站点窗口中单击 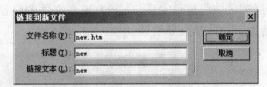 按钮,选择"仅地图"选项,打开如图 6-100 所示的站点地图。

图 6-101 "链接到新文件"对话框

(2) 在站点地图中右击 top.htm 文件,从弹出的快捷菜单中选择"链接到新文件"命令,打开"链接到新文件"对话框,如图 6-101 所示。

(3) 在该对话框中输入如图 6-101 所示的设置,单击"确定"按钮。

(4) 设置完毕后,在站点地图中 new.htm 文件将自动链接在 top.htm 文件下方,如图 6-102 所示。

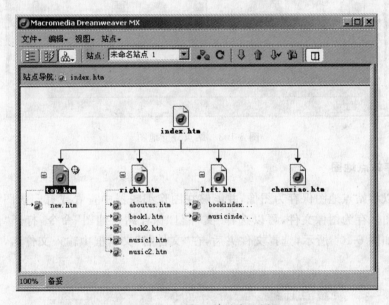

图 6-102 更新后的站点地图

10. 显示和隐藏站点地图文件

使用站点地图隐藏文件时,首先应将该文件标记为隐藏。当隐藏文件后,它的链接也被隐藏。当显示标记为隐藏的文件时,它的图标和链接可以在站点地图中看到,但此时文件名显示为斜体。

在站点地图中要将一个文件标记为隐藏文件,可以选择"视图"|"显示/隐藏链接"命令,此时被选中的文件的文件名显示为斜体。选择"视图"|"显示标记为隐藏的文件"命令,此时被标记的文件将被隐藏起来,在站点地图中显示为不可见。如要显示被隐藏的标记文件,可

再次选择"视图"|"显示标记为隐藏的文件"命令。

11. 从站点分支查看站点

用户通过站点分支可以查看站点中某一页面的详细信息。例如，要在站点地图中查看 right.htm 页面的详细信息，可选择该页面，然后选择"视图"|"作为根查看"命令，此时将重新绘制站点地图，被选中的 right.htm 文件将作为站点地图的根节点。在窗口上方的"站点导航"区中将显示主页与 right.htm 文件的路径关系，如图 6-103 所示。要恢复原来的站点地图，可在"站点导航"区中单击主页图标。

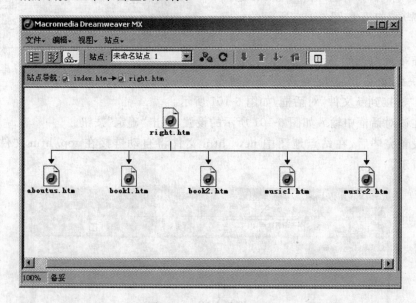

图 6-103　站点分支地图

12. 保存站点地图

用户可以将站点地图保存为图像，并能够在图像编辑器中查看或打印该图像。要将当前的站点地图保存为图像文件，可以选择"文件"|"保存站点地图"命令，打开"保存站点地图"对话框，如图 6-104 所示，选择文件夹后，在"文件名"文本框中输入文件名，单击"保存"按钮即可。

图 6-104　"保存站点地图"对话框

6.8.2 站点发布

站点制作完成之后,就可以将整个站点文件或部分更新文件发布到远程服务器上,供用户浏览。通常可以使用一些上传工具将文件上传到远程服务器,也可以使用 Dreamweaver 自带的站点管理工具实现上传。

以 Dreamweaver 的站点管理工具为例:

(1) 首先需要设置远程服务器信息,在远程信息里面选择相应的访问信息。通常是 FTP 方式,则需要设置相应的 FTP 主机、目录、用户名和密码。

(2) 在站点管理窗口中选择整个站点或只选择需要更新的文件,右击,从弹出的快捷菜单中选择"上传"命令,则站点或需更新文件将按照上一步中设置的上传方式发布到远程服务器上。

习题

一、选择题(请选择一个或多个正确答案)

1. 在 Dreamweaver 中,下面的工作区布局不可以选择的是_____。

A. 编码器   B. 设计器   C. 双重屏幕   D. FrontPage 风格

2. 在 Dreamweaver 中,下面关于"查找和替换"说法错误的是_____。

A. 可以精确地查找标签中的内容

B. 可以在一个文件夹下替换文本

C. 可以保存和调入替换条件

D. 不可以在 HTML 源代码中进行查找与替换

3. 在 Dreamweaver 中,在设置各分框架属性时,"滚动"参数是用来设置_____属性的。

A. 是否进行颜色设置   B. 是否出现滚动条

C. 是否设置边框宽度   D. 是否使用默认边框宽度

4. 在 Dreamweaver 中,在中文输入时需要输入空格应该_____。

A. 在编辑窗口直接输入一个半角空格

B. 在编辑窗口按住 Shift 输入空格

C. 在编辑窗口输入一个全角空格

D. 在编辑窗口输入两次空格

5. 在 Dreamweaver 中,下面可以用来做代码编辑器的是_____。

A. 记事本程序(Notepad)   B. Photoshop

C. Flash   D. 以上都不可以

6. 在 Dreamweaver 中,可以为链接设立目标,表示在新窗口打开网页的是_____。

A. _blank   B. _parent   C. _self   D. _top

7. 在 Dreamweaver 中,下面关于建立新层的说法正确的是_____。

A. 不能使用样式表建立新层

B. 当使用样式表建立新层,层的位置和形状不可以和其他样式因素组合在一起

C. 通过样式表建立新层,层的样式可以保存到一个独立的文件中,可以供其他页面调用

D. 以上说法都不对

8. 在Dreamweaver中,下面关于资源管理面板的说法错误的是_____。

A. 有两种显示方式

B. 网站列表方式,可以显示网站的所有资源

C. 收藏夹方式,只显示自定义的收藏夹中的资源

D. 模板和库不在资源管理器中显示

9. 在Dreamweaver中,有8种不同的垂直对齐图像的方式,要使图像的底部与文本的基线对齐应使用_____对齐方式。

A. 基线　　　　　　B. 绝对底部　　　　　　C. 底部　　　　　　D. 浏览器默认

10. 在创建模板时,下面关于可编辑区的说法正确的是_____。

A. 只有定义了可编辑区才能把它应用到网页上

B. 在编辑模板时,可编辑区是可以编辑的,锁定区是不可以编辑的

C. 一般把共同特征的标题和标签设置为可编辑区

D. 以上说法都不对

11. 在创建模板时,下面关于可选区的说法正确的是_____。

A. 在创建网页时定义的

B. 可选区的内容不可以是图片

C. 使用模板创建网页,对于可选区的内容,可以选择显示或不显示

D. 以上说法都不对

12. 在设置图像超链接时,可以在"替代"文本框中填入注释的文字,下面不是其作用的是_____。

A. 当浏览器不支持图像时,使用文字替换图像

B. 当鼠标移到图像并停留一段时间后,这些注释文字将显示出来

C. 在浏览者关闭图像显示功能时,使用文字替换图像

D. 每过一段时间图像上都会定时显示注释的文字

13. HTML语言中,设置链接颜色的代码是_____。

A. < body bgcolor＝? >　　　　　　B. < body text＝? >

C. < body link＝? >　　　　　　　　D. < body vlink＝? >

14. 下列选项中,关于时间轴与层关系的说法正确的是_____。

A. 只能改变层的位置

B. 只能改变层的大小

C. 只能改变层的位置和可见度

D. 可以改变层的位置、大小和可见度

15. 下列操作能够最小化面板组的是_____。

A. 右击选项卡　　　　　　　　　　B. 单击标题栏

C. 右击标题栏　　　　　　　　　　D. 双击标题栏

16. 历史记录面板不能够记录的操作是_____。

A. 添加 Meta 信息   B. 清除文本标签

C. 清除历史记录   D. 修改文档标题

17. 如果许多页面使用同样的布局,则可以使用_____。

A. 库项目   B. 模板   C. 层   D. 框架

18. Dreamweaver 保存文件可以使用_____作为文件名的组成部分。

A. my_   B. my / file   C. you \ me   D. * _"

19. Dreamweaver 中的颜色拾取器可以显示的颜色种类有_____种。

A. 256   B. 192   C. 180   D. 216

20. 下列元素中属于不可见元素的是_____。

A. script   B. table   C. img   D. hr

21. 下列元素中属于头部元素的是_____。

A. form   B. input   C. p   D. meta

22. 单击表格单元格,然后在文档窗口左下角的标签选择器中选择_____标签,可以选择光标所在的单元格。

A. body   B. table   C. tr   D. td

23. 若要选择相邻的单元格,按住_____键的同时,并单击要选择的单元格。

A. Ctrl   B. Shift   C. Command   D. Del

24. 一个包含 3 个框架的页面涉及的文件有_____个。

A. 1   B. 2   C. 3   D. 4

25. Dreamweaver 中设置对齐的操作对象是_____。

A. 单字   B. 选中的文本

C. 段落   D. 一段文字中的一行文字

26. CSS 样式面板的"应用样式"视图下只显示_____样式。

A. 自定义   B. 重定义 HTML 标签

C. 组合标签   D. 包括以上 3 种

27. 在层属性检查器中,如果层内容超出层的范围时,不显示超出的内容,在"溢出"下拉列表框中应设置的选项是_____。

A. visible   B. hidden   C. scroll   D. auto

28. 下列代码不属于"动态网页"范畴的是_____。

A. JavaScript   B. ASP   C. PHP   D. CGI

29. 文档的头部信息不包括_____。

A. meta   B. Script   C. PHP   D. name

30. 下列路径中_____是站点根目录相对路径。

A. /products/catalog. html

B. ../../catalog. html

C. support/contents. html

D. http://www.163.com/index. html

二、填空题

1. 在 Dreamweaver 中,"文档"窗口可以设置为设计、_____、_____ 3 种视图。

2. 在 Dreamweaver 中,使用_____面板可以管理本地和远程的文件夹。

3. "模板"最强大的用途是_____。

4. 可视化向导包括_____、_____和跟踪图像。

5. 在_____视图下不能启用或禁用布局视图。

6. 间隔图像由一个_____图像组成,向外伸展到指定像素数的宽度。

7. _____提供将一个浏览器窗口划分为多个区域、每个区域都可以显示不同 HTML 文档的方法。

8. 在"设计"视图中,按住_____键的同时单击框架内部可以选择此框架。

9. 设置链接的_____属性,可以在指定窗口或框架中打开链接的内容。

10. _____样式具有自动更新的优点。

11. 样式的应用等级是不相同的,_____样式最优先应用,_____样式次优先应用,_____样式最后应用。

12. "CSS 样式"面板在_____模式下,显示 3 个窗格:"所选内容的摘要"窗格、"规则"窗格、"属性"窗格;在_____模式下,显示两个窗格:"所有规则"窗格和"属性"窗格。

13. 在网页文档中通常可以插入的声音格式文件有_____、. wav、_____、. rm、. aif 共 5 种。

14. 链接路径包括_____、_____和站点根目录相对路径 3 种类型。

15. 在图像地图中,可以创建_____、椭圆和_____ 3 种不同形状的图形热点。

16. 定义"层"的代码可以位于 HTML 文件正文中的_____位置。

17. 行为由_____和_____两部分组成。

18. 在网页中使用_____元素可以从用户收集信息,然后将这些信息提交给服务器进行处理。

19. Dreamweaver 模板的文件扩展名是_____。

20. 在 Dreamweaver 中,使用_____可以用图形的方式查看站点结构,显示网页之间的链接关系。

三、操作题

1. 创建一个空白的文档,在文档中插入一个层,在层中插入一个图像。创建一个时间轴,录制层的路径,创建一个 S 形的路线的动画,并设置该层的动画在网页加载时自动、循环播放。

2. 创建一个空白文档,在文档中插入一个单独跳转菜单,其中包含"新浪"、"网易"、"搜狐"、"百度"等几个网站的链接。

3. 制作一个名字为"我的站点"的网站,建立 CSS 样式表文件,将 CSS 样式表链接到网站中。在网页中插入 meta 信息,描述网页内容是"我的个人网站"。在网页中插入自己的版权信息,包括电子邮件超链接,插入保存文档的日期。在文档中插入 Flash 按钮。为 Body 标签的 onload 事件添加动作,动作内容是弹出提示框"欢迎光临我的个人网站!"。要求网站具有一定的主题,网站的整体简洁美观漂亮。

参 考 文 献

[1] 叶文珺. 计算机应用基础. 北京：中国电力出版社,2009.
[2] 黄斐. 大学计算机基础. 北京：机械工业出版社,2007.
[3] 白中英. 计算机组成原理. 北京：科学出版社,2000.
[4] 李秀,安颖莲,姚瑞霞,等. 计算机文化基础.5 版. 北京：清华大学出版社,2005.
[5] 冯博琴. 计算机文化基础. 北京：清华大学出版社,2009.
[6] 耿国华. 大学计算机应用基础. 北京：清华大学出版社,2010.